“做中学 学中做”系列教材

PowerPoint 2010 案例教程

◎ 张 博 师鸣若 于志博 主 编
◎ 邵海燕 曾卫华 孔敏霞 副主编

電子工業出版社
Publishing House of Electronics Industry
北京 · BEIJING

内 容 简 介

本书根据教育部颁发的《中等职业学校专业教学标准（试行）信息技术类（第一辑）》中的相关教学内容和要求编写。本书的编写从满足经济发展对高素质劳动者和技能型人才的需求出发，在课程结构、教学内容、教学方法等方面进行了新的探索与改革创新，以利于学生更好地掌握本课程的内容，利于学生理论知识的掌握和实际操作技能的提高。

本书是PowerPoint 2010的基础实用教程，通过9个模块、49个具体的实用项目，系统地对PowerPoint 2010的基本操作、文本幻灯片的制作、在演示文稿中使用图片和艺术字、在演示文稿中插入表格与图表、统一演示文稿的风格、添加动画和交互效果、在演示文稿中添加多媒体资源、幻灯片的放映、综合应用等内容进行了较全面的介绍，使读者可以轻松愉快地掌握PowerPoint 2010的操作与技能。

本书以大量的图示、清晰的操作步骤，剖析了使用 PowerPoint 的过程，既可作为计算机速录专业的技能课程教材，也可作为计算机及信息高新技术考试、计算机等级考试、计算机应用能力考试等认证培训班的教材，还可作为初学者的办公软件自学教程。

图书在版编目（CIP）数据

PowerPoint 2010 案例教程 / 张博，师鸣若，于志博主编. 一北京：电子工业出版社，2015.8

ISBN 978-7-121-24946-4

Ⅰ. ①P… Ⅱ. ①张… ②师… ③于… Ⅲ. ①图形软件－中等专业学校－教材 Ⅳ. ①TP391.41

中国版本图书馆 CIP 数据核字（2014）第 275749 号

策划编辑：杨 波
责任编辑：周宏敏
印 刷：北京七彩京通数码快印有限公司
装 订：北京七彩京通数码快印有限公司
出版发行：电子工业出版社
北京市海淀区万寿路 173 信箱 邮编 100036
开 本：787×1 092 1/16 印张：13.75 字数：370 千字
版 次：2015 年 8 月第 1 版
印 次：2023 年 12 月第 13 次印刷
定 价：34.00 元

凡所购买电子工业出版社图书有缺损问题，请向购买书店调换。若书店售缺，请与本社发行部联系，联系及邮购电话：（010）88254888，88258888。

质量投诉请发邮件至 zlts@phei.com.cn，盗版侵权举报请发邮件至 dbqq@phei.com.cn。

本书咨询联系方式：（010）88254617，luomn@phei.com.cn。

前　　言

陶行知先生曾提出“教学做合一”的理论，该理论十分重视“做”在教学中的作用，认为“要想教得好，学得好，就须做得好”。这就是被广泛应用在教育领域的“做中学，学中做”理论，实践能力不是通过书本知识的传递来获得发展的，而是通过学生自主地运用多样的活动方式和方法，尝试性地解决问题来获得发展的。从这个意义上看，综合实践活动的实施过程，就是学生围绕实际行动的活动任务进行方法实践的过程，是发展学生的实践能力和基本“职业能力”的内在驱动。

探索、完善和推行“做中学，学中做”的课堂教学模式，是各级各类职业院校发挥职业教育课堂教学作用的关键，既强调学生在实践中的感悟，也强调学生能将自己所学的知识应用到实践之中，让课堂教学更加贴近实际、贴近学生、贴近生活、贴近职业。

本书从自学与教学的实用性、易用性出发，通过具体的行业应用案例，在介绍 PowerPoint 2010 的同时，重点说明 PowerPoint 与实际应用的内在联系；重点遵循 PowerPoint 使用人员日常事务处理规则和工作流程，帮助读者更加有序地处理日常工作，达到高效率、高质量和低成本的目的。这样，以典型的行业应用案例为出发点，贯彻知识要点，由简到难，易学易用，让读者在做中学，在学中做，学做结合，知行合一。

✧　编写体例特点

【你知道吗？】（引入学习内容）—【项目任务】（具体的项目任务）—【项目拓展】—【动手做】（学中做，做中学）—【知识拓展】（类似项目任务，举一反三）—【课后练习与指导】（代表性、操作性、实用性）。

在讲解过程中，如果遇到一些使用工具的技巧和诀窍，以“教你一招”、“提示”的形式加深读者印象，这样既增长了知识，同时也增强了学习的趣味性。

✧　本书内容

本书是 PowerPoint 2010 的基础实用教程，通过 9 个模块、50 个具体的实用项目，系统介绍了 PowerPoint 2010 的基本操作、文本幻灯片的制作、在演示文稿中使用图片和艺术字、在演示文稿中插入表格与图表、统一演示文稿的风格、添加动画和交互效果、在演示文稿中添加多媒体资源、幻灯片的放映、综合应用等内容，使读者可以轻松愉快地掌握 PowerPoint 2010 的操作与技能。

本书以大量的图示、清晰的操作步骤，剖析了使用 PowerPoint 的过程，既可作为计算机速录专业的技能课程教材，也可作为计算机及信息高新技术考试、计算机等级考试、计算机应用能力考试等认证培训班的教材，还可作为初学者的办公软件自学教程。

✧　本书主编

本书由北京物资学院张博、师鸣若、洛阳市第一职业中等专业学校于志博主编，南京新港职业技术学校邵海燕、湖南省衡东县职业中专学校曾卫华、辽宁省阜新市第二中等职业技术专业学校孔敏霞副主编，丁永富、徐兵、刘明保、黄世芝、朱海波、蔡锐杰、方伟、李娟、刘芬、郭成、宋裔桂、王荣欣、郑刚、王大印、李晓龙、李洪江、底利娟、林佳恩、朱文娟、王少炳、陈天翔等参与编写。一些职业学校的老师参与试教和修改工作，在此表示衷心的感谢。由于编者水平有限，难免有错误和不妥之处，恳请广大读者批评指正。

✧ 课时分配

本书各模块教学内容和课时分配建议如下：

模 块	课 程 内 容	知识讲解	学生动手实践	合 计
1	PowerPoint 2010 的基本操作——制作实验报告	2	2	4
2	文本幻灯片的制作——制作商务谈判策划书	2	2	4
3	在演示文稿中使用图片和艺术字——制作旅游景点宣传片	4	4	8
4	在演示文稿中插入表格与图表——制作化妆品销售数据分析报告演示文稿	4	4	8
5	统一演示文稿的风格——设计新入职员工培训手册演示文稿	4	4	8
6	添加动画和交互效果——制作产品展示幻灯片	4	4	8
7	在演示文稿中添加多媒体资源——制作新年团拜会幻灯片	4	4	8
8	幻灯片的放映——制作大学生手机消费调查演示文稿	4	4	8
9	综合应用——制作电影效果的幻灯片	4	4	8
总计		32	32	64

注：本课程按照 64 课时设计，授课与上机按照 1 ：1 的比例，课后练习可另外安排课时。课时分配仅供参考，教学中请根据各自学校的具体情况进行调整。

✧ 教学资源

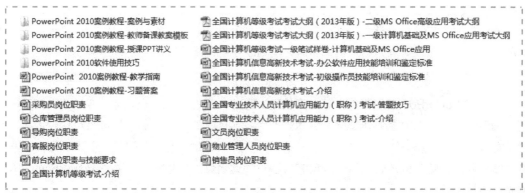

- PowerPoint 2010案例教程-案例与素材
- PowerPoint 2010案例教程-教师备课教案模板
- PowerPoint 2010案例教程-授课PPT讲义
- PowerPoint 2010软件使用技巧
- PowerPoint 2010案例教程-教学指南
- PowerPoint 2010案例教程-习题答案
- 采购员岗位职责
- 仓库管理员岗位职责
- 导购岗位职责
- 客服岗位职责
- 前台岗位职责与技能要求
- 全国计算机等级考试-介绍
- 全国计算机等级考试考试大纲（2013年版）-二级MS Office高级应用考试大纲
- 全国计算机等级考试考试大纲（2013年版）-一级计算机基础及MS Office应用考试大纲
- 全国计算机等级考试一级笔试样卷-计算机基础及MS Office应用
- 全国计算机信息高新技术考试-办公软件应用技能培训和鉴定标准
- 全国计算机信息高新技术考试-初级操作员技能培训和鉴定标准
- 全国计算机信息高新技术考试-介绍
- 全国专业技术人员计算机应用能力（职称）考试-答题技巧
- 全国专业技术人员计算机应用能力（职称）考试-介绍
- 文员岗位职责
- 物业管理人员岗位职责
- 销售员岗位职责

为了提高学习效率和教学效果，方便教师教学，编者为本书配备了教学指南、相关行业的岗位职责要求、软件使用技巧、教师备课教案模板、授课PPT讲义、相关认证的考试资料等丰富的教学辅助资源。请有此需要的读者可登录华信教育资源网免费注册后进行下载，有问题时请在网站留言板留言或与电子工业出版社联系。

编　者

2015 年 7 月

目录

目录

模块 01 PowerPoint 20[illegible] 的[illegible]操作——制作实验报告

你知道吗？

PowerPoint 2010 是制作演示文稿的软件，能够把所要表达的信息组织在一组图文并茂的画面中，主要用于会议或课堂演示。利用 PowerPoint 2010 创建的演示文稿可以在计算机上直接连接投影仪并在屏幕上进行演示，而且可以加上动画、特技效果和声音等多媒体效果，使人们的创意发挥得更加淋漓尽致。

应用场景

我们在日常制作一些课件时可以使用 PowerPoint 2010，如图 1-1 所示的古诗词欣赏课件，这些都可以利用 PowerPoint 2010 软件来制作。

图 1-1　古诗词欣赏课件

实验报告是在科学研究活动中人们为了检验某一种科学理论或假设，通过实验中的观察、分析、综合、判断，如实地把实验的全过程和实验结果用文字形式记录下来的书面材料。实验报告具有情报交流和保留资料的作用。

图 1-2 所示就是利用 PowerPoint 2010 制作的实验报告演示文稿，请读者根据本模块介绍的知识和技能，完成这一工作任务。

图 1-2　实验报告演示文稿

相关文件模板

利用 PowerPoint 2010 软件的基本功能，还可以完成公司市场环境分析、婚礼邀请卡、论文、年度营销计划、事故调查分析报告、统计分析报告、质量检查报告、物理课件、历史课件等工作任务。为方便读者，本书在配套的资料包中提供了部分常用的文件模板，具体文件路径如图 1-3 所示。

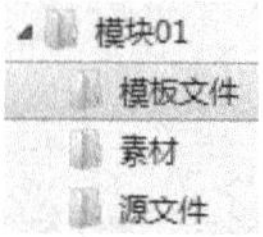

图 1-3　应用文件模板

背景知识

实验报告因科学实验的对象而异。如化学实验的报告称为化学实验报告，物理实验的报告就称为物理实验报告。随着科学事业的日益发展，实验的种类、项目等日见繁多，但其格式大同小异，比较固定。实验报告必须在科学实验的基础上进行，其主要用途在于帮助实验者不断地积累研究资料，总结研究成果。

实验报告具有以下特点：

（1）正确性。实验报告的写作对象是科学实验的客观事实，内容科学，表述真实、质朴，判断恰当。

（2）客观性。实验报告以客观的科学研究的事实为写作对象，它是对科学实验的过程和结果的真实记录，虽然也要表明对某些问题的观点和意见，但这些观点和意见都是在客观事实的基础上提出的。

（3）确证性。确证性是指实验报告中记载的实验结果能被任何人所重复和证实，也就是说，任何人按给定的条件去重复这项实验，无论何时何地，都能观察到相同的科学现象，得到同样的结果。

（4）可读性。可读性是指为使读者了解复杂的实验过程，实验报告的写作除了以文字叙述和说明以外，还常常借助画图像、列表格、作曲线图等方式，说明实验的基本原理和各步骤之间的关系，解释实验结果等。

设计思路

在实验报告演示文稿的制作过程中，由于对实验报告演示文稿的格式不熟悉，因此首先要利用模板创建一个实验报告演示文稿，然后再对演示文稿进行编辑，制作实验报告演示文稿的基本步骤可分解为：

Step 01 启动 PowerPoint 2010。

Step 02 创建演示文稿。

Step 03 幻灯片的基本编辑。

Step 04 演示文稿的视图方式。

Step 05 演示文稿的保存与退出。

项目任务 1-1 启动 PowerPoint 2010

启动 PowerPoint 2010 最常用的方法就是在开始菜单中启动，选择开始→所有程序→Microsoft Office→Microsoft PowerPoint 2010 命令，即可启动 PowerPoint 2010。

启动 PowerPoint 2010 程序后，就可以打开如图 1-4 所示的窗口。窗口由快速访问工具栏、标题栏、功能区、“幻灯片编辑”窗口、“大纲/幻灯片”窗格、“备注”窗口、状态栏和视图切换区等部分组成。

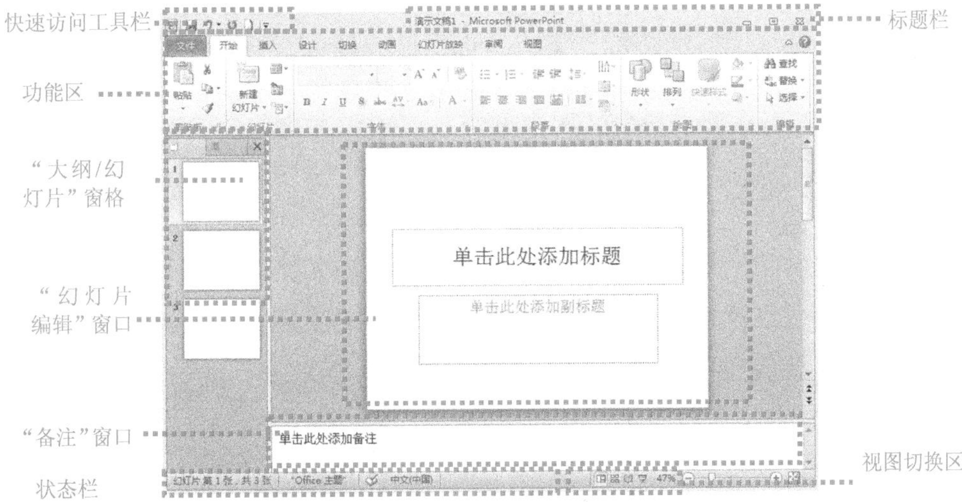

图 1-4 PowerPoint 2010 的工作界面

1. 标题栏

标题栏位于屏幕的顶端，它显示了当前编辑的演示文稿名称、文件格式兼容模式和 Microsoft PowerPoint 字样。其右侧的最小化按钮、还原按钮和关闭按钮则分别用于窗口的最小化、还原和关闭操作。

2. 快速访问工具栏

用户可以在快速访问工具栏上放置一些常用的命令，例如新建文件、保存、撤销、打印等命令。快速访问工具栏非常类似于 PowerPoint 之前版本中的工具栏，该工具栏中的命令按钮会动态变换。用户可以非常灵活地增加、删除快速访问工具栏中的命令按钮。要向快速访问工具栏中增加或者删除命令，则可以单击快速访问工具栏右侧的下三角箭头，打开自定义快速访问工具栏列表，如图 1-5 所示。然后在下拉列表中选中命令，或者取消选中的命令。

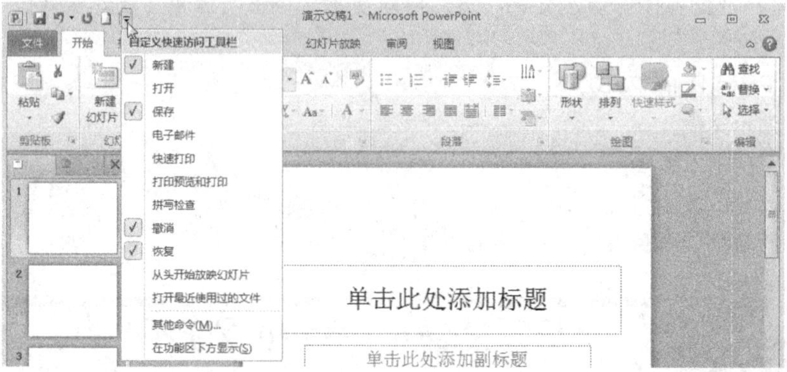

图 1-5　自定义快速访问工具栏列表

在自定义快速访问工具栏列表中选择在功能区下方显示命令，这时快速访问工具栏就会出现在功能区的下方。在下拉菜单中选择其他命令命令，打开 PowerPoint 选项对话框，在 PowerPoint 选项对话框的快速访问工具栏选项设置页面中，选择相应的命令，单击添加按钮则可向快速访问工具栏中添加命令按钮，如图 1-6 所示。

图 1-6　PowerPoint 选项对话框

提示

将鼠标指针移动到快速访问工具栏的工具按钮上，稍等片刻，按钮旁边就会出现一个说明框，框中会显示按钮的名称。

3．功能区

微软公司对 PowerPoint 2010 用户界面所做的最大创新就是改变了下拉式菜单命令，取而代之的是全新的功能区命令工具栏。在功能区中，将 PowerPoint 2010 中的菜单命令重新组织在文件、开始、插入、设计、切换、动画、幻灯片放映、审阅、视图选项卡中。而且在每个选项卡中，所有的命令都是以面向操作对象的思想进行设计的，并把命令分组进行组织。例如，在开始选项卡中，包括了基本设置的相关命令，分为剪贴板选项组、幻灯片选项组、字体选项组、段落选项组等，如图 1-7 所示。这样非常符合用户的操作习惯，便于记忆，从而提高操作效率。

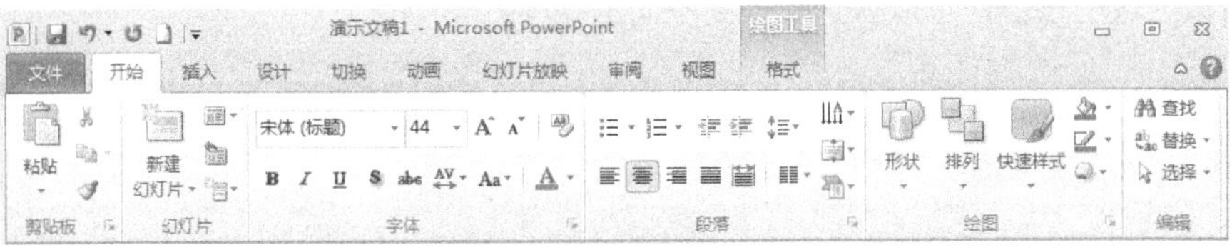

图 1-7 开始选项卡

4．动态命令选项卡

在 PowerPoint 2010 中，会根据用户当前操作的对象自动地显示一个动态命令选项卡，该选项卡中的所有命令都和当前用户操作的对象相关。例如，若用户当前选择了幻灯片中的一个文本占位符，则在功能区中，PowerPoint 会自动产生一个粉色高亮显示的绘图工具动态命令选项卡，从占位符的形状样式设置到占位符的大小设置都可以在此动态命令选项卡中完成。用户可以在数秒钟内实现非常专业的图片处理，如图 1-8 所示。

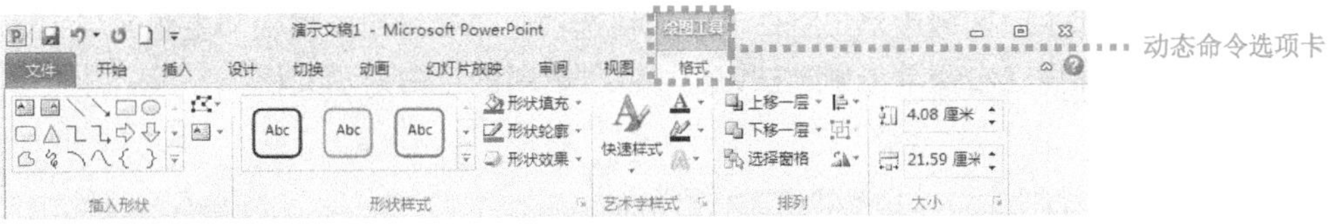

图 1-8 动态命令选项卡

5．“幻灯片编辑”窗口

“幻灯片编辑”窗口位于工作界面的中间，在“幻灯片编辑”窗口可以对幻灯片进行编辑修改，幻灯片是演示文稿的核心部分。可以在幻灯片区域对幻灯片进行详细的设置，例如编辑幻灯片的标题和文本、插入图片、绘制图形以及插入组织结构图等。

6．“大纲/幻灯片”窗格

“大纲/幻灯片”窗格位于窗口的左侧，用于显示演示文稿的幻灯片数量及播放位置，通过它便于查看演示文稿的结构，包括“大纲”和“幻灯片”两个选项卡。

单击“大纲”选项卡则会显示大纲区域，在该区域显示了幻灯片的标题和主要的文本信息。大纲文本由每张幻灯片的标题和正文组成，每张幻灯片的标题都出现在数字编号和图标的旁边，每级标题都是左对齐，下一级标题自动缩进。在大纲区中，可以使用“大纲”工具栏中的按钮来控制演示文稿的结构，在大纲区适合组织和创建演示文稿的文本内容。

单击“幻灯片”选项卡则会在此区域显示所有幻灯片的缩略图，单击某一个缩略图则在右侧的幻灯片区将会显示相应的幻灯片。

7. “备注”窗格

“备注”窗格位于窗口的下方，可以在该区域编辑幻灯片的说明，一般由演示文稿的报告人提供。

8. 状态栏

状态栏位于屏幕的底部，可以在其中找到关于当前演示文稿的一些信息：幻灯片的张数、使用的主题等信息。

9. 视图切换区

单击该区域的按钮，可以快速切换到不同的视图。

项目任务 1-2 创建演示文稿

演示文稿是通过 PowerPoint 2010 程序创建的文档，在制作演示文稿时用户应首先创建一个新的演示文稿，然后可以根据自己的爱好选用不同的方法创建演示文稿。

动手做 1 创建空白演示文稿

当启动 PowerPoint 2010 时系统会自动创建一个空白演示文稿，并自动命名为“演示文稿 1”。

在演示文稿工作环境中如果用户要创建新的空白演示文稿，最简单的方法就是直接单击自定义快速访问工具栏上的新建按钮 ，则新建的工作簿依次被暂时命名为“演示文稿 2”、“演示文稿 3”、“演示文稿 4”、……

另外，还可以选择文件选项卡，在下拉菜单中选择新建选项，打开新建窗口，如图 1-9 所示。在可用的模板和主题区域中双击空白演示文稿选项，或在可用的模板和主题区域中选中空白演示文稿选项，然后在右侧单击创建按钮也可以创建新的空白演示文稿。

图 1-9 新建窗口

动手做 2　根据模板新建演示文稿

对于 PowerPoint 2010 的初学者，可以通过“模板”创建一个具有统一外观和一些内容的演示文稿，再对它进行简单的加工即可得到一个演示文稿。

例如，这里利用模板创建一个实验报告演示文稿，具体操作步骤如下：

Step 01　在 PowerPoint 2010 中单击文件选项卡，在下拉菜单中选择新建选项，打开新建窗口。在“Office.com 模板”区域的搜索栏中输入“实验报告”，单击搜索按钮，得到的搜索结果如图 1-10 所示。

图 1-10　搜索模板结果

Step 02　在列表中选中“实验报告”模板，然后单击下载按钮，则开始下载模板，下载完毕自动创建一个“实验报告”模板演示文稿，如图 1-11 所示。

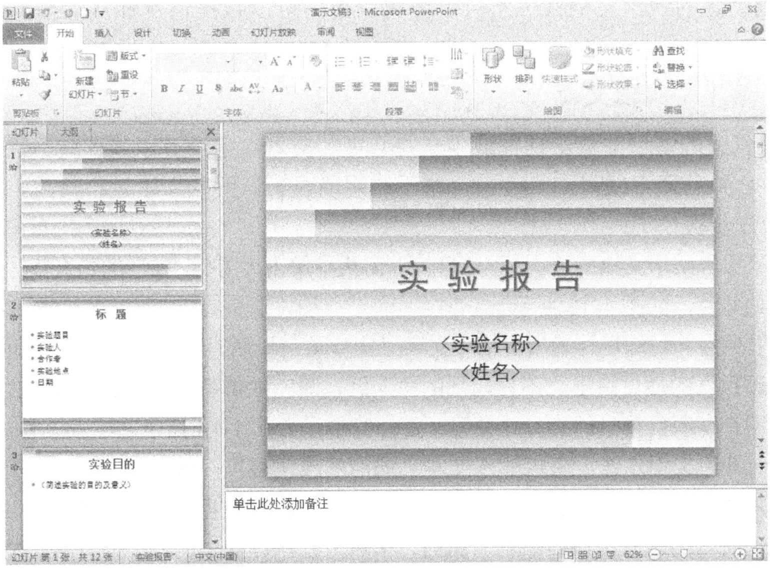

图 1-11　“实验报告”模板演示文稿

提示

如果在 Office.com 模板的列表中单击某一个分类，如单击“奖状、证书”，则进入奖状、证书，然后再单击“学院”，进入学院分类，如图 1-12 所示。在分类列表中也可以选择相应的模板进行下载。

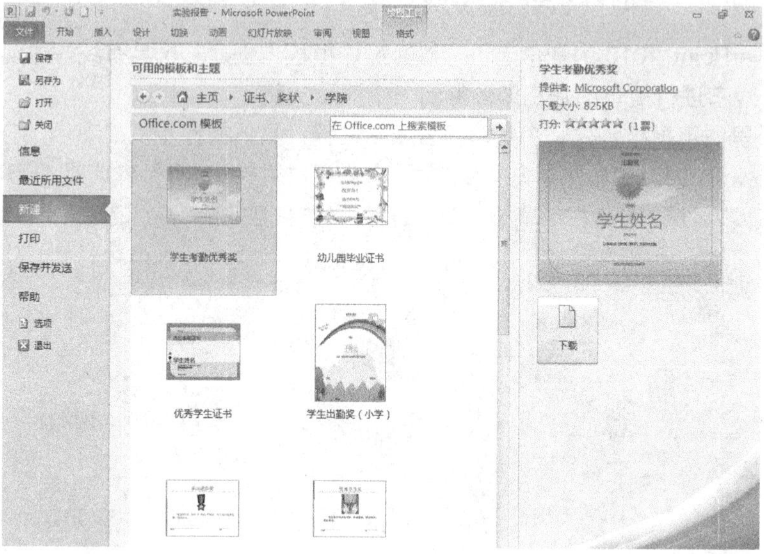

图 1-12　模板分类

项目任务 1-3　幻灯片的基本编辑

利用模板创建的演示文稿往往不符合要求，用户可以根据情况和实际需要对幻灯片进行编辑。

动手做 1　编辑文本

利用模板创建的演示文稿中往往缺少一些必需的文本，用户可以将这些必需的文本直接添加到幻灯片中，并且还可以对幻灯片中一些不能明确表达意图的文本进行修改，编辑幻灯片中文本的具体操作步骤如下：

Step 01 在实验报告演示文稿的“大纲/幻灯片”窗格中单击序号为“2”的幻灯片，将第 2 张幻灯片切换为当前幻灯片，如图 1-13 所示。

Step 02 移动鼠标指针到幻灯片编辑窗格中文字“实验题目”后，当鼠标变为 I 状时单击鼠标，则在文本“实验题目”的后面将出现不停闪烁的插入点，同时在带有项目符号的文本的四周显示出斜线边框，这表明带有项目符号的文本处在同一占位符中，如图 1-14 所示。

Step 03 选择一种中文输入法，直接输入文本“涡河水质化验”；按键盘上的向下方向键，将鼠标插入点移至文本“实验人”的后面，然后输入“赵树林”；按键盘上的向下方向键，将鼠标插入点移至文本“合作者”的后面，然后输入“王健、李瑞”；按键盘上的向下方向键，将鼠标插入点移至文本“实验地点”的后面，然后输入“环境监测站化验室”；按键盘上的向下方向键，将鼠标插入点移至文本“日期”的后面，然后输入“2014 年 10 月 16 日”。添加文本的效果如图 1-15 所示。

Step 04 移动鼠标指针到幻灯片编辑窗格中文字“标题”的后面，当鼠标变为 I 状时单击鼠标，则在文本“标题”的后面出现不停闪烁的插入点。

Step 05 按下键盘上的 Back Space 键将插入点前面的文本“标题”删除，然后输入文本“实验说明”。修改文本的效果如图 1-16 所示。

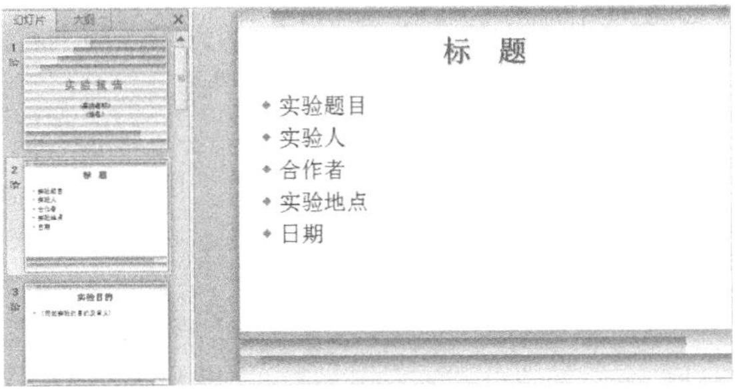

图 1-13　切换第 2 张幻灯片为当前幻灯片

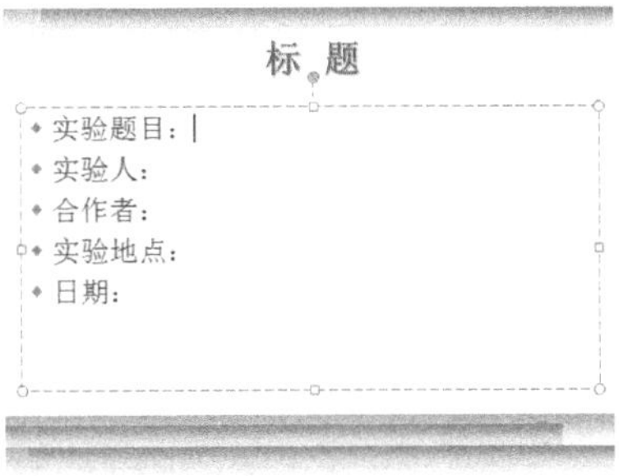

图 1-14　定位插入点

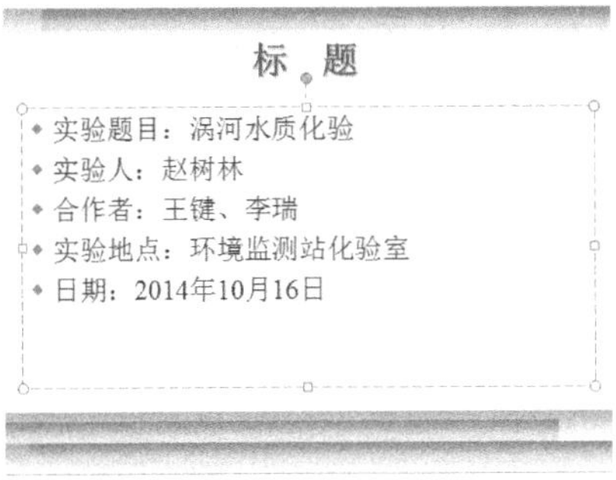

图 1-15　添加文本的效果

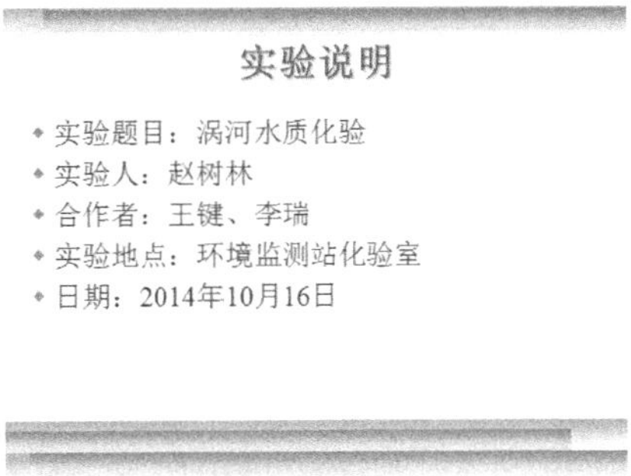

图 1-16　修改文本的效果

Step06 在实验报告演示文稿的“大纲/幻灯片”窗格中单击序号为“3”的幻灯片，将第 3 张幻灯片切换为当前幻灯片。

Step07 移动鼠标指针到幻灯片编辑窗格中文字“（简述实验的目的及意义）”的前面，当鼠标变为 I 状时单击鼠标，则在文本“（简述实验的目的及意义）”的前面出现不停闪烁的插入点。

Step08 按下键盘上的 Delete 键将插入点后面的文本“（简述实验的目的及意义）”删除，然后输入文本“了解涡河水质”。

Step09 按下键盘上的回车键，开始一个新的段落，然后输入“分析主要污染物”，效果如图 1-17 所示。

Step10 按照相同的方法在其他的幻灯片中输入相应的文本。

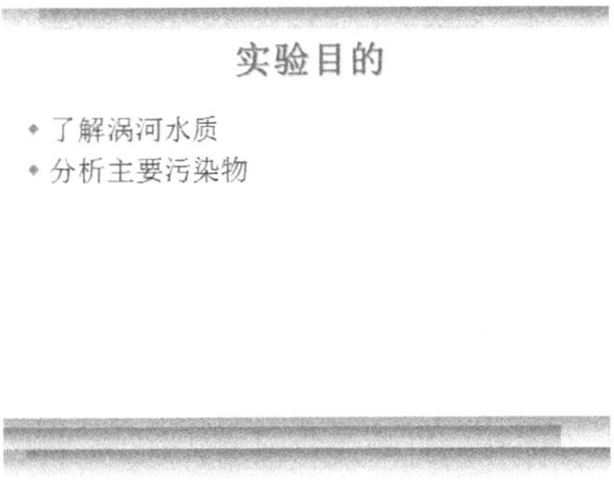

图 1-17　在第 3 张幻灯片中输入文本的效果

动手做 2　添加幻灯片

在制作演示文稿时用户可以根据需要随时在演示文稿中添加新的幻灯片。例如，用户可以在第 5 张幻灯片的后面添加一个标题为“实验原理”的幻灯片，具体步骤如下：

Step01 在实验报告演示文稿的“大纲/幻灯片”窗格中单击序号为“5”的幻灯片，将第 5 张幻灯片切换为当前幻灯片。

Step02 按下键盘上的回车键则在第 5 张幻灯片的下方自动添加了一张“标题和文本”版式的幻灯片，如图 1-18 所示。

Step03 单击“单击此处添加标题”占位符中的任意位置，此时虚线边框将被一个斜线边框所代替，在占位符上显示的原始示例文本也消失，同时在占位符内出现一个闪烁的插入点，在插入点处输入文本“实验原理”。

Step04 单击“单击此处添加文本”占位符中的任意位置，然后在插入点处输入相应的内容，如图 1-19 所示。

图 1-18　新插入的幻灯片

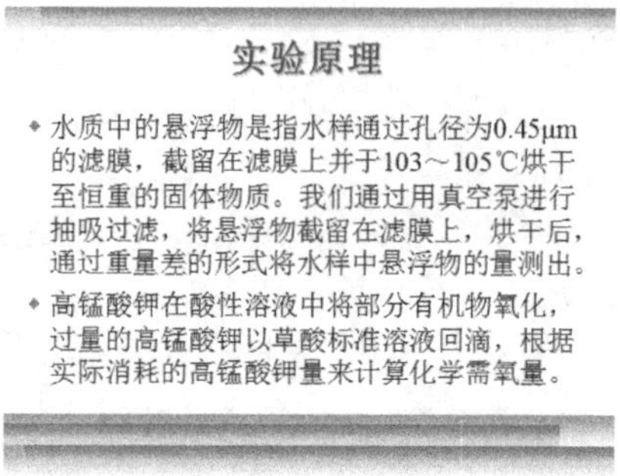

图 1-19　在新幻灯片中输入内容的效果

提示

新插入幻灯片后，插入位置以后的所有幻灯片的编号将自动调整。

动手做 3　删除幻灯片

在制作演示文稿的过程中用户不但可以添加幻灯片，还可以删除多余的幻灯片。例如，演示文稿的第 12 张幻灯片（附图）是多余的，用户可以将它删除，具体操作步骤如下：

Step01 在实验报告演示文稿的“大纲/幻灯片”窗格中单击序号为“5”的幻灯片，将第 5 张幻灯片切换为当前幻灯片。

Step02 按下键盘上的 Delete 键即可删除选定的幻灯片。

提示

删除幻灯片后，幻灯片的编号也将自动调整。

项目任务 1-4　演示文稿的视图方式

PowerPoint 2010 能够以不同的视图方式显示演示文稿的内容，使演示文稿易于浏览、便于编辑。PowerPoint 2010 提供了多种基本的视图方式，如普通视图、幻灯片浏览视图、备注页视图和幻灯片放映视图。

每种视图都包含特定的工作区、菜单命令、按钮和工具栏等组件。每种视图都有其独特的显示方式和加工特色，并且在一种视图中对演示文稿的修改和加工会自动反映在该演示文稿的其他视图中。

动手做 1　普通视图

普通视图是进入 PowerPoint 2010 后的默认视图，普通视图将窗口分为 3 个工作区，也可称为三区式显示。在窗口的左侧包括“大纲”选项卡和“幻灯片”选项卡，使用它们可以切换到大纲区和幻灯片缩略图区。普通视图将幻灯片、大纲和备注页三个工作区集成到一个视图中，大纲区用于显示幻灯片的大纲内容；幻灯片区用于显示幻灯片的效果，对单张幻灯片的编辑主要在这里进行；备注区用于输入演讲者的备注信息。

在普通视图中，只可看到一张幻灯片，如果要显示所需的幻灯片，可以选择下面几种方法之一进行操作：

- 在普通视图的“大纲/幻灯片”窗格中单击幻灯片选项卡，在幻灯片列表中单击要显示的幻灯片，则切换到该幻灯片中。
- 直接拖动垂直滚动条上的滚动块，移动到所需要的幻灯片时，松开鼠标左键即可切换到该幻灯片中。
- 单击垂直滚动条中的按钮 ▲，可切换到当前幻灯片的上一张；单击垂直滚动条中的按钮 ▼，可切换到当前幻灯片的下一张。
- 按 Page Up 键可切换到当前幻灯片的上一张；按 Page Down 键可切换到当前幻灯片的下一张；按 Home 键可切换到第一张幻灯片；按 End 键可切换到最后一张幻灯片。

如果要切换到普通视图，则在视图选项卡下单击演示文稿视图组中的普通视图按钮即可。用户也可以在状态栏的视图切换区单击普通视图按钮。

动手做 2 幻灯片浏览视图

在幻灯片浏览视图中，可以看到整个演示文稿的内容。在幻灯片浏览视图中不仅可以了解整个演示文稿的大致外观，还可以轻松地按顺序组织幻灯片，插入、删除或移动幻灯片、设置幻灯片放映方式、设置动画特效以及设置排练时间等。

幻灯片浏览视图的效果如图 1-20 所示。如果要切换到普通视图，则在视图选项卡下单击演示文稿视图组中的幻灯片浏览按钮即可。用户也可以在状态栏的视图切换区单击幻灯片浏览按钮。

图 1-20 幻灯片浏览视图

动手做 3 备注页视图

备注页一般用于建立、修改和编辑演讲者备注，可以记录演讲者讲演时所需的一些提示重点。备注的文本内容虽然可以通过普通视图中的“备注”窗格进行输入和编辑，但是在备注页视图中可以更方便地进行备注文字的编辑操作。在备注页视图中，幻灯片和该幻灯片的备注页是同时出现的，备注页出现在幻灯片的下方，并且备注页的尺寸也比较大，如图 1-21 所示。在备注页视图中，可以很方便地编辑备注文本内容，也可以对文本进行格式设置。同时，表格、图表、图片等对象也可以插入到备注页中，但这些对象会在打印的备注页中显示出来，而不会在其他视图中显示。

如果要切换到普通视图，在视图选项卡下单击演示文稿视图组中的备注页按钮即可。

动手做 4 幻灯片放映视图

制作幻灯片的目的是放映幻灯片，在计算机上放映幻灯片时，幻灯片在计算机屏幕上呈现全屏外观。

如果用户制作幻灯片的目的是最终输出用于在屏幕上演示幻灯片，使用幻灯片放映视图就特别有用。当然，在放映幻灯片时，还可以加入许多特效，使得演示过程更加有趣。要切换到幻灯片放映视图，单击幻灯片放映选项卡下开始放映幻灯片组中的从头开始或从当前幻灯片开始按钮。用户也可以在状态栏的视图切换区单击幻灯片放映按钮。

动手做 5 阅读视图

阅读视图是 PowerPoint 2010 新增的视图方式。在视图选项卡下单击演示文稿视图组中的阅读视图按钮或在状态栏的视图切换区单击阅读视图按钮即可切换到阅读视图，如图 1-22 所示。

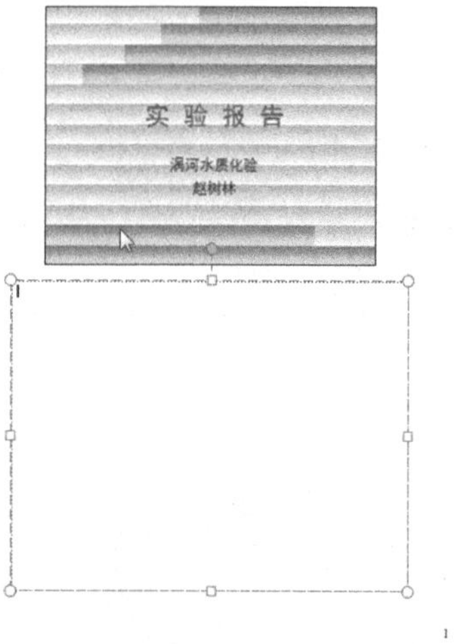

图 1-21 幻灯片浏览视图

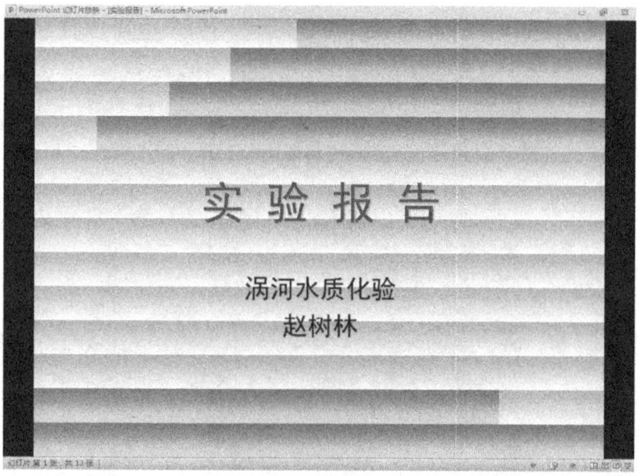

图 1-22 阅读视图

在该视图模式下，只保留幻灯片窗格、标题栏和状态栏，其他编辑功能被屏蔽，目的是幻灯片制作完成后进行简单放映浏览。一般是从当前幻灯片开始放映，单击可以切换到下一张幻灯片，直到放映最后一张幻灯片后退出阅读视图。在放映过程中可以按 Esc 键退出阅读视图，也可以单击状态栏右侧的其他视图按钮，退出阅读视图并切换到相应视图。

项目任务 1-5 保存与退出演示文稿

在建立和编辑演示文稿的过程中，随时注意保存演示文稿是个很好的习惯。一旦计算机突然断电或者系统发生意外而不是正常退出 PowerPoint 2010，内存中的结果会丢失，所做的工作就白费了。如果经常选择保存操作，就可以避免成果丢失了。

动手做 1 保存演示文稿

虽然 PowerPoint 在建立新演示文稿时系统默认了演示文稿的名称，但是它没有分配在磁盘上的演示文稿名称，因此，在保存新演示文稿时，需要给新演示文稿指定一个文件名。

保存新建实验报告演示文稿的具体操作步骤如下：

Step01 单击文件选项卡，如图 1-23 所示。

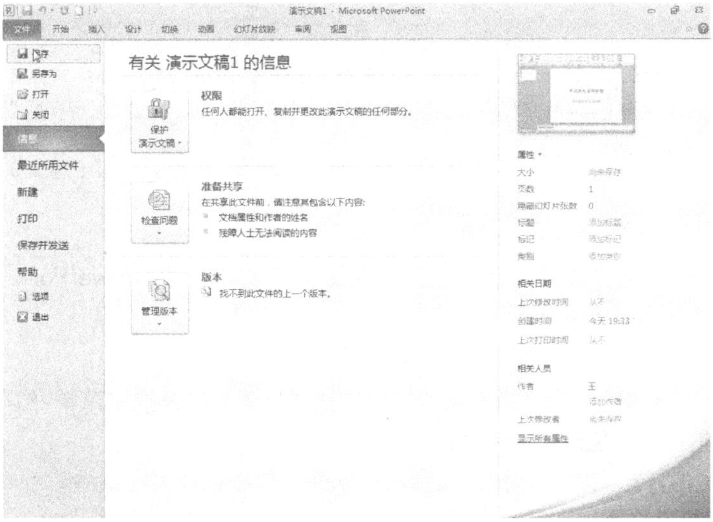

图 1-23 文件选项卡

Step02 单击保存选项，打开另存为对话框，如图 1-24 所示。

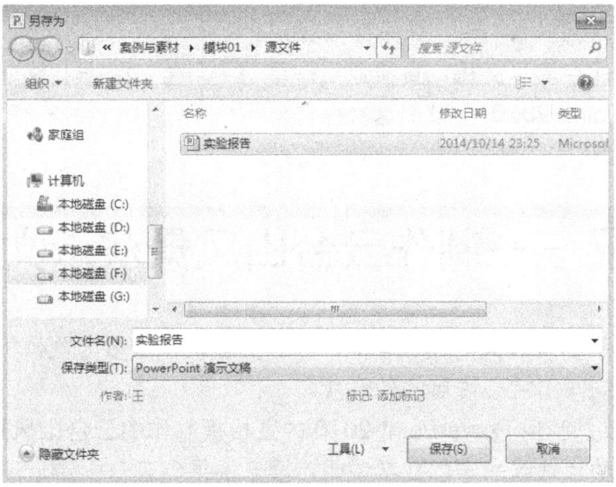

图 1-24 另存为对话框

Step03 在另存为对话框中选择文档的保存位置，这里选择案例与素材\模块 01\源文件文件夹。

Step04 在文件名文本框中输入新的文档名实验报告，默认情况下 PowerPoint 2010 应用程序会自动赋予相应的扩展名为 PowerPoint 演示文稿。

Step05 单击保存按钮。

教你一招

用户还可以在快速访问工具栏上单击保存按钮，或按 Ctrl+S 组合键也可打开另存为对话框。

提示

如果要以其他的文件格式保存新建的文件，在保存类型下拉列表中选择要保存的文档格式。为了避免 2010 版本创建的演示文稿用 97-2003 版本打不开，用户可以在“保存类型”下拉列表中选择 PowerPoint97-2003 演示文稿。

动手做 2　退出演示文稿

对文档的操作全部完成后，用户就可以关闭演示文稿退出 PowerPoint 2010 了，退出 PowerPoint 2010 程序有以下几种方法：

- 使用鼠标左键单击标题栏最右端的关闭按钮。
- 使用鼠标左键单击标题栏最左端的控制按钮图标，打开控制菜单，然后单击关闭命令。
- 在文件选项卡下选择退出选项。
- 在标题栏的任意处右击，然后在弹出的快捷菜单中选择关闭命令。
- 按下 Alt+F4 或 Ctrl+W 组合键。

如果在退出之前没有保存修改过的文档，此时 PowerPoint 2010 系统就会弹出信息提示对话框，如图 1-25 所示。单击保存按钮，PowerPoint 2010 会保存演示文稿，然后退出；单击不保存按钮，PowerPoint 2010 不保存演示文稿，直接退出；单击取消按钮，PowerPoint 2010 会取消这次操作，返回到刚才的编辑窗口。

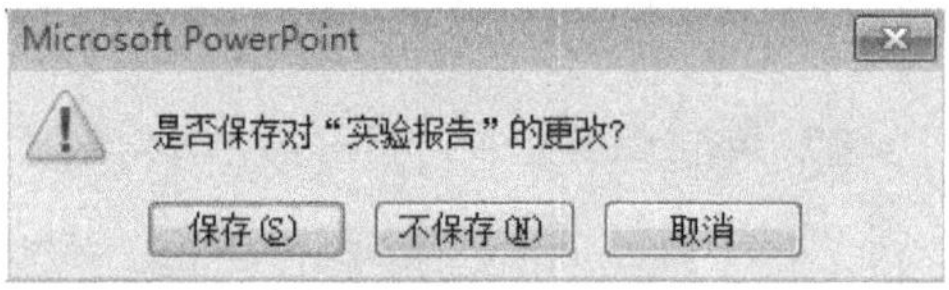

图 1-25　关闭演示文稿时的警告对话框

项目拓展——制作云台山风景演示文稿

PowerPoint 2010 拥有强大的模板功能，为用户提供了很多内置模板，用户可以利用其内置的模板简便快捷地制作出赏心悦目的幻灯片。

如图 1-26 所示就是利用 PowerPoint 2010 内置模板制作的云台山风景演示文稿。该演示文稿以图片为主，每幅图片辅以一定的文字说明，展示的是到云台山游玩所拍摄的风景。

此种类型的演示文稿一般由多张幻灯片组成，幻灯片的数量根据所介绍的对象情况可多可少，在播放时采用循环播放的方式，主要用于以下一些场合：

（1）旅游城市景点介绍；

（2）企业新产品的宣传发布；

（3）个人成长记录等以图片为主的幻灯片。

图 1-26　云台山风景

设计思路

在云台山风景演示文稿的制作过程中，用户可以首先利用内置的模板创建一个演示文稿，然后再对演示文稿中的幻灯片进行编辑。

利用内置模板创建演示文稿的具体步骤如下：

Step 01　选择开始→所有程序→Microsoft Office→Microsoft PowerPoint 2010 命令，启动 PowerPoint 2010。

Step 02　单击文件选项卡，在下拉菜单中选择新建选项，打开新建窗口。在可用的模板和主题区域，单击样本模板选项，打开样本模板列表，在列表中选中现代型相册选项，在右边的预览框中可以看到该模板的预览效果，如图 1-27 所示。

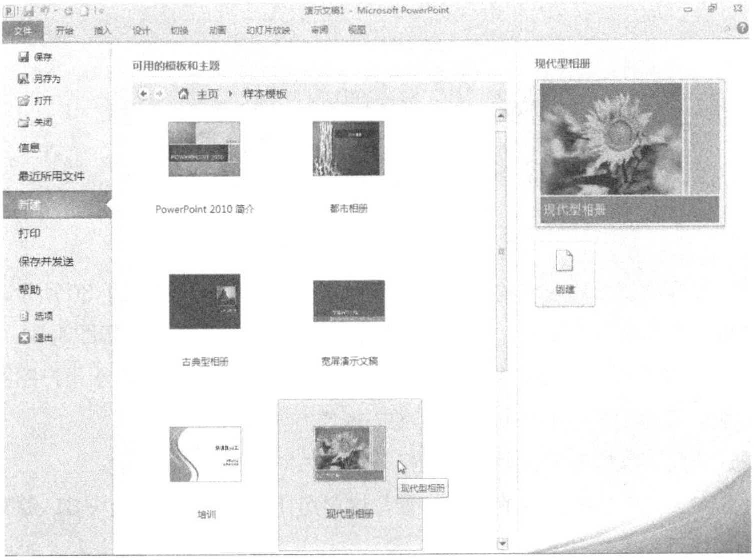

图 1-27　样本模板列表

Step03 单击创建按钮，系统会自动生成包含多张幻灯片的演示文稿框架，如图 1-28 所示。

图 1-28 利用样本模板创建的演示文稿

Step04 切换第 1 张幻灯片为当前幻灯片，选中幻灯片中的图片，按下键盘上的 Delete 键，将图片删除，选中幻灯片中的文本，将其删除并输入需要的文本内容，如图 1-29 所示。

图 1-29 修改模板建立的幻灯片

Step05 单击单击图标添加图片区域的图标，打开插入图片对话框，如图 1-30 所示。

Step06 在对话框中选择需要的图片，单击插入按钮，完成图片的插入，如图 1-31 所示。

Step07 切换第 2 张幻灯片为当前幻灯片，删除原有的图片文字，重新插入用户的图片并输入与之相匹配的文字说明。其他幻灯片的操作与第 1 张的操作方法相同。

Step08 单击快速访问工具栏中的保存按钮，打开另存为对话框。

Step09 在另存为对话框中选择文档的保存位置，这里选择案例与素材\模块 01\源文件文件夹，在文件名文本框中输入新的文档名云台山风景。

Step10 单击保存按钮。

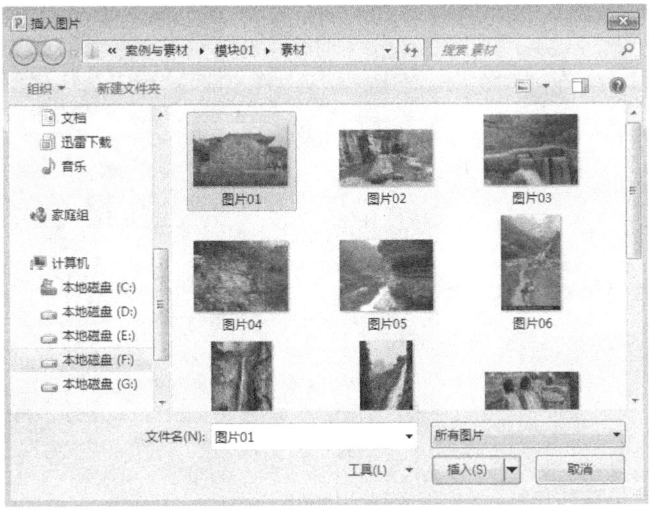

图 1-30　插入图片对话框

图 1-31　插入图片的效果

知识拓展

通过前面的任务主要学习了利用模板创建演示文稿的方法，另外还有一些基本操作在前面的任务中没有运用到，下面就介绍一下。

动手做 1　在普通视图中显示大纲

在普通视图中用户可以查看演示文稿的大纲，在“大纲/幻灯片”窗格中单击大纲选项，则显示大纲编辑区，如图 1-32 所示。幻灯片的大纲由一些不同级别的标题构成，在大纲区可以显示幻灯片文本的具体内容以及文本的格式等。借助大纲，有利于厘清演示文稿的结构，便于总体设计。

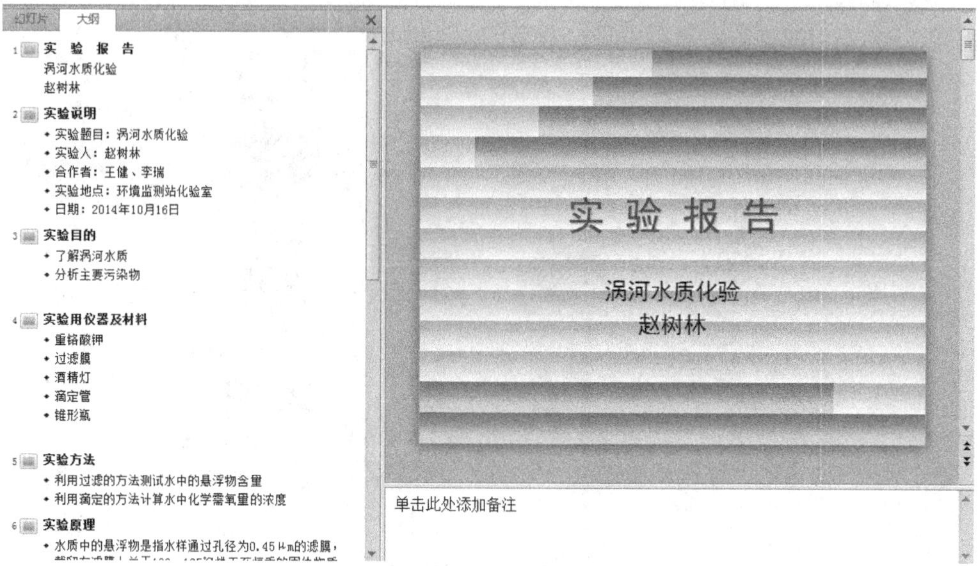

图 1-32　幻灯片的大纲

用户可以利用大纲视图快速输入幻灯片的文本，在大纲视图中单击 图标右侧，输入文本，为一级大纲文本。按 Enter 键，则新建了一张幻灯片，再次输入文本，仍为一级大纲文本。如果在输入一级大纲文本后需要输入下一级的文本，则可以按组合键 Ctrl+Enter，然后再输文本。如果输入的不是一级标题文本，按 Enter 键后则继续输入相同级别的文本。

动手做 2　功能区最小化

PowerPoint 2010 的默认功能区是全部打开的，使用起来比较方便，但是编辑窗口就会小一些，用户可以将功能区最小化，以增大演示文稿编辑窗口的显示比例。

在功能区单击功能区最小化按钮 ，功能区的状态立即处于最小化，此时编辑窗口的显示比例会显得比较大，如图 1-33 所示。

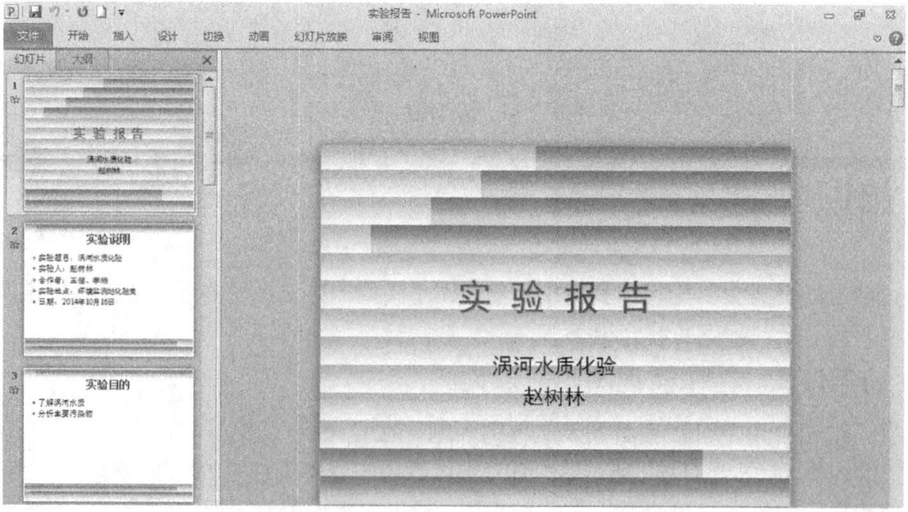

图 1-33　功能区最小化的效果

设置了功能区的最小化后，如果用户要使用功能区中的命令，可以单击相应的选项卡，打开该选项卡下的命令。在功能区单击展开功能区按钮，则功能区将展开。

动手做 3 调整视图的显示比例

用户可以使用视图选项卡下显示比例组中的命令来调整幻灯片视图的显示比例。单击显示比例组中的显示比例按钮，打开显示比例对话框，如图 1-34 所示。在该对话框中可以设置显示比例，然后单击确定按钮来调整幻灯片的显示比例。在显示比例组中单击适应窗口大小按钮，则幻灯片会自动适应窗口的大小。

另外，用户还可以拖动状态栏右侧的缩放比例按钮来快速改变幻灯片的显示比例。

动手做 4 PowerPoint 2010 的帮助

单击 PowerPoint 2010 窗口的帮助按钮或按 F1 键，均可以打开 PowerPoint 2010 的帮助窗口，如图 1-35 所示。帮助窗口打开后会自动进行网络连接，如果用户计算机是连接在 Internet 上的，则在帮助窗口的右下角会提示用户已连接到 Office.com。

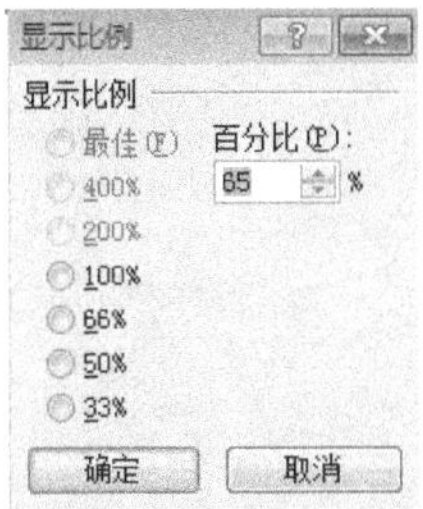

图 1-34 显示比例对话框

图 1-35 帮助窗口

在搜索文本框中输入需要帮助的内容，单击搜索按钮，即可在帮助窗口中搜索对关键词的解释，如图 1-36 所示。在关键词解释列表中单击相应的选项，系统会给出该选项的详细解释与说明，如图 1-37 所示。

另外，用户在帮助窗口中单击相应的分类，则进入相应的分类列表，如这里单击使用母版选项，则进入如图 1-38 所示的帮助窗口，在列表中单击相应的选项系统也会给出详细的解释与说明。

单击帮助窗口右下角的已连接到 Office.com 按钮，在打开的列表中选中仅显示来自此计算机的内容选项，这时 PowerPoint 帮助的状态改变为脱机状态，此时的帮助内容均来自本地计算机，如图 1-39 所示。

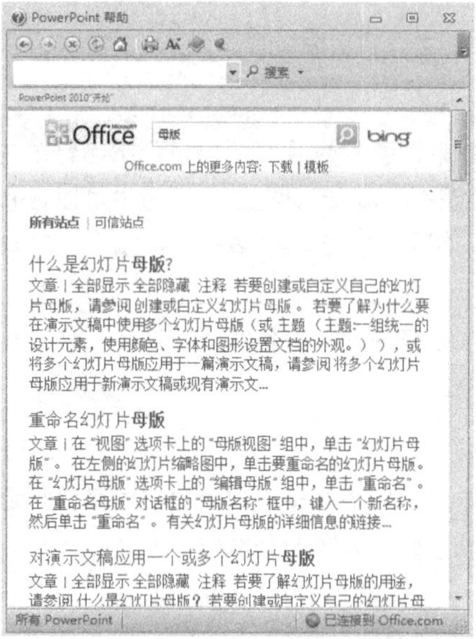

图 1-36　搜索关键词

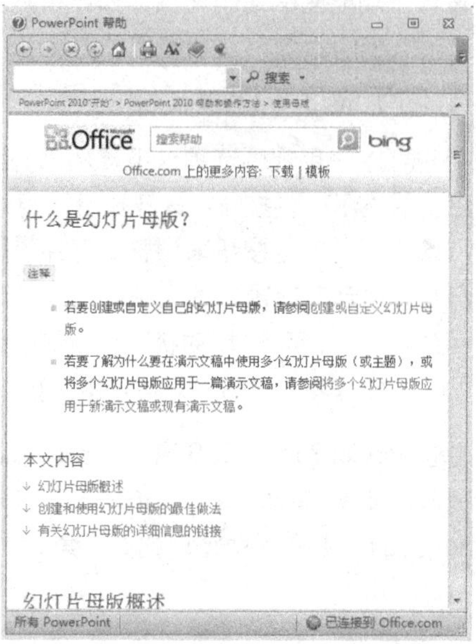

图 1-37　相应项目的解释

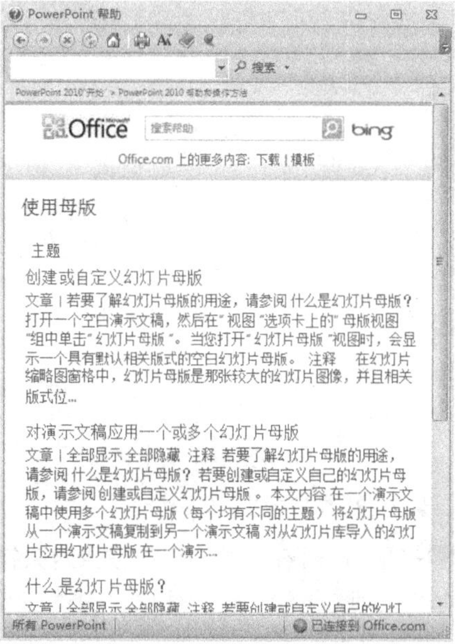

图 1-38　分类列表

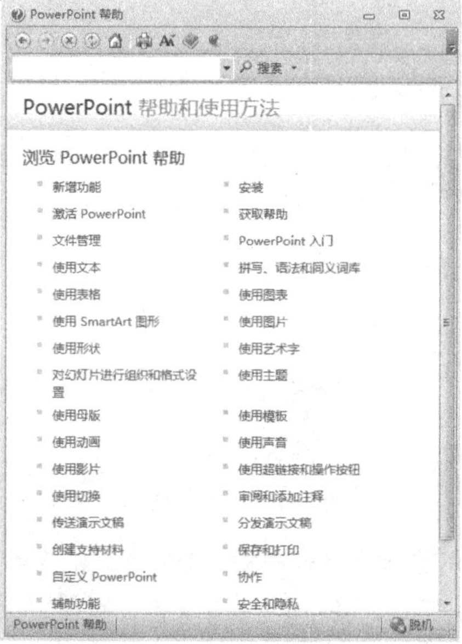

图 1-39　来自本地计算机的帮助

课后练习与指导

一、选择题

1．在 PowerPoint 2010 中按（　　）快捷键可以保存演示文稿。

A．Ctrl+R　　B．Ctrl+Z　　C．Ctrl+Y　　D．Ctrl+S

2．在普通视图中按（　　）键可切换到当前幻灯片的上一张。

A．Page Up　　　　B．Page Down

C．Home　　　　D．End

二、填空题

1．PowerPoint 2010 中的功能区主要包括_______、_______、_______、_______、_______、_______、_______、_______、_______等选项卡。

2．PowerPoint 2010 演示文稿的普通视图主要包含_______、_______、_______三部分。

3．当启动 PowerPoint 2010 时系统会自动创建一个空白演示文稿，并自动命名为______。

4．PowerPoint 2010 提供了多种基本的视图方式，如_______视图、_________视图、_________视图和__________视图。

5．为了避免 PowerPoint 2010 版本创建的演示文稿用 97～2003 版本打不开，用户在进行保存时可以将其保存为______________类型。

6. 单击 PowerPoint 2010 窗口的______按钮　或按______键，均可以打开 PowerPoint 2010 的帮助窗口。

三、简答题

1．创建空白演示文稿的基本方法有哪些？

2．如何利用“Office.com 模板”创建演示文稿？

3．如何利用样本模板创建演示文稿？

4．演示文稿的普通视图有哪些特点？

5．演示文稿的幻灯片浏览视图有哪些特点？

6．退出演示文稿有哪些方法？

7．如何在演示文稿的各种视图之间进行切换。

8．如何调整视图的显示比例？

四、实践题

利用 PowerPoint 2010 中“Office.com 模板”的“证书、奖状”类别的模板创建一个如图 1-40 所示的演示文稿。

图 1-40　利用模板制作的奖状

模块02 文本幻灯片的制作——制作商务谈判策划书

你知道吗？

一张页面效果丰富的幻灯片一般由一些文本对象和一些图形对象组成。其中，文本对象是幻灯片的基本组成部分，也是演示文稿中最重要的组成部分。用户可以根据需要对幻灯片中的文本进行编辑，合理地组织文本对象使幻灯片能清楚地说明问题，增强幻灯片的可读性。

应用场景

我们可以在演示文稿中利用文本来表达一些基本的信息，如图 2-1 所示的某项目情况演示文稿中包含了很多文本信息。

商务谈判，是指谈判双方为实现某种商品或劳务的交易，对多种交易条件进行的协商。

如图 2-2 所示，就是利用 PowerPoint 2010 制作的商务谈判策划书演示文稿，请读者根据本模块所介绍的知识和技能，完成这一工作任务。

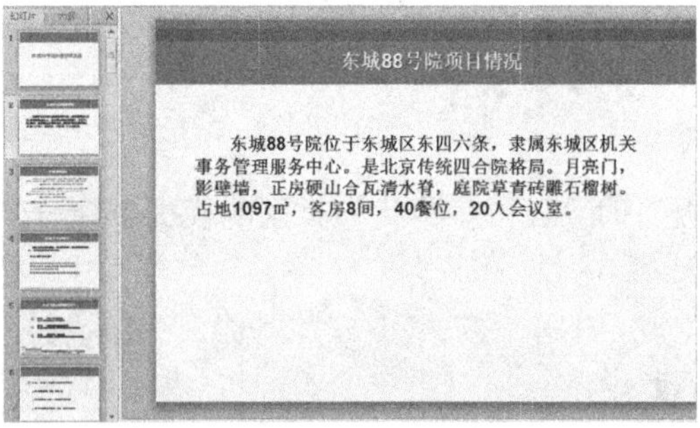

图 2-1　某项目情况演示文稿

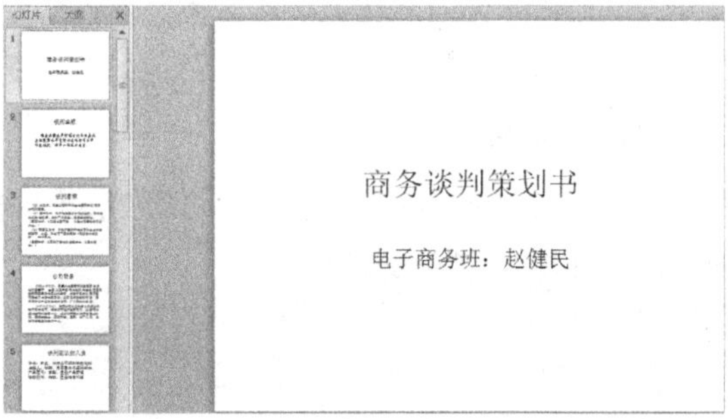

图 2-2　商务谈判策划书演示文稿

相关文件模板

利用 PowerPoint 2010 软件的基本功能，还可以完成会所经营方案、酒店运营管理方案、商务谈判策划方案、商务谈判计划书等工作任务。为方便读者，本书在配套的资料包中提供了部分常用的文件模板，具体文件路径如图 2-3 所示。

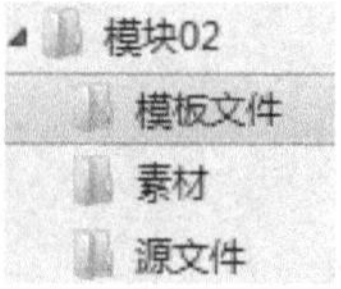

图 2-3　应用文件模板

背景知识

随着商品经济的发展，商品概念的外延也在扩大，其不仅包括一切劳动产品，还包括资金、技术、信息、服务等。因此，商务谈判是指一切商品形态的交易洽谈，如商品供求谈判、技术引进与转让谈判、投资谈判等。商务谈判是一门艺术，需要有一颗懂得欣赏艺术的心。商务谈判也是一场没有硝烟的战争，需要我们周密策划，思维缜密，全力以赴。

设计思路

在商务谈判策划书演示文稿的制作过程中，用户首先应在幻灯片中输入文本，然后再对幻灯片中的文本进行设置，制作商务谈判策划书演示文稿的基本步骤可分解为：

Step 01 文本的输入。

Step 02 设置文本字体格式。

Step 03 设置项目符号和编号。

Step 04 设置文本段落格式。

Step 05 幻灯片中占位符的编辑。

Step 06 幻灯片的编辑。

项目任务 2-1 文本的输入

在幻灯片中添加文本有两种方法，可以直接在幻灯片的文本占位符中输入文本，也可以在幻灯片中先插入文本框，然后再在文本框中输入文本。

动手做 1 在占位符中输入文本

“占位符”是指在新创建的幻灯片中出现的虚线方框，这些方框代表着一些待确定的对象，占位符是对待确定对象的说明。

例如，创建一个新的空白演示文稿，新演示文稿的第一张幻灯片为标题幻灯片，在该幻灯片中有标题占位符和副标题占位符两个文本占位符，如图 2-4 所示。用户可以在标题占位符中输入该演示文稿的标题文本，也可以在副标题占位符中输入演示文稿的副标题文本。

图 2-4 标题幻灯片

在标题幻灯片的文本占位符中输入文本的具体操作步骤如下：

Step 01 在“单击此处添加标题”占位符的任意位置处单击鼠标左键，将插入点定位在标题占位符中。

Step 02 输入文本“商务谈判策划书”。

Step 03 在幻灯片的任意空白处单击鼠标，结束文本的添加。

Step 04 在“单击此处添加副标题”占位符的任意位置处单击鼠标左键，输入文本“电子商务班：赵健民”。

添加标题文本和副标题文本的标题幻灯片如图 2-5 所示。

动手做 2 在文本框中输入文本

如果要在文本占位符以外的位置添加文本，可以利用文本框进行添加。

例如，要在第 2 张幻灯片文本占位符以外的位置输入文本，具体操作步骤如下：

Step 01 按回车键，创建一张新的幻灯片，该幻灯片为标题和内容版式的幻灯片，如图 2-6 所示。

图 2-5　在标题占位符中输入文本

Step02　在“单击此处添加标题”占位符的任意位置处单击鼠标左键，将插入点定位在标题占位符中，然后输入文本“谈判主题”。

Step03　在“单击此处添加文本”占位符的边框线上单击鼠标，将占位符选中，按 Delete 键将其删除。

Step04　单击插入选项卡下文本组中的文本框按钮，打开一下拉菜单，如图 2-7 所示。

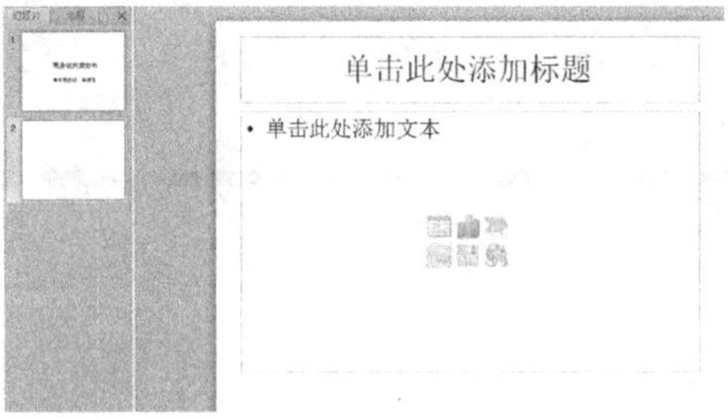

图 2-6　标题和内容版式幻灯片

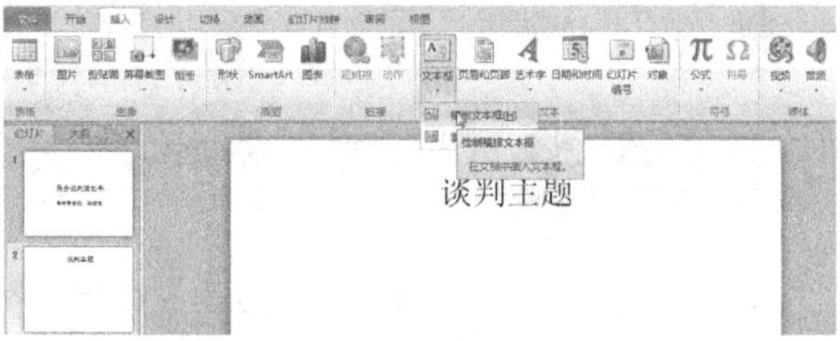

图 2-7　文本框下拉菜单

Step05　在下拉菜单中选择横排文本框按钮，此时鼠标指针变成 ⊥ 形状，拖动鼠标在幻灯片中绘制出文本框，如图 2-8 所示。

Step06　在文本框中输入相应的文本，效果如图 2-8 所示。

动手做 3　添加新的段落

在向幻灯片中添加文本时，用户不但可以直接在段落中添加文本，还可以添加整段的文本。例如，要在第 3 张幻灯片中添加多段文本，具体步骤如下：

Step01　按回车键，创建一张新的幻灯片，该幻灯片为标题和内容版式的幻灯片。

Step02　在“单击此处添加标题”占位符的任意位置处单击鼠标左键，将插入点定位在标题占位符中，然后输入文本“谈判目标”。

Step03　在“单击此处添加标题”占位符的任意位置处单击鼠标左键，将插入点定位在内容占位符中，然后输入第一段文本，如图 2-9 所示。

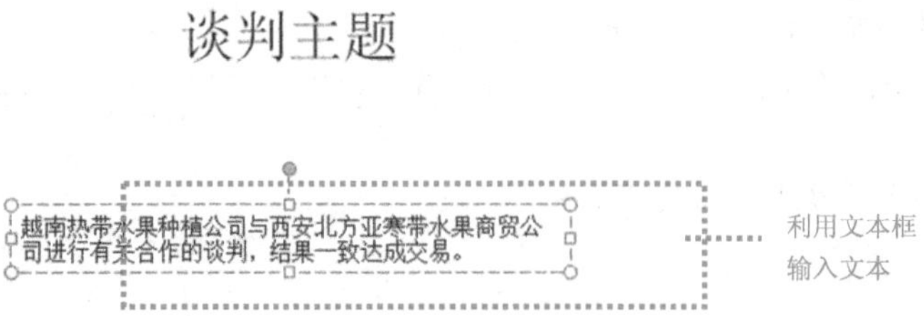

图 2-8　利用文本框添加文本的效果

图 2-9　输入第一段文本

Step 04 按下键盘上的回车键增加一个新的段落，此时在段落的前面将会自动显示出项目符号，如图 2-10 所示。

Step 05 在新段落中输入文本，再次按下键盘上的回车键增加一个新的段落，继续输入其他段落的文本。

Step 06 在幻灯片的任意空白处单击鼠标，结束多段文本的添加，添加多段文本的效果如图 2-11 所示。

谈判目标
• 总目标：尽量以较低价格达成采购协议,使双方得到双赢。

图 2-10 添加新的段落

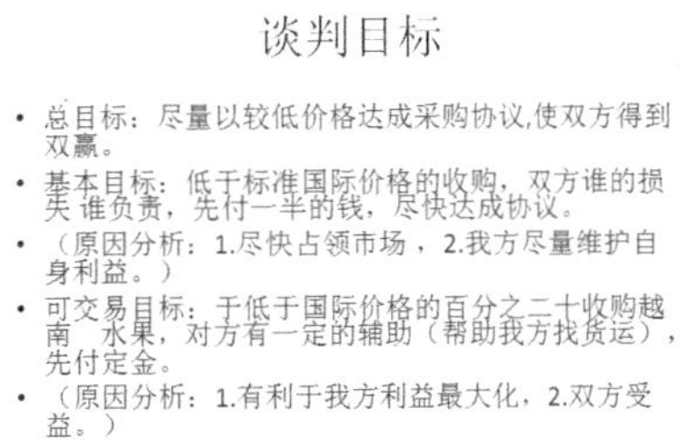
谈判目标
• 总目标：尽量以较低价格达成采购协议,使双方得到双赢。
• 基本目标：低于标准国际价格的收购，双方谁的损失 谁负责，先付一半的钱，尽快达成协议。
• （原因分析：1.尽快占领市场，2.我方尽量维护自身利益。）
• 可交易目标：于低于国际价格的百分之二十收购越南 水果，对方有一定的辅助（帮助我方找货运），先付定金。
• （原因分析：1.有利于我方利益最大化，2.双方受益。）

图 2-11 添加多段文本的效果

提示

如果按下 Shift+Enter 组合键则执行换行的操作，此时插入点也会另起一行，但该行仍是当前段落的一部分，所以在新行的前面不会出现项目符号。

项目任务 2-2 设置文本字体格式

在幻灯片中输入文本后默认字体往往无法满足我们的要求，此时用户可以根据需要对幻灯片中的文本字体进行设置。

动手做 1 选择文本

选择文本是文本的最基本操作之一，用鼠标选定文本的常用方法是把 I 型的鼠标指针指向要选定的文本开始处，单击鼠标按住左键并拖过要选定的文本，当拖动到选定文本的末尾时，松开鼠标左键，选定的文本呈反白显示。

例如，这里要选择第 2 张幻灯片中文本框中的文本，首先将鼠标指针移到文本框中文本的开始处，单击定位鼠标，然后按住左键拖过文本框中所有的文本后松开鼠标左键，选中的文本反白显示，如图 2-12 所示。

谈判主题
越南热带水果种植公司与西安北方亚寒带水果商贸公司进行有关合作的谈判，结果一致达成交易。

图 2-12 选择文本

如果要选定多块文本，可以首先选定一块文本，然后在按下 Ctrl 键的同时拖动鼠标选择其他的文本，这样就可以选定不连续的多块文本。如果要选定的文本范围较大，用户可以首先在开始选取的位置处单击鼠标，接着按下 Shift 键，然后在要结束选取的位置处单击鼠标即可选定所需的大块文本。

动手做 2 利用功能区设置字体格式

如果要设置的字体格式比较简单，用户可以利用开始选项卡中字体组中的按钮进行快速设置。例如，将第 2 张幻灯片的文本框中文本的字体设置为华文行楷、32 磅、倾斜，具体操作步骤如下：

Step 01 切换第 2 张幻灯片为当前幻灯片，在文本框中选中要设置字体格式的标题文本。

Step 02 在开始选项卡字体选项组中单击字体组合框后的下三角箭头，打开字体下拉列表，在字体组合框列表中选择华文行楷，如图 2-13 所示。如果要选择的字体没有显示出来，可以拖动下拉列表框右侧的滚动条来选择字体。

Step 03 单击字号组合框后的下三角箭头，打开字号下拉列表，在字号组合框列表中选择 32，如图 2-14 所示。

Step 04 在字体选项组中，单击倾斜 *I* 按钮，设置字体倾斜，这样文本框中文本字体的效果如图 2-15 所示。

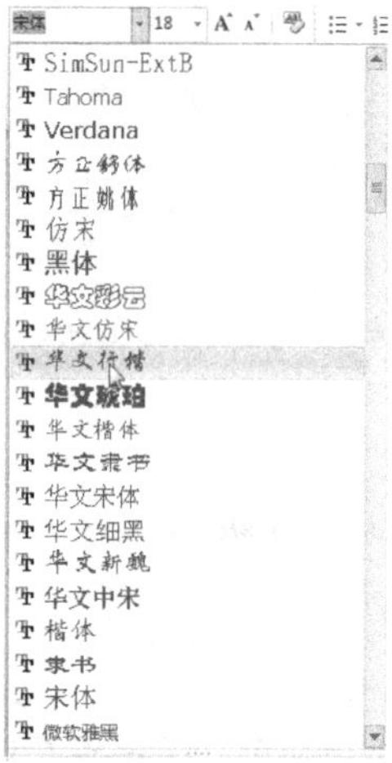

图 2-13 选择字体

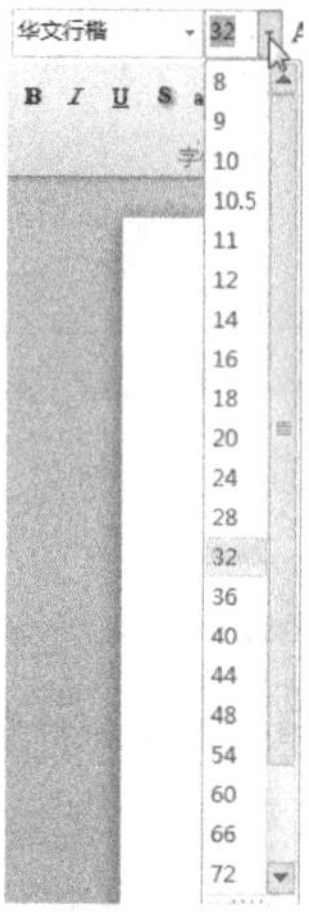

图 2-14 选择字号

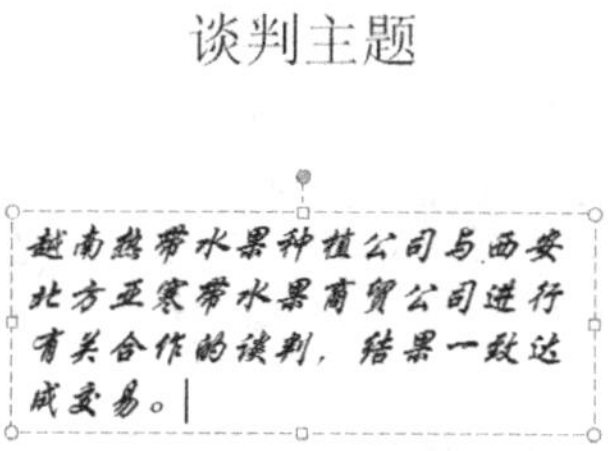

图 2-15 设置文本框中文本字体的效果

用户还可以利用字体组中的其他相关工具按钮来设置字符的字形和效果：

- 加粗 **B**|**B**：单击加粗按钮使它显示被标记状态，可以使选中文本出现加粗效果，再次单击加粗按钮可取消加粗效果。
- 倾斜 *I*|*I*：单击倾斜按钮使它显示被标记状态，可以使选中文本出现倾斜效果，再次单击倾斜按钮可取消倾斜效果。
- 下划线 U：单击下划线按钮使它显示被标记状态，可以为选中的文本自动添加下划线，再次单击可取消下划线。
- 字体颜色 A·A：单击字体颜色按钮，可以改变选中文本的字体颜色，单击按钮右侧的下三角箭头选择不同的颜色，选择的颜色显示在该符号下面的粗线上。
- 删除线 abc：单击删除线按钮，可以在选中文本的中间画一条线。
- 文字阴影 S：单击文字阴影按钮，可在所选文字后面添加阴影，使之在幻灯片上更醒目。

教你一招

如果用户单纯设置字体大小可以利用快捷键进行设置，选中文本按 Ctrl+] 组合键是增大文本字号，按 Ctrl+[组合键是缩小文本字号。另外，用户也可以利用 Ctrl+Shift+> 或 Ctrl+Shift+< 组合键来增大或缩小文本字号。

动手做 3 利用对话框设置字符格式

如果要设置的字符格式比较复杂，可以在“字体”对话框中进行设置。

例如，利用对话框设置第 4 张幻灯片中的字体格式，具体操作步骤如下：

Step 01 切换第 4 张幻灯片为当前幻灯片，首先选中“西安公司背景”文本，然后在按住 Ctrl 键的同时拖动鼠标，选择“越南公司背景”文本，如图 2-16 所示。

Step 02 单击开始选项卡下字体组中右下角的对话框启动器按钮，打开字体对话框，单击字体选项卡，如图 2-17 所示。

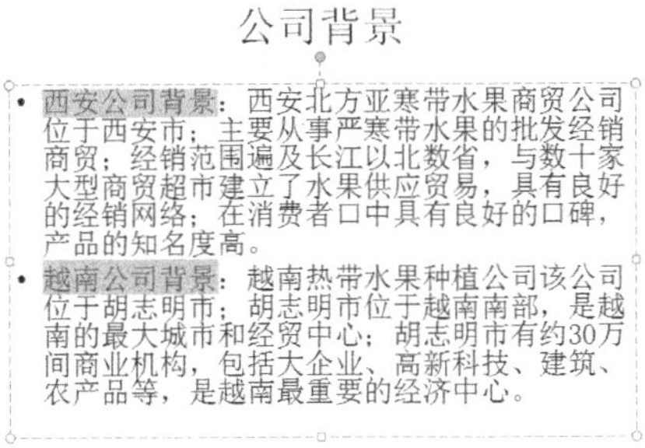
公司背景
西安公司背景：西安北方亚寒带水果商贸公司位于西安市；主要从事严寒带水果的批发经销商贸；经销范围遍及长江以北数省，与数十家大型商贸超市建立了水果供应贸易，具有良好的经销网络；在消费者口中具有良好的口碑，产品的知名度高。
越南公司背景：越南热带水果种植公司该公司位于胡志明市；胡志明市位于越南南部，是越南的最大城市和经贸中心；胡志明市有约30万间商业机构，包括大企业、高新科技、建筑、农产品等，是越南最重要的经济中心。

图 2-16 选中不相邻的两块文本

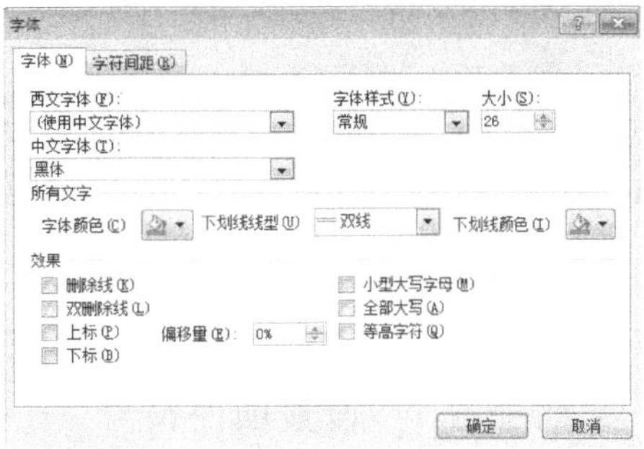
字体
字体(N)
字符间距(R)
西文字体(F):
(使用中文字体)
中文字体(T):
黑体
字体样式(Y):
常规
大小(S):
26
所有文字
字体颜色(C)
下划线线型(U)
双线
下划线颜色(I)
效果
删除线(K)
双删除线(L)
上标(P)
偏移量(E):
0%
下标(B)
小型大写字母(M)
全部大写(A)
等高字符(Q)
确定
取消

图 2-17 字体对话框

Step 03 在中文字体下拉列表中选择黑体，在字体颜色列表中选择红色，在下划线线型列表中选择双线，在下划线颜色列表中选择红色。

Step 04 单击确定按钮，设置字体格式后的效果如图 2-18 所示。

动手做 4 设置字符间距

字符间距指的是两个相邻字符之间的距离，对于一些特殊的文本适当调整它们的字符间距可以使幻灯片的版面更美观。

幻灯片中一般标题字符较少，用户可以适当调整它们的间距。例如，这里调整第 1 张幻灯片中标题的字符间距，具体操作步骤如下：

Step 01 切换第 1 张幻灯片为当前幻灯片，选中标题占位符中的文本“商务谈判策划书”。

Step 02 在开始选项卡中单击字体组中的字符间距按钮，打开一个列表，如图 2-19 所示。

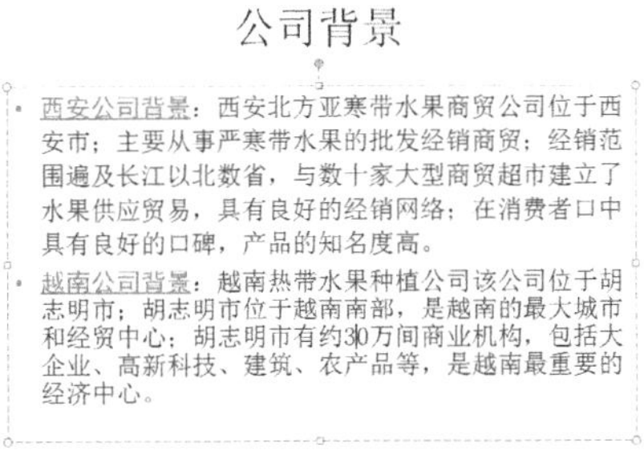
公司背景
西安公司背景：西安北方亚寒带水果商贸公司位于西安市；主要从事严寒带水果的批发经销商贸；经销范围遍及长江以北数省，与数十家大型商贸超市建立了水果供应贸易，具有良好的经销网络；在消费者口中具有良好的口碑，产品的知名度高。
越南公司背景：越南热带水果种植公司该公司位于胡志明市；胡志明市位于越南南部，是越南的最大城市和经贸中心；胡志明市有约30万间商业机构，包括大企业、高新科技、建筑、农产品等，是越南最重要的经济中心。

图 2-18 利用对话框设置文字体格式的效果

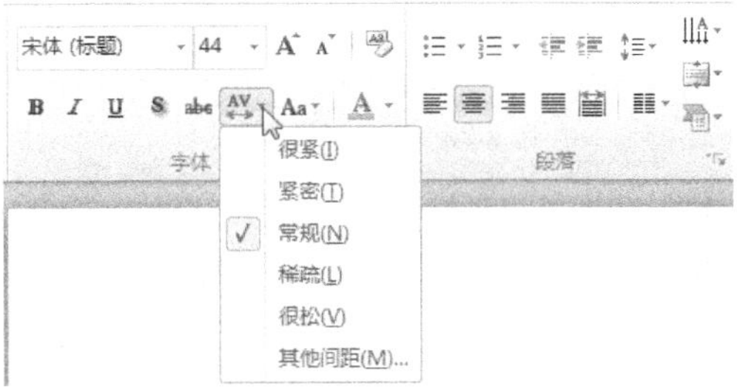
宋体 (标题)
44
字体
段落
很紧(I)
紧密(T)
常规(N)
稀疏(L)
很松(V)
其他间距(M)...

图 2-19 字符间距列表

Step 03 在列表中可以根据需要选择一个选项，如果选择其他间距选项，则打开字体对话框，并自动切换到字符间距选项卡，如图 2-20 所示。

Step 04 在间距下拉列表中选择加宽，并在其后的文本框中输入 10 磅。

Step 05 单击确定按钮，加宽字符间距后的效果如图 2-21 所示。

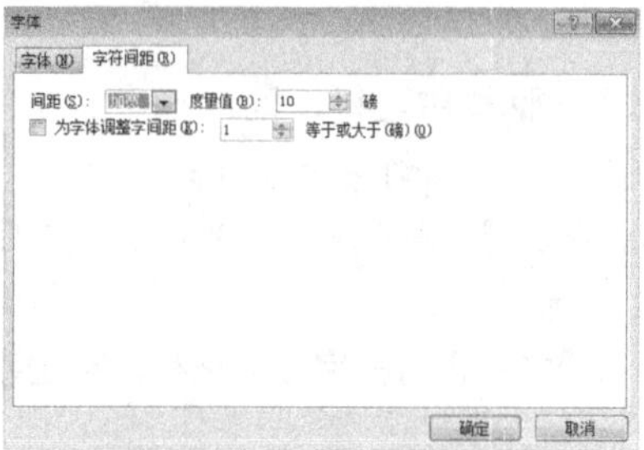

图 2-20 设置字符间距

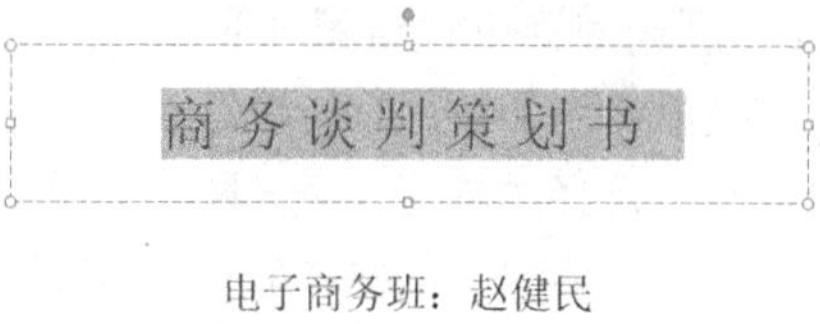

图 2-21 设置字符间距的效果

项目任务 2-3 设置项目符号和编号

项目符号和编号是幻灯片的常用元素，使用它们可以使幻灯片的项目层次更加清晰。项目符号通常用于各个项目之间没有顺序的情况，编号则适用于各个项目有顺序限制的情况。

动手做 1 设置项目符号

默认情况下，在文本内容占位符中输入的文本会自动添加项目符号。为了能够使项目符号更加新颖，用户可以对项目符号重新设置。设置项目符号的具体操作步骤如下：

Step 01 切换第 5 张幻灯片为当前幻灯片，选中内容占位符中含有项目符号的段落。

Step 02 切换开始选项卡，在段落组中单击项目符号按钮右侧的下三角箭头，打开一个下拉列表，如图 2-22 所示。

Step 03 在项目符号列表中选中第二行的 “✓” 符号，则应用项目符号的效果如图 2-23 所示。

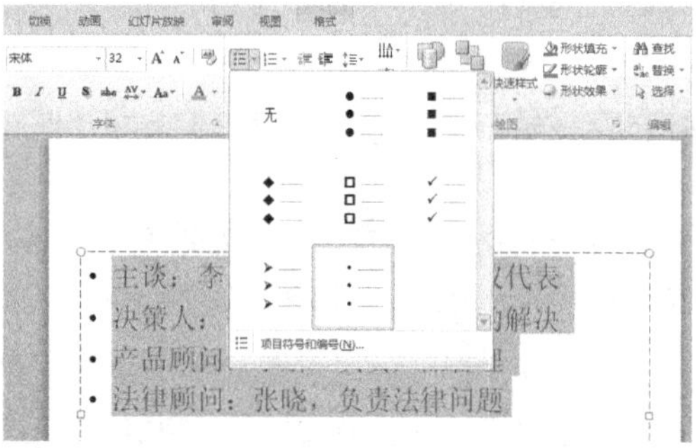

图 2-22 项目符号列表

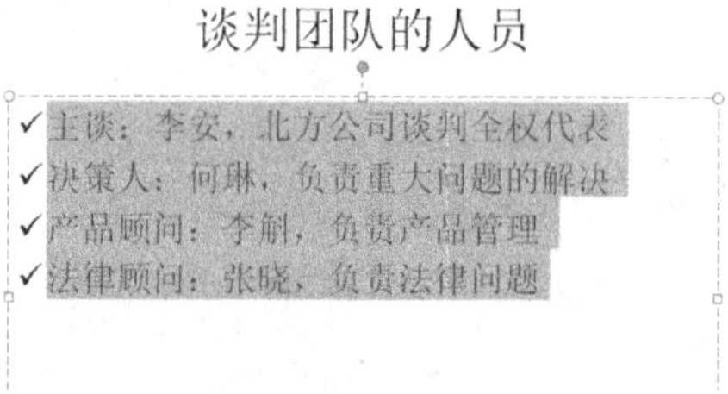

图 2-23 应用项目符号的效果

Step 04 切换第 6 张幻灯片为当前幻灯片，选中内容占位符中含有项目符号的段落。

Step 05 切换开始选项卡，在段落组中单击项目符号按钮右侧的下三角箭头，在项目符号拉列表中选择项目符号和编号命令，打开项目符号和编号对话框，如图 2-24 所示。

Step 06 在项目符号选择区域中选择一种样式，这里选中第二行的 “➤” 符号。

Step 07 单击颜色文本框右侧的下三角箭头，在下拉列表中选择项目符号的颜色，这里选择颜色为红色。

Step 08 单击确定按钮，设置项目符号后的效果如图 2-25 所示。

动手做 2 取消项目符号

默认情况下，在文本内容占位符中输入的文本会自动添加项目符号，对于那些不需要项目符号的文本，可以将项目符号取消。

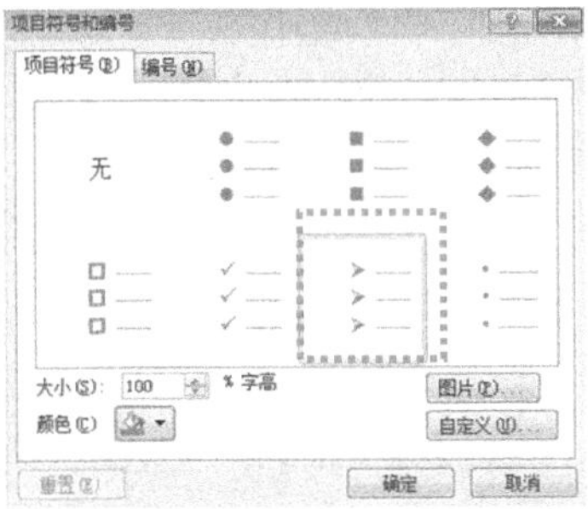
项目符号和编号
项目符号(B)
编号(N)
无
大小(S): 100 % 字高
颜色(C)
图片(P)...
自定义(U)...
重置(R)
确定
取消

图 2-24　项目符号和编号对话框

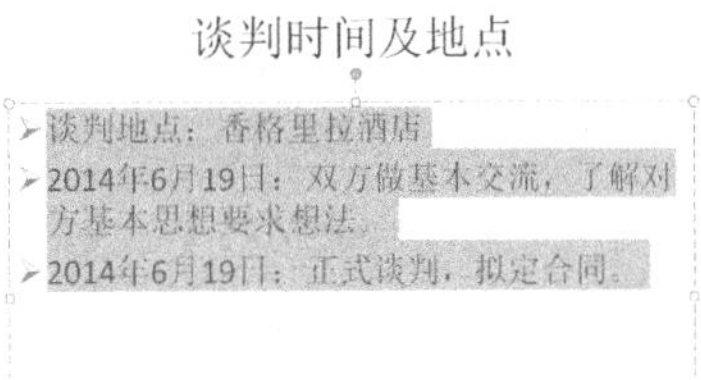
谈判时间及地点
谈判地点：香格里拉酒店
2014年6月19日：双方做基本交流，了解对方基本思想要求想法。
2014年6月19日：正式谈判，拟定合同。

图 2-25　利用对话框设置项目符号后的效果

例如，这里需要把第 3 张幻灯片中的项目符号取消，具体步骤如下：

Step 01　切换第 5 张幻灯片为当前幻灯片，选中内容占位符中含有项目符号的段落。

Step 02　切换开始选项卡，在段落组中单击项目符号按钮右侧的下三角箭头，在项目符号拉列表中选择无命令，则项目符号被取消，如图 2-26 所示。

动手做 3　设置编号

为幻灯片设置编号的具体操作步骤如下：

Step 01　切换第 3 张幻灯片为当前幻灯片，选中刚才取消项目符号的段落。

Step 02　切换开始选项卡，在段落组中单击编号按钮右侧的下三角箭头，打开一个下拉列表，如图 2-27 所示。

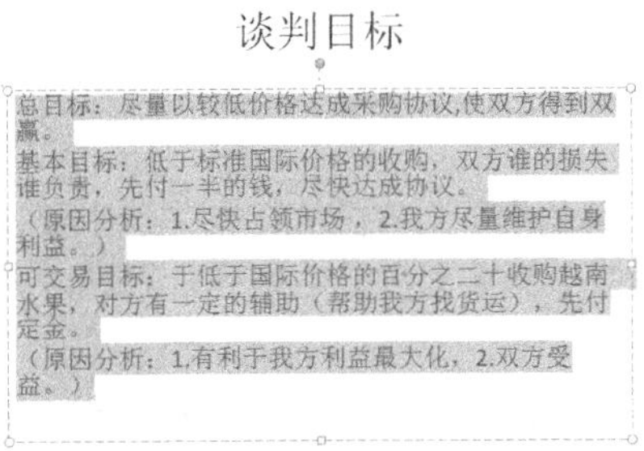
谈判目标
总目标：尽量以较低价格达成采购协议,使双方得到双赢。
基本目标：低于标准国际价格的收购，双方谁的损失谁负责，先付一半的钱，尽快达成协议。
（原因分析：1.尽快占领市场，2.我方尽量维护自身利益。）
可交易目标：于低于国际价格的百分之二十收购越南水果，对方有一定的辅助（帮助我方找货运），先付定金。
（原因分析：1.有利于我方利益最大化，2.双方受益。）

图 2-26　取消项目符号的效果

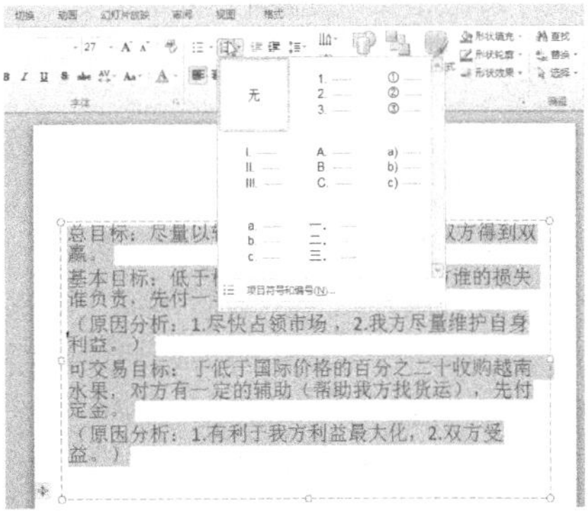
无
项目符号和编号(N)...

图 2-27　编号列表

Step 03　在项目符号列表中选中第一行的“1.　2.　3.”编号，则应用编号的效果如图 2-28 所示。

Step 04　将鼠标定位在编号“3”的段落中，然后在段落组中单击编号按钮右侧的下三角箭头，在编号列表中选择无，则第 3 段的编号被取消。

Step 05　将鼠标定位在最后一个段落中，然后在段落组中单击编号按钮右侧的下三角箭头，在编号列表中选择无，取消编号的效果如图 2-29 所示。

Step 06　将鼠标定位在编号为“1”的段落中，然后在段落组中单击编号按钮右侧的下三角箭头，在编号列表中选择项目符号和编号，打开项目符号和编号对话框，并自动切换到编号选项卡。

Step 07　在起始编号文本框中选择或输入 3，如图 2-30 所示。

Step 08　单击确定按钮，设置编号的效果如图 2-31 所示。

谈判目标
1. 总目标：尽量以较低价格达成采购协议,使双方得到双赢。
2. 基本目标：低于标准国际价格的收购，双方谁的损失 谁负责，先付一半的钱，尽快达成协议。
3. （原因分析：1.尽快占领市场，2.我方尽量维护自身利益。）
4. 可交易目标：于低于国际价格的百分之二十收购越南 水果，对方有一定的辅助（帮助我方找货运），先付定金。
5. （原因分析：1.有利于我方利益最大化，2.双方受益。）

图 2-28 应用编号的效果

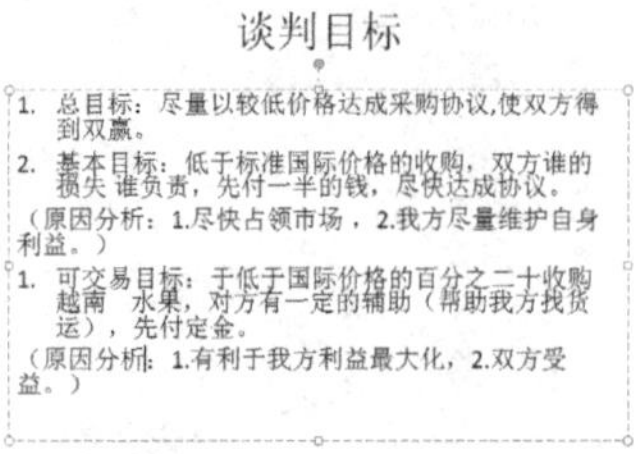
谈判目标
1. 总目标：尽量以较低价格达成采购协议,使双方得到双赢。
2. 基本目标：低于标准国际价格的收购，双方谁的损失 谁负责，先付一半的钱，尽快达成协议。
（原因分析：1.尽快占领市场，2.我方尽量维护自身利益。）
1. 可交易目标：于低于国际价格的百分之二十收购越南 水果，对方有一定的辅助（帮助我方找货运），先付定金。
（原因分析：1.有利于我方利益最大化，2.双方受益。）

图 2-29 取消编号的效果

项目符号和编号
项目符号(B)
编号(N)
无
3. 4. 5.
③ ④ ⑤
III. IV. V.
C. D. E.
c) d) e)
c. d. e.
三. 四. 五.
大小(S): 100 % 字高
起始编号(T): 3
颜色(C)
重置(R)
确定
取消

图 2-30 设置编号

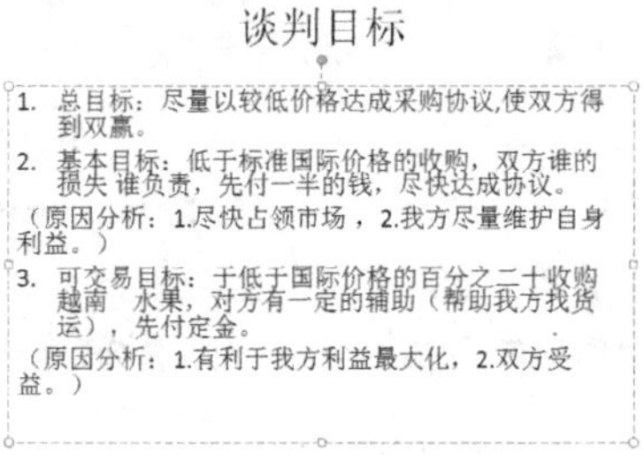
谈判目标
1. 总目标：尽量以较低价格达成采购协议,使双方得到双赢。
2. 基本目标：低于标准国际价格的收购，双方谁的损失 谁负责，先付一半的钱，尽快达成协议。
（原因分析：1.尽快占领市场，2.我方尽量维护自身利益。）
3. 可交易目标：于低于国际价格的百分之二十收购越南 水果，对方有一定的辅助（帮助我方找货运），先付定金。
（原因分析：1.有利于我方利益最大化，2.双方受益。）

图 2-31 设置编号的最终效果

项目任务 2-4 设置文本段落格式

对文本的段落格式进行设置可以使文本对象放置更加整齐、有层次感。

动手做 1 设置段落对齐格式

默认情况下，在占位符中输入的文本会根据情况自动设置对齐方式，如在标题和副标题占位符中输入的文本会自动居中对齐，在插入的文本框中输入的文本默认的是左对齐方式，用户可以根据需要调整它们的对齐方式。

用户可以利用开始选项卡段落组中的按钮设置段落的水平对齐方式。首先选中要设置水平对齐的段落，然后根据版式需要利用段落组中的左对齐、居中对齐、右对齐、两端对齐和分散对齐按钮设置段落的水平对齐即可。

例如，将第 1 张幻灯片中的标题设置为“右对齐”，先将鼠标定位在标题段落中，然后单击开始选项卡下段落组中的右对齐按钮即可，效果如图 2-32 所示。

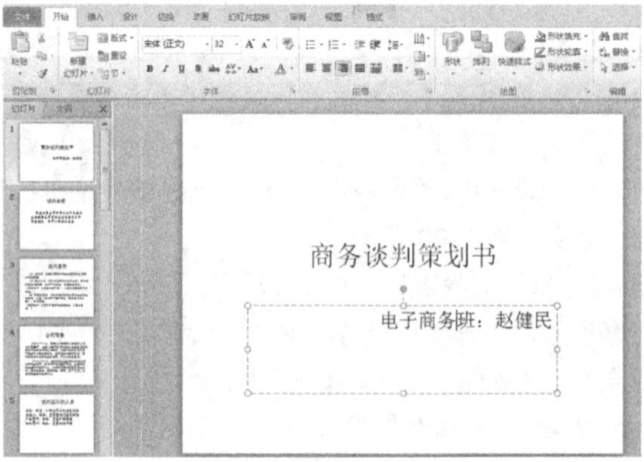
商务谈判策划书
电子商务班：赵健民

图 2-32 设置段落的对齐方式

动手做 2　设置行距和段间距

可以更改段落的行距或者段落之间的距离来增强文本对象的可读性。例如，要设置第 7 张幻灯片中文本占位符中文本的行距和段间距，具体操作步骤如下：

Step 01　切换第 7 张幻灯片为当前幻灯片，将鼠标定位在第二段落中，如图 2-33 所示。

Step 02　单击开始选项卡下段落组右下角的对话框启动器按钮，打开段落对话框，如图 2-34 所示。

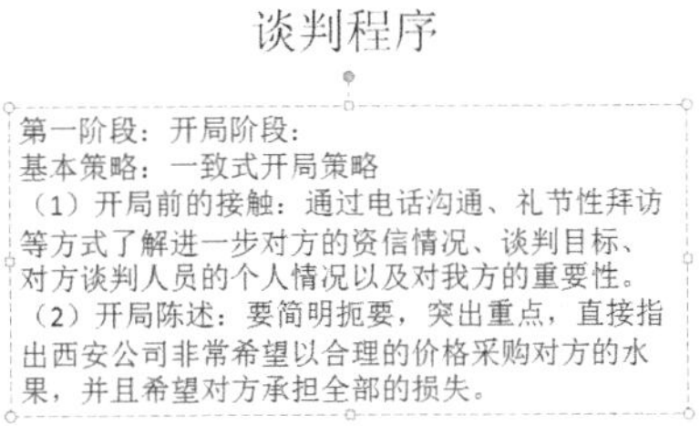

图 2-33　第 7 张幻灯片

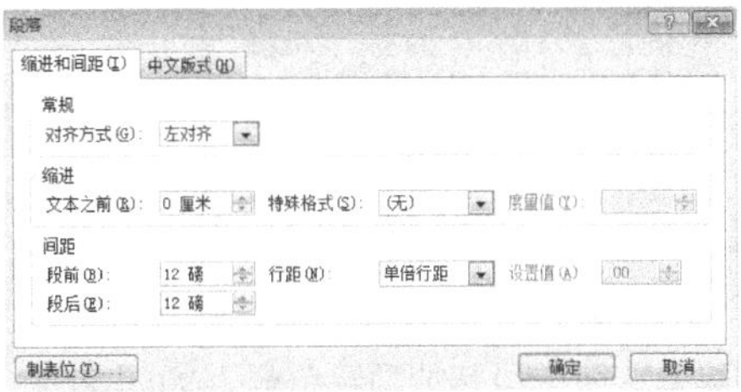

图 2-34　段落对话框

Step 03　在间距区域的段前后面的文本框中输入或选择 12 磅。

Step 04　在间距区域的段后后面的文本框中输入或选择 12 磅。

Step 05　单击确定按钮。

Step 06　选中占位符中的第 3 段和第 4 段。

Step 07　单击开始选项卡下段落组右下角的对话框启动器按钮，打开段落对话框。

Step 08　在行距区域后面的列表框中选择 1.5 倍行距，如图 2-35 所示。

Step 09　单击确定按钮，设置行距和段间距的效果如图 2-36 所示。

图 2-35　行距列表

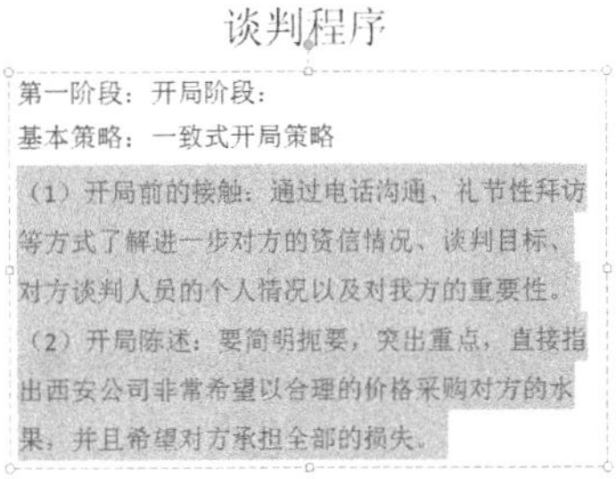

图 2-36　设置行距和段间距的效果

教你一招

在选中段落后，单击段落组中的行距按钮，弹出行距列表，如图 2-36 所示。在列表中用户可以快速地设置行距，如果单击行距选项则打开段落对话框。

动手做 3　设置段落缩进

段落缩进可以调整一个段落与占位符（文本框）边线之间的距离，设置段落缩进还可以将一个段落与其他段落分开，或显示出条理更加清晰的段落层次，方便阅读。

设置段落缩进的具体操作步骤如下：

Step 01　切换第 2 张幻灯片为当前幻灯片，将鼠标定位在文本框的段落中。

Step 02　单击开始选项卡下段落组右下角的对话框启动器按钮，打开段落对话框，如图 2-37 所示。

Step 03 在特殊格式列表中选择首行缩进选项，然后在后面的度量值文本框中选择或输入 1.5 厘米。

Step 04 单击确定按钮，设置首行缩进的效果如图 2-38 所示。

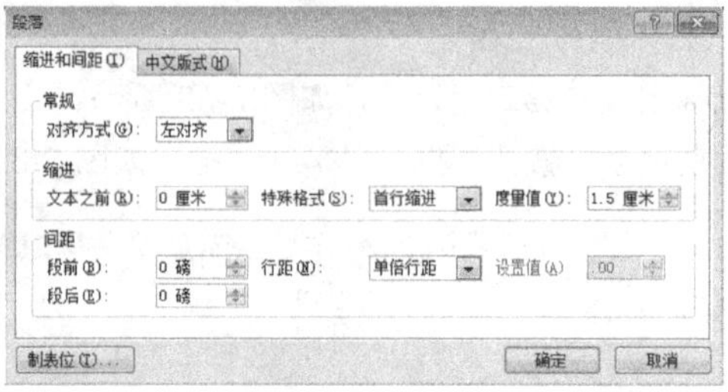

图 2-37 段落对话框

图 2-38 设置首行缩进的效果

Step 05 切换第 4 幻灯片为当前幻灯片，选中文本占位符中的两个段落，在段落组中单击项目符号按钮，取消这两个段落的项目符号，如图 2-39 所示。

Step 06 单击开始选项卡下段落组右下角的对话框启动器按钮，打开段落对话框。

Step 07 在文本之前列表中选择或输入 0.5 厘米，在特殊格式列表中选择首行缩进选项，然后在后面的度量值文本框中选择或输入 1.5 厘米。

Step 08 单击确定按钮，设置段落缩进的效果如图 2-40 所示。

公司背景
西安公司背景：西安北方亚寒带水果商贸公司位于西安市；主要从事严寒带水果的批发经销商贸；经销范围遍及长江以北数省，与数十家大型商贸超市建立了水果供应贸易，具有良好的经销网络；在消费者口中具有良好的口碑，产品的知名度高。
越南公司背景：越南热带水果种植公司该公司位于胡志明市；胡志明市位于越南南部，是越南的最大城市和经贸中心；胡志明市有约30万间商业机构，包括大企业、高新科技、建筑、农产品等，是越南最重要的经济中心。

图 2-39 取消第 4 张幻灯片中的项目符号

公司背景
西安公司背景：西安北方亚寒带水果商贸公司位于西安市；主要从事严寒带水果的批发经销商贸；经销范围遍及长江以北数省，与数十家大型商贸超市建立了水果供应贸易，具有良好的经销网络；在消费者口中具有良好的口碑，产品的知名度高。
越南公司背景：越南热带水果种植公司该公司位于胡志明市；胡志明市位于越南南部，是越南的最大城市和经贸中心；胡志明市有约30万间商业机构，包括大企业、高新科技、建筑、农产品等，是越南最重要的经济中心。

图 2-40 设置段落缩进的效果

项目任务 2-5 幻灯片中占位符的编辑

占位符是带有虚线的矩形框，它是大多数幻灯片版式的组成部分。占位符中可以容纳标题、正文、图表、表格、图片等对象。占位符可以用来规定对象在幻灯片中的位置，所有的占位符都有提示文字，方便占位符中对象的添加。

用户可以对占位符进行操作，如改变占位符的大小、位置，删除占位符等。

动手做 1 改变占位符的大小

幻灯片中的占位符都有其默认的大小，为了使占位符符合占位符中的对象，用户可以对占位符的大小进行调整。例如，若要调整第 11 张幻灯片中的正文所在占位符的大小，具体步骤如下：

Step 01 切换第 11 张幻灯片为当前幻灯片，单击正文区的任意文字处，显示占位符，如图 2-41 所示。

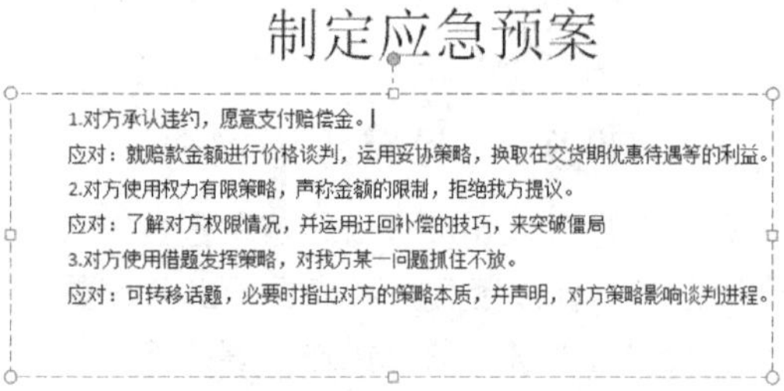
制定应急预案
1.对方承认违约，愿意支付赔偿金。
应对：就赔款金额进行价格谈判，运用妥协策略，换取在交货期优惠待遇等的利益。
2.对方使用权力有限策略，声称金额的限制，拒绝我方提议。
应对：了解对方权限情况，并运用迂回补偿的技巧，来突破僵局
3.对方使用借题发挥策略，对我方某一问题抓住不放。
应对：可转移话题，必要时指出对方的策略本质，并声明，对方策略影响谈判进程。

图 2-41 显示占位符

Step 02 移动鼠标指针到占位符右下角的控制点上，当鼠标指针变为 ↘ 状时按住鼠标左键沿箭头所示方向拖动，此时指针变为 + 状，同时显示虚线框表示调整的大小，如图 2-42 所示。

Step 03 调整到合适的大小后松开鼠标，完成调整，完成调整后的效果如图 2-43 所示。

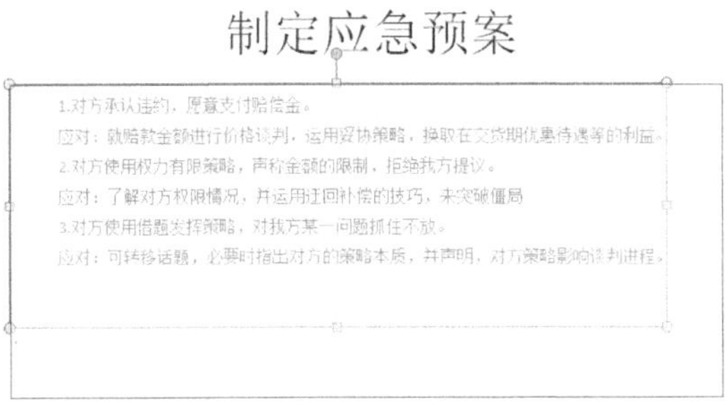
制定应急预案
1.对方承认违约，愿意支付赔偿金。
应对：就赔款金额进行价格谈判，运用妥协策略，换取在交货期优惠待遇等的利益。
2.对方使用权力有限策略，声称金额的限制，拒绝我方提议。
应对：了解对方权限情况，并运用迂回补偿的技巧，来突破僵局
3.对方使用借题发挥策略，对我方某一问题抓住不放。
应对：可转移话题，必要时指出对方的策略本质，并声明，对方策略影响谈判进程。

图 2-42 拖动鼠标调整占位符大小

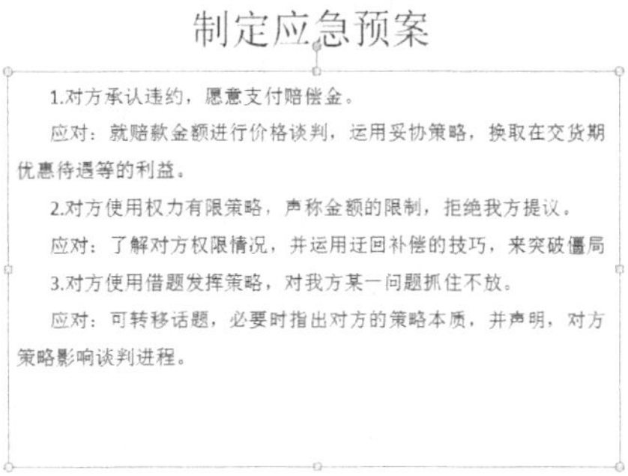
制定应急预案
1.对方承认违约，愿意支付赔偿金。
应对：就赔款金额进行价格谈判，运用妥协策略，换取在交货期优惠待遇等的利益。
2.对方使用权力有限策略，声称金额的限制，拒绝我方提议。
应对：了解对方权限情况，并运用迂回补偿的技巧，来突破僵局
3.对方使用借题发挥策略，对我方某一问题抓住不放。
应对：可转移话题，必要时指出对方的策略本质，并声明，对方策略影响谈判进程。

图 2-43 调整占位符的效果

动手做 2 “自动调整选项”智能标记

默认情况下，当改变占位符的大小时如果占位符的大小不能容纳下文本，则文本将适应占位符而自动调整大小，并且当改变了占位符的大小后，将自动出现“自动调整选项”智能标记按钮 。

将鼠标指向“自动调整选项”智能标记，则在智能标记的右侧会出现一个下三角箭头。单击下三角箭头出现一个下拉菜单，如图 2-44 所示。

用户可以根据需要在智能标记下拉菜单中选择相应的选项，默认选中的是“根据占位符自动调整文本”，因此占位符中的文本将自动改变大小。如果选择“停止根据此占位符调整文本”选项，则占位符中的文本不随着占位符的大小而自动调整大小。

动手做 3 移动占位符

用户还可以根据需要调整幻灯片中占位符的位置，例如调整第 14 张幻灯片中正文占位符的位置，具体操作步骤如下：

Step 01 切换第 14 张幻灯片切换为当前幻灯片，单击正文区的任意文字处，显示占位符。

Step 02 移动鼠标到占位符的边框线上，当鼠标变为 状时，按住鼠标左键不放，此时鼠标变为 状，拖动鼠标显示虚线框表示占位符移动的位置，如图 2-45 所示。

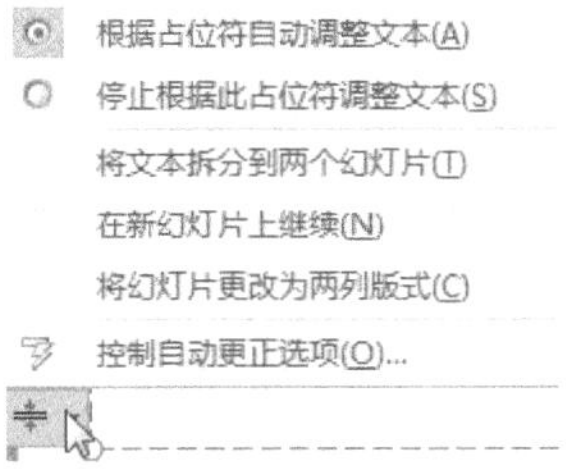
根据占位符自动调整文本(A)
停止根据此占位符调整文本(S)
将文本拆分到两个幻灯片(T)
在新幻灯片上继续(N)
将幻灯片更改为两列版式(C)
控制自动更正选项(O)...

图 2-44 “自动调整选项”智能标记

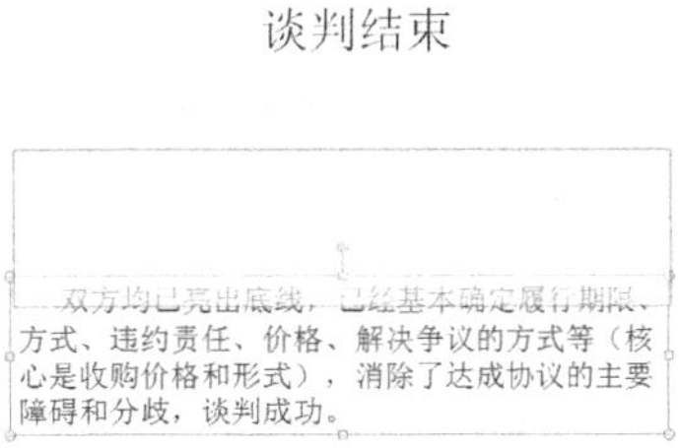
谈判结束
双方均已亮出底线，已经基本确定履行期限、方式、违约责任、价格、解决争议的方式等（核心是收购价格和形式），消除了达成协议的主要障碍和分歧，谈判成功。

图 2-45 移动占位符的效果

Step 03 移动到目标位置，松开鼠标左键，完成占位符的移动。

动手做 4 删除占位符

在删除占位符时，占位符中的对象将一同被删除，删除占位符的具体步骤如下：

Step 01 移动鼠标到占位符的边框线上，当鼠标变为 ✥ 状时单击鼠标，使占位符处于选中状态。

Step 02 按键盘上的 Delete 键则占位符被删除。

项目任务 2-6 幻灯片的编辑

在演示文稿中不但可以对幻灯片中的文本、占位符等对象进行编辑，还可以对演示文稿中的幻灯片进行编辑。例如，可以添加新的幻灯片，删除无用的幻灯片，移动幻灯片的位置，等等。

动手做 1 添加幻灯片

在制作演示文稿时可以根据需要随时在演示文稿中添加新的幻灯片。前面介绍了在演示文稿的普通视图中按回车键可以添加一张新的幻灯片，该幻灯片延续使用上一张幻灯片的版式。

在添加新的幻灯片时，可以选择新插入幻灯片的版式。在开始选项卡下幻灯片组中单击新建幻灯片按钮右侧的下三角箭头，打开一个下拉列表，如图 2-46 所示。

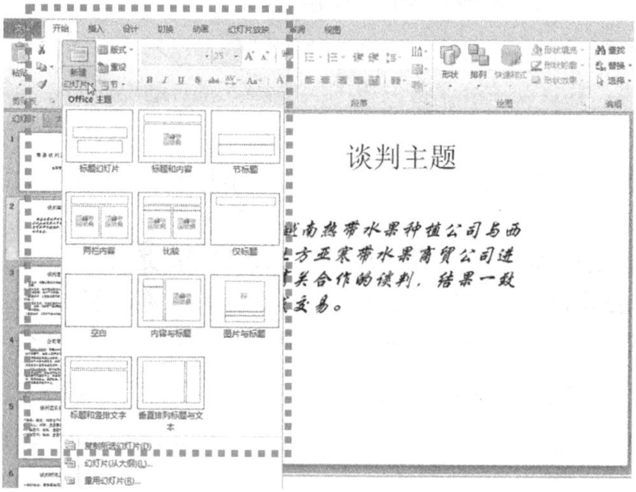

图 2-46 新建幻灯片下拉列表

在列表中选择不同版式，即可在当前幻灯片的下方插入一张新的幻灯片。

动手做 2 移动幻灯片

用户可以根据需要适当调整幻灯片的位置，使演示文稿的条理性更强。

例如，移动第 11 张幻灯片到第 14 张幻灯片的前面，具体操作步骤如下：

Step 01 在幻灯片选项卡中单击序号为 11 的幻灯片，按住鼠标左键拖动，鼠标指针由箭头状变为 ⇱ 形状，同时显示一条白线表示移动的目标位置，如图 2-47 所示。

Step 02 当虚线出现在第 14 张幻灯片的前面时松开鼠标，完成幻灯片的移动。

动手做 3 删除幻灯片

在制作演示文稿的过程中还可以删除多余的幻灯片。在幻灯片选项卡中单击要删除的幻灯片，按键盘上的 Delete 键即可将幻灯片删除。

动手做 4 更改幻灯片的版式

幻灯片的版式确定占位符的位置，在创建幻灯片后还可以更改幻灯片的版式。更改版式时，也就更改了其占位符的类型和/或位置，如果更改前占位符中有内容，这些内容会移动到幻灯片上的新位置，反映此类占位符的不同位置。如果新版式中没有适合这些内容的占位符，内容就会依然保留在幻灯片上，但是会变成孤立形式。

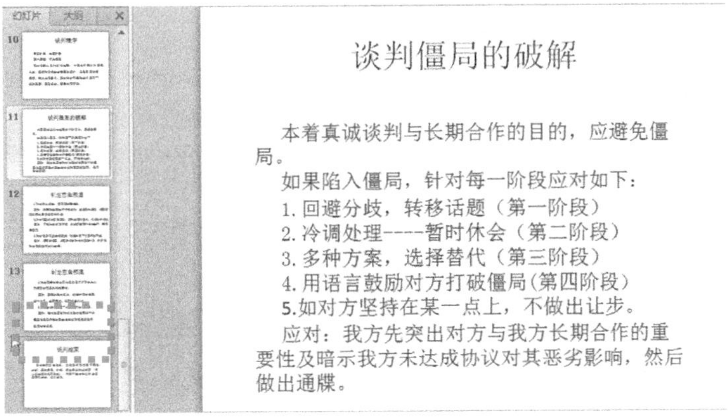

图 2-47 移动幻灯片

更改幻灯片版式的具体步骤如下：

Step01 切换要更改版式的幻灯片为当前幻灯片。

Step02 单击开始选项卡下幻灯片组中的版式按钮，打开一个下拉列表，如图 2-48 所示。

图 2-48 版式列表

Step03 在列表中显示当前幻灯片应用的版式，在列表中单击需要的版式，则幻灯片更改了版式。

项目拓展——制作新生报到注意事项演示文稿

新生报到注意事项演示文稿是一个由两张幻灯片组成的演示文稿，如图 2-49 所示。该幻灯片主要由文字组成，内容是向到学校报到的新生说明报到时的一些问题，属于公告性质。这类幻灯片一般使用大型电子屏幕进行播放。此类幻灯片主要用于公告等简短信息的发布，使用场合主要是街头的电子屏、单位的电子屏等大型电子屏幕。

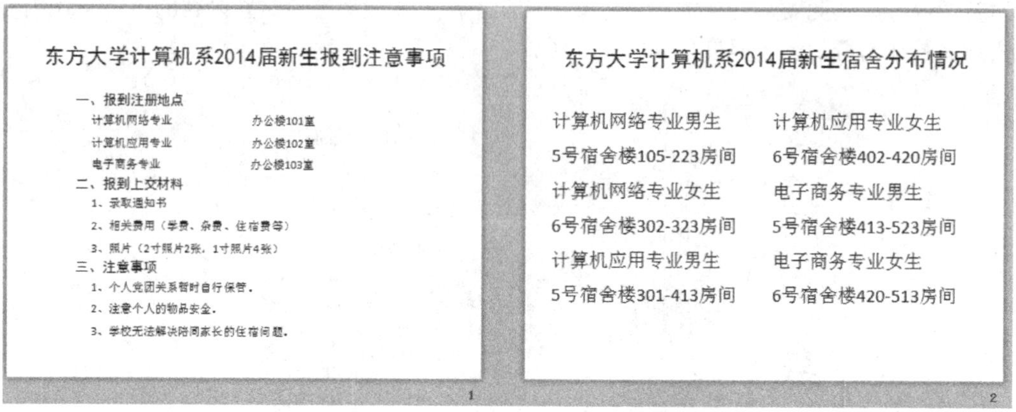
东方大学计算机系2014届新生报到注意事项
一、报到注册地点
计算机网络专业
办公楼101室
计算机应用专业
办公楼102室
电子商务专业
办公楼103室
二、报到上交材料
1、录取通知书
2、相关费用（学费、杂费、住宿费等）
3、照片（2寸照片2张，1寸照片4张）
三、注意事项
1、个人党团关系暂时自行保管。
2、注意个人的物品安全。
3、学校无法解决陪同家长的住宿问题。
1
东方大学计算机系2014届新生宿舍分布情况
计算机网络专业男生
5号宿舍楼105-223房间
计算机应用专业女生
6号宿舍楼402-420房间
计算机网络专业女生
6号宿舍楼302-323房间
电子商务专业男生
5号宿舍楼413-523房间
计算机应用专业男生
5号宿舍楼301-413房间
电子商务专业女生
6号宿舍楼420-513房间
2

图 2-49　新生报到注意事项演示文稿

设计思路

制作新生报到注意事项演示文稿首先要创建一个空白演示文稿，并在演示文稿中输入相应的文本，然后对文本和段落进行编辑。

制作新生报到注意事项演示文稿的基本步骤可分解为：

Step 01　创建演示文稿。

Step 02　设置文本格式。

Step 03　设置分栏格式。

动手做 1　创建演示文稿

创建新生报到注意事项演示文稿的具体操作步骤如下：

Step 01　选择开始→所有程序→Microsoft Office→Microsoft PowerPoint 2010 命令，启动 PowerPoint 2010。

Step 02　在快速访问工具栏上单击保存按钮，打开另存为对话框。

Step 03　在另存为对话框中选择文档的保存位置，这里选择案例与素材\模块 02\源文件文件夹，在文件名文本框中输入新的文档名新生报到注意事项。

Step 04　单击保存按钮。

Step 05　单击开始选项卡下幻灯片组中的版式按钮，打开一个下拉列表。

Step 06　在列表中选择仅标题选项，则当前的“标题幻灯片”版式改变为“仅标题”版式的幻灯片。

Step 07　按回车键再创建一个“仅标题”版式的幻灯片。

Step 08　在幻灯片中利用标题占位符和文本框输入相应文本，效果如图 2-50 所示。

动手做 2　利用浮动工具栏设置字体格式

浮动工具栏是 PowerPoint 2010 中一项极具人性化的功能，当 PowerPoint 2010 中的文字处于选中状态时，如果用户将鼠标指针移到被选中文字的右侧位置，将会出现一个半透明状态的浮动工具栏。该工具栏中包含了常用的设置文字格式的命令，如设置字体、字号、颜色、居中对齐等命令。将鼠标指针移动到浮动工具栏上将使这些命令完全显示，进而可以方便地设置文字格式。

利用浮动工具栏设置字体格式的具体操作步骤如下：

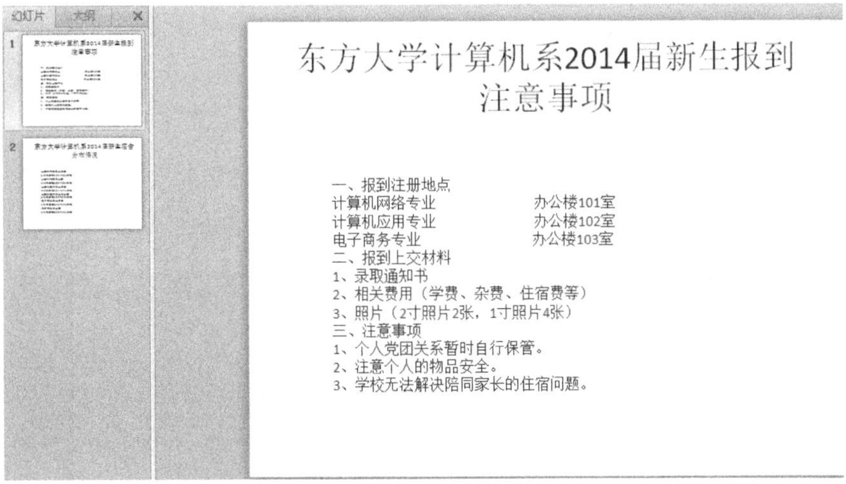

图 2-50 创建的新生报到注意事项演示文稿

Step 01 切换第 1 张幻灯片为当前幻灯片，选中标题“东方大学计算机系 2014 届新生报到注意事项”，将鼠标指针移到被选中文字的右侧位置，出现一个半透明状态的浮动工具栏，在工具栏的字体列表中选择黑体，在字号列表中选择 32，效果如图 2-51 所示。

Step 02 选中文本“一、报到注册地点”，将鼠标指针移到被选中文字的右侧位置，出现一个半透明状态的浮动工具栏，在工具栏的字体列表中选择黑体，在字号列表中选择 20，按照相同的方法设置“二、报到上交材料”和“三、注意事项”两段文本的字体为黑体，字号为 20，效果如图 2-52 所示。

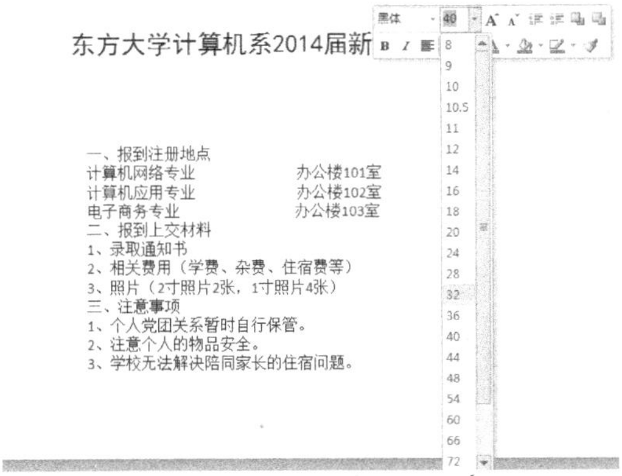

图 2-51 利用浮动工具栏设置字体

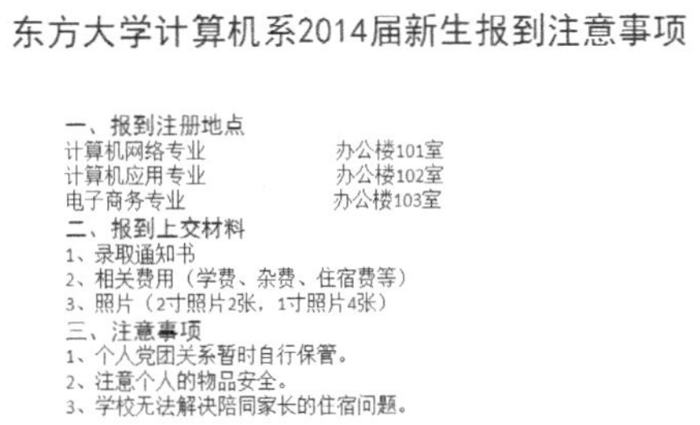

图 2-52 设置第 1 张幻灯片字体的效果

Step 03 按照相同的方法设置第 2 张幻灯片中标题的字体为黑体，字号为 32；第 2 张幻灯片中正文的字号为 28。

提示

如果 PowerPoint 2010 在窗口中不显示浮动工具栏，可以在 PowerPoint 选项对话框中将其打开。在 PowerPoint 窗口单击文件选项卡，然后单击 PowerPoint 选项按钮，打开 PowerPoint 选项对话框。在常用选项中选中选择时显示浮动工具栏复选框，如图 2–53 所示，单击确定按钮。

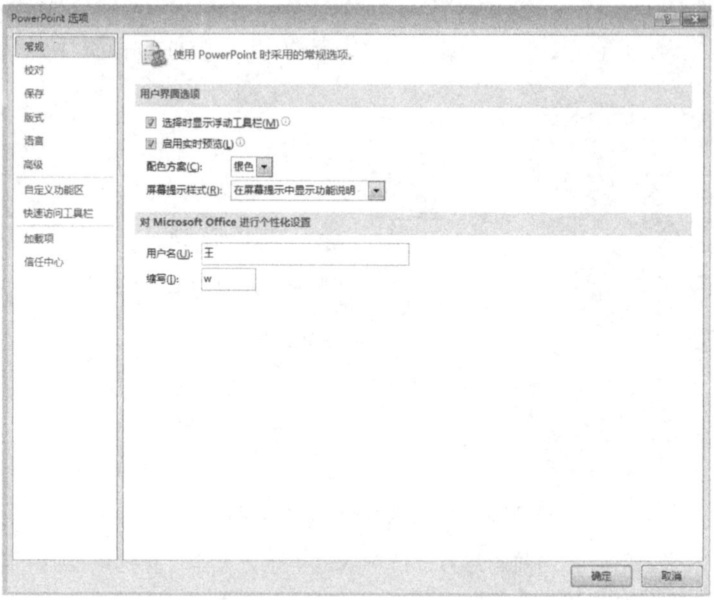

图 2-53 设置是否显示浮动工具栏

动手做 3 设置分栏格式

用户还可以为幻灯片中的文本段落设置分栏的格式，例如为第 2 张幻灯片中的正文设置分栏格式，具体操作步骤如下：

Step 01 切换第 2 张幻灯片为当前幻灯片，选中正文段落。

Step 02 在开始选项卡中单击段落组中的分栏按钮，在分栏列表中选择更多栏选项，打开分栏对话框，如图 2-54 所示。

Step 03 在数字文本框中选择或输入 2，在间距文本框中选择或输入 1 厘米，单击确定按钮，分栏的效果如图 2-55 所示。

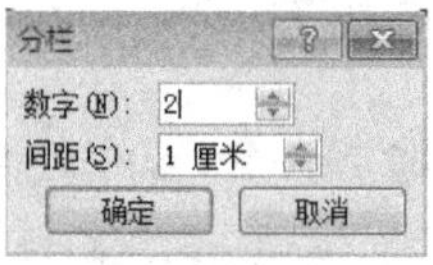

图 2-54 分栏对话框

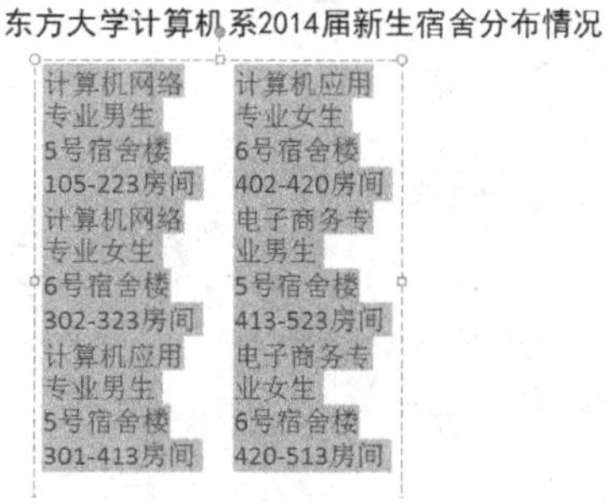

图 2-55 设置分栏的效果

Step 04 单击开始选项卡下段落组右下角的对话框启动器按钮，打开段落对话框。在行距区域后面的列表框中选择 1.5 倍行距，单击确定按钮。

Step 05 利用鼠标拖动适当调整占位符的大小，分栏的最终效果如图 2-56 所示。

Step 06 在快速访问工具栏上单击保存按钮，或按 Ctrl+S 组合键对编辑的演示文稿进行保存。

Step 07 使用鼠标左键单击标题栏最右端的关闭按钮，关闭 PowerPoint 2010。

东方大学计算机系2014届新生宿舍分布情况
计算机网络专业男生
5号宿舍楼105-223房间
计算机网络专业女生
6号宿舍楼302-323房间
计算机应用专业男生
5号宿舍楼301-413房间
计算机应用专业女生
6号宿舍楼402-420房间
电子商务专业男生
5号宿舍楼413-523房间
电子商务专业女生
6号宿舍楼420-513房间

图 2-56　分栏的最终效果

教你一招

在设置分栏后，用户还可以取消分栏。首先选中分栏的段落，单击段落组中的分栏按钮，打开分栏列表，如图 2-57 所示。在列表中选择一列即可取消分栏。另外，用户也可以在列表中根据需要选择两列或三列进行快速分栏。

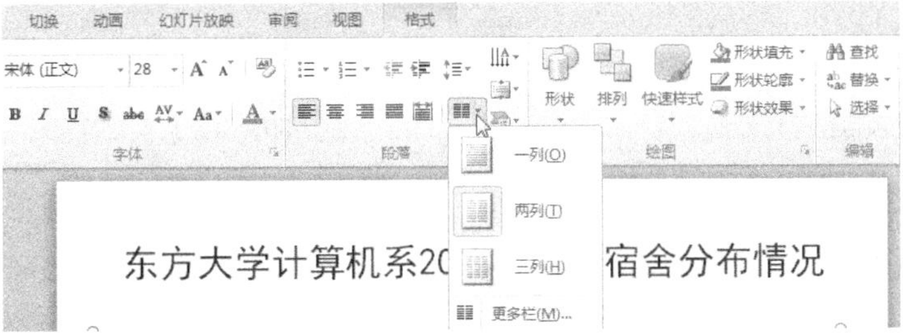

图 2-57　分栏列表

知识拓展

通过前面的任务主要学习了在幻灯片中编辑文本的方法，另外还有一些基本操作在前面的任务中没运用到，下面就介绍一下。

动手做 1　复制或移动文本

在幻灯片中如果要编辑的文本量比较大，往往会用到复制或移动文本的操作。首先选定要复制的文本，然后在开始选项卡的剪贴板组中单击剪切按钮 ，或按快捷键 Ctrl+C，此时剪切的内容被暂时放在剪贴板上。将插入点定位在新的位置，单击开始选项卡剪贴板组中的粘贴按钮，或按快捷键 Ctrl+V，选中的文本被复制到了新的位置。如要进行移动操作，则在开始选项卡的剪贴板组中单击剪切按钮或按快捷键 Ctrl+X。

动手做 2　自定义项目符号

为了使幻灯片美观大方，在使用项目符号时可以不使用系统自带的项目符号而自定义项目符号。自定义项目符号的基本方法如下：

Step 01　选中要设置项目符号的段落。

Step 02 切换开始选项卡，在段落组中单击项目符号按钮右侧的下三角箭头，在项目符号拉列表中选择项目符号和编号命令，打开项目符号和编号对话框。

Step 03 在对话框中单击图片按钮，打开图片项目符号对话框，如图 2-58 所示。

Step 04 在图片项目符号对话框中选中一张图片，单击确定按钮，则选中的文本被应用了图片的项目符号样式。

如果在图片项目符号对话框中单击自定义按钮，则打开符号对话框，如图 2-59 所示。在对话框中选择一种符号，单击确定按钮，则该符号将出现在项目符号列表中。

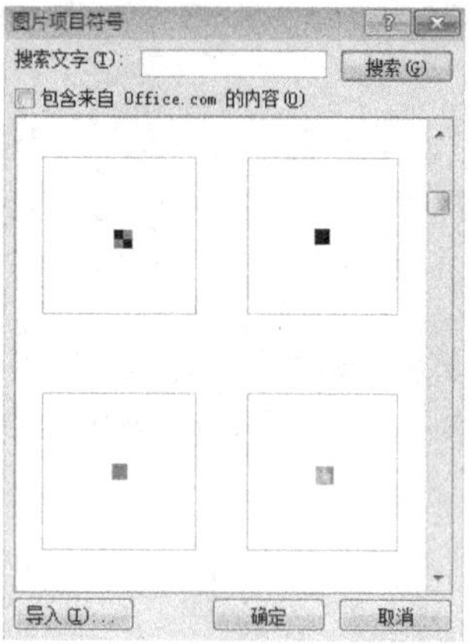

图 2-58　图片项目符号对话框

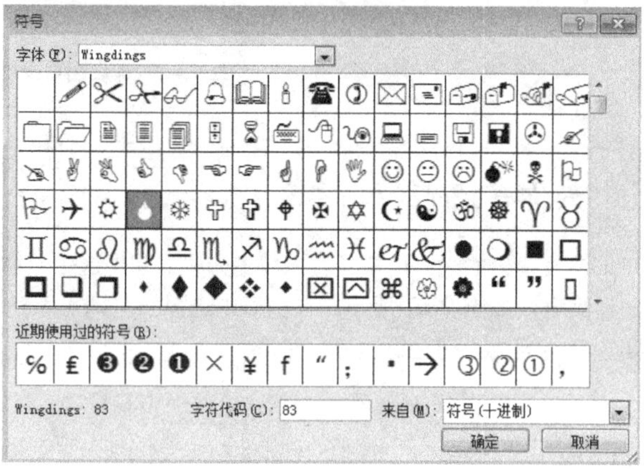

图 2-59　自定义项目符号

动手做 3　插入符号

用户在编辑幻灯片时往往需要输入一些符号，一些常用的符号在键盘上可以找到，如星号、连接线等，但有一些符号由于平时很少用到所以没有定义在键盘上，此时可以使用“符号”对话框将其插入。

在幻灯片中插入符号的基本方法如下：

Step 01 首先将鼠标定位在插入符号的位置。

Step 02 切换到插入选项卡，在符号组中单击符号按钮，打开符号对话框，如图 2-60 所示。

Step 03 在字体下拉列表框中选择一种字体，如果该字体有子集则在子集下拉列表框中选择符号子集。

Step 04 在符号列表框中选中要插入的符号，单击插入按钮，便在幻灯片中插入所选的符号；也可在符号列表框中直接双击要插入的符号将其插入到幻灯片中。

Step 05 连续单击插入按钮，可以插入多个符号。

Step 06 插入完毕单击关闭按钮，将符号对话框关闭。

动手做 4　输入日期和时间

在编辑幻灯片时经常需要输入一些日期，如果用户对日期的格式熟悉，可以直接输入；如果用户对日期的格式不是很熟悉，则可以使用插入时间和日期的方式输入。

PowerPoint 2010 提供了多种中英文的日期和时间格式，用户可以根据需要在幻灯片中插入合适格式的时间和日期。

在幻灯片中插入日期和时间的具体操作步骤如下：

Step 01 将鼠标定位在要插入日期和时间的位置。

Step 02 切换到插入选项卡，然后在文本组中单击日期和时间选项，打开日期和时间对话框，如图 2-61 所示。

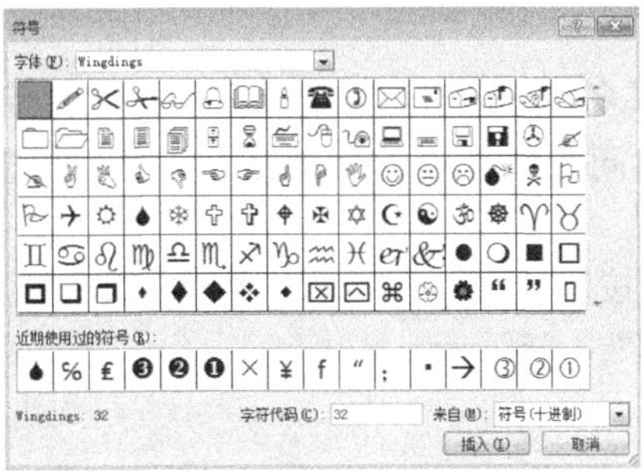

图 2-60　符号对话框

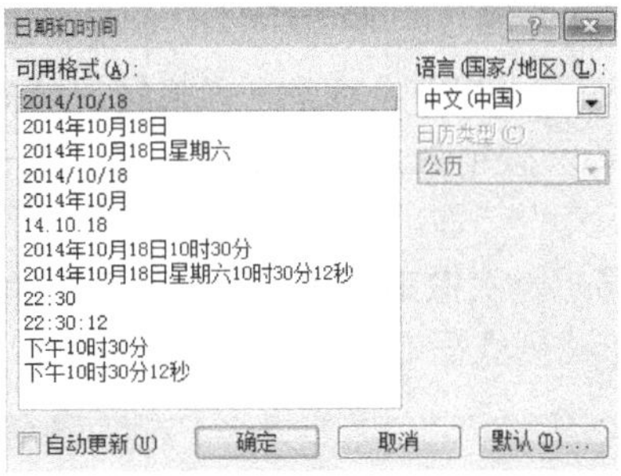

图 2-61　日期和时间对话框

Step03　在语言下拉列表框中选择一种语言，这里选择中文（中国），在可用格式列表中选择一种日期和时间格式。

Step04　单击确定按钮。

使用这种方法插入的是当前系统的时间，如果用户需要的不是当前时间，则可以在该时间格式的基础上进行修改。如果在日期和时间对话框中选中自动更新复选框，则插入的时间在每次打开文档时都可以自动更新。

动手做 5　设置文字方向

用户可以为占位符或文本框中的文字设置文字方向。首先选中占位符（文本框）或将鼠标定位在占位符（文本框），在开始选项卡的段落组中单击文字方向按钮，打开文字方向列表，在列表中可以选择一种文字方向，如图 2-62 所示。

动手做 6　设置段落的垂直对齐方式

用户不但可以设置段落的水平对齐方式，还可以设置段落在占位符（文本框）中的垂直对齐方式。

首先选中占位符（文本框）或将鼠标定位在占位符（文本框），在开始选项卡的段落组中单击对齐文本按钮，打开对齐文本列表，在列表中可以选择垂直对齐方式，如图 2-63 所示。

图 2-62　文字方向列表

图 2-63　对齐文本列表

在文字方向列表（或“对齐文本”列表）中选择其他选项命令，打开设置文本效果格式对话框，如图 2-64 所示。在设置文本效果格式对话框的文字版式区域，可以在垂直对齐方式列表中设置更多的垂直对齐方式，在文字方向列表中设置文字方向。

动手做 7　撤销操作

PowerPoint 2010 在执行“撤销”命令时，其名称会随着用户的具体工作内容而变化。

如果只撤销最后一步操作，可单击快速访问工具栏中的撤销按钮 或按组合键 Ctrl+Z。

如果想一次撤销多步操作，可连续单击撤销按钮多次，或者单击撤销按钮后的下三角箭头，在下拉列表框中选择要撤销的步骤即可，如图 2-65 所示。

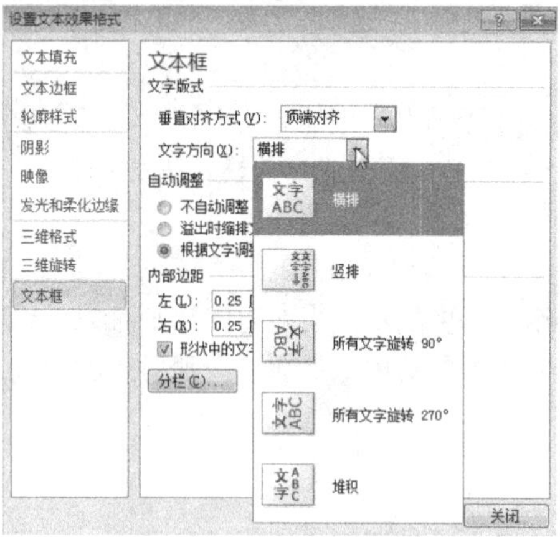

图 2-64　设置文本效果格式对话框

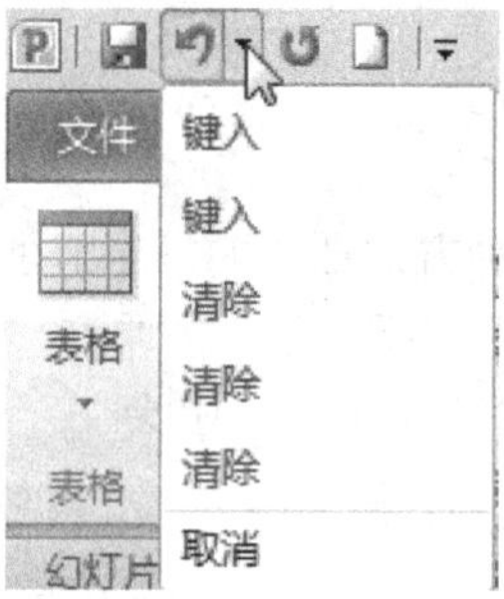

图 2-65　撤销下拉列表

某些操作无法撤销，如在文件选项卡上单击命令或保存文件。如果用户无法撤销某操作，撤销命令将更改为无法撤销。

动手做 8　恢复和重复操作

执行完一次“撤销操作”命令后，如果用户又想恢复“撤销”操作之前的内容，可单击恢复按扭 ，或按组合键 Ctrl+Y。

默认情况下，当用户在 PowerPoint 中执行某些操作后，重复命令 将在快速访问工具栏中可用。如果不能重复上一个操作，重复命令将更改为无法重复。要重复上一个操作，可以单击快速访问工具栏上的重复按钮 ，或按组合键 Ctrl+Y。

课后练习与指导

一、选择题

1．在 PowerPoint 2010 中按（　　）快捷键可以增大文本字号。

A．Ctrl+]　　　　B．Ctrl+[

C．Ctrl+>　　　　D．Ctrl+<

2．在字符间距列表中的选项是（　　）。

A．加宽　　　　B．缩紧

C．普通　　　　D．稀疏

3．关于项目符号下列说法正确的是（　　）。

A．在设置项目符号时项目符号默认为幻灯片主题设定的颜色，用户无法根据需要设置项目符号的颜色

B．在设置项目符号时项目符号默认为选中文本的字号大小，用户无法设置项目符号大小

C．在设置图片项目符号时用户只能采用系统给的图片作为项目符号，无法导入自己的图片作为项目符号

D．用户可以使用其他符号作为项目符号

4．关于设置段落格式下列说法正确的是（　　）。

A．在段落对话框中用户不但可以设置段落的水平对齐方式，还可以设置段落的垂直对齐方式

B．在“开始”选项卡的“段落”组中用户可以设置段落的行距

C．在“开始”选项卡的“段落”组中用户可以设置段落的段间距

D．段落缩进可以调整一个段落与幻灯片边距之间的距离

二、填空题

1．在幻灯片中编辑文本时按下__________组合键将执行换行的操作，此时插入点也会另起一行，但该行仍是当前段落的一部分，所以在新行的前面不会出现项目符号。

2．“字体”对话框中有________和________两个选项卡。

3．幻灯片中段落的水平对齐方式主要有________、________、________、________和________按钮设置段落的水平对齐。

4．在________选项卡的________组中单击________按钮右侧的下三角箭头，在列表中用户可以为段落设置项目符号。

5．在________选项卡下________组中单击________按钮右侧的下三角箭头，在下拉列表中用户可以选择新插入的幻灯片版式。

6．默认情况下，当改变占位符的大小时如果占位符的大小不能容纳下文本，则文本将__________，并且当改变了占位符的大小后，将自动出现________智能标记按钮。

三、简答题

1．在幻灯片中插入文本有哪些方法？

2．在幻灯片中设置文本的字体格式有哪些方法？

3．如何设置幻灯片中文本的字符间距？

4．在幻灯片中如何设置段落的缩进？

5．如何更改幻灯片的版式？

6．如何将某一个图片设置为项目符号？

四、实践题

按下述要求完成全部操作，结果如图 2-66 所示。

1．设置第 2 张幻灯片正文的段落首行缩进 1 厘米，段前、段后间距均为 6 磅。

2．设置第 3 张幻灯片正文中的“第一”、“第二”、“第三”和“最重要的是”文本的颜色为黄色，字体样式为加粗。

3．自定义第 3 张幻灯片中的项目符号位 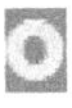 颜色为黄色。

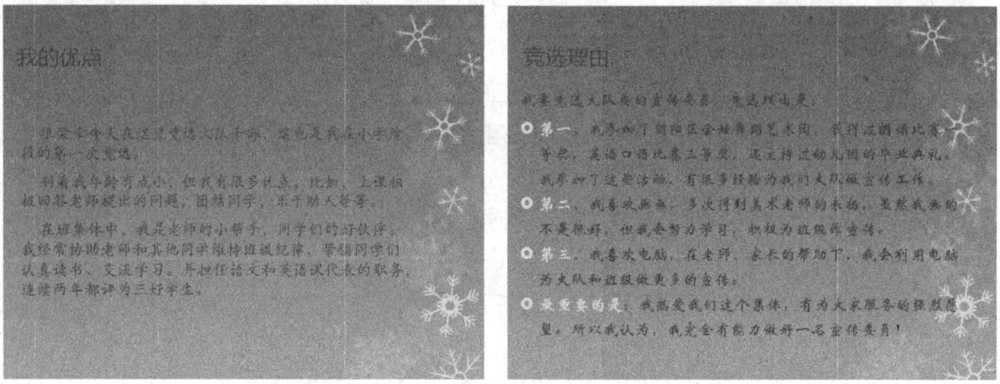

图 2-66　少先队大队委宣传委员竞选演示文稿

4．设置第 3 张幻灯片正文段落行距为固定值 36 磅。

素材位置：案例与素材\模块 02\素材\少先队大队委宣传委员竞选（初始）

效果位置：案例与素材\模块 02\源文件\少先队大队委宣传委员竞选

模块 03

在演示文稿中使用图片和艺术字——制作旅游景点宣传片

你知道吗？

为了使制作的幻灯片更加精美、更加引人注意，除了在幻灯片中输入相对应的文本内容之外，还可以在幻灯片中插入图片、剪贴画或者艺术字等图形对象，这样可以使主题更加突出，增强幻灯片的说服力，并且还可以使幻灯片的版面显得美观大方。

应用场景

我们可以在演示文稿中利用图形、图像来表达一些信息，如图 3-1 所示的工作计划演示文稿中就包含很多图形、图像信息。

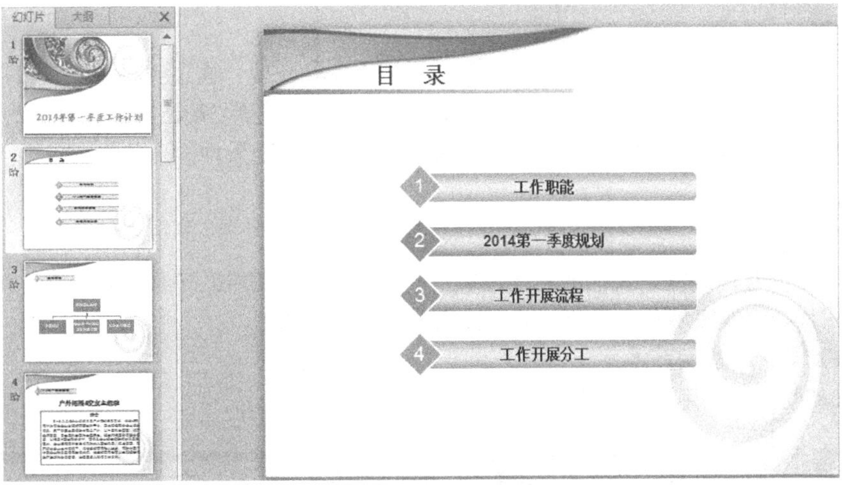

图 3-1　工作计划演示文稿

旅游景点宣传片是以旅游景点主题风景为基础结合文字介绍展示景区风景的一组幻灯片，旅游景点宣传片离不开景区风景、文化、环境等主体要素。

如图 3-2 所示，就是利用 PowerPoint 2010 制作的旅游景点宣传片演示文稿，请读者根据本模块所介绍的知识和技能，完成这一工作任务。

图 3-2　旅游景点宣传片演示文稿

相关文件模板

利用 PowerPoint 2010 软件的图形、图像功能，还可以完成中秋贺卡、新婚贺卡、月度营销分析、营销案例分析、人生职业、精彩四川游、工作计划、工程项目进度报告等工作任务。为方便读者，本书在配套的资料包中提供了部分常用的文件模板，具体文件路径如图 3-3 所示。

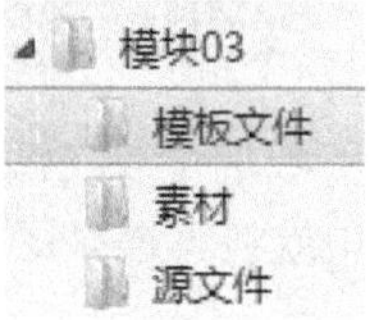

图 3-3　文件模板

背景知识

旅游景点宣传片是对一个旅游景地进行精要的展示和表现，通过一种视觉的传播路径，提高旅游景地的知名度和曝光率，以便更好地吸引投资和增加旅游，彰显旅游景地的品质及个性，挖掘出景地特色的地域文化特征，增强景地吸引力，从而提高景地的竞争力。

设计思路

在旅游景点宣传片演示文稿的制作过程中，用户首先在幻灯片中应用艺术字，然后在幻灯片中插入图片。制作旅游景点宣传片演示文稿的操作要点如下：

Step 01　在幻灯片中应用艺术字

Step 02　在幻灯片中应用图片

项目任务 3-1　在幻灯片中应用艺术字

使用系统提供的艺术字功能，可以创建出各式各样的艺术文字效果。艺术字用于突出某些文字，艺术字的功能丰富了幻灯片的页面效果。在幻灯片中应用艺术字能够使幻灯片更加美观，获得意想不到的效果。

动手做 1　创建艺术字

在幻灯片中创建艺术字的具体操作步骤如下：

Step 01　创建一个新的演示文稿，将其保存为“旅游景点宣传片”。

Step02 切换第 1 张幻灯片为当前幻灯片，将标题占位符和副标题占位符都删除。

Step03 单击插入选项卡下文本组中的艺术字按钮，打开下拉列表，如图 3-4 所示。

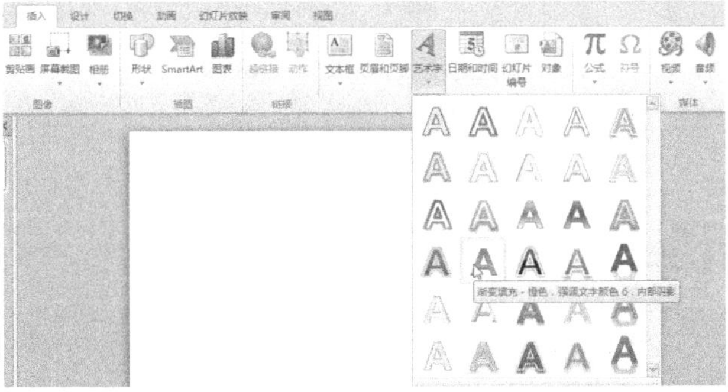

图 3-4 艺术字下拉列表

Step04 在下拉列表中选择一种样式，这里选择第 4 行第 2 列的样式，在幻灯片中会打开一个艺术字编辑框，提示用户输入艺术字文本，效果如图 3-5 所示。

Step05 在编辑框中输入文字桂林山水甲天下。

Step06 用鼠标拖动选中输入的文字，切换到开始选项卡，然后在字体下拉列表中选择华文行楷，在字号下拉列表中选择 60 字号，插入艺术字的效果如图 3-6 所示。

图 3-5 请在此放置您的文字文本框

图 3-6 插入艺术字的效果

动手做 2 设置艺术字填充颜色和轮廓

在插入艺术字后，用户还可以对插入的艺术字的填充颜色和轮廓进行设置，具体操作步骤如下：

Step01 选中艺术字编辑框中的艺术字，切换到格式选项卡。

Step02 单击艺术字样式组中文本填充按钮右侧的下三角箭头，打开文本填充下拉列表。在下拉列表中选择渐变，打开渐变列表，如图 3-7 所示。

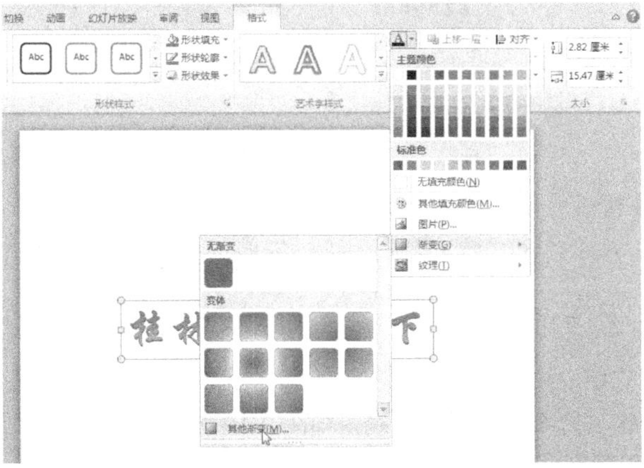

图 3-7 设置艺术字填充颜色

Step 03 在渐变列表中选择其他渐变选项选项，打开设置文本效果格式对话框，如图 3-8 所示。

Step 04 在预设颜色列表中选择熊熊火焰，在类型列表中选择线性，在方向列表中选择上黄下红的方向。

Step 05 单击关闭按钮，艺术字设置填充颜色的效果如图 3-9 所示。

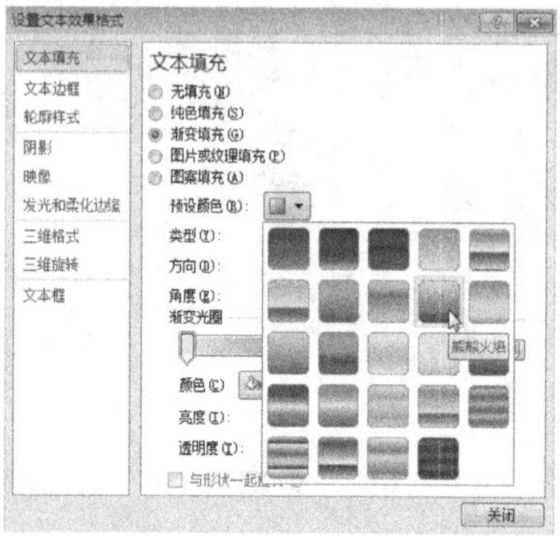

图 3-8 设置文本效果格式对话框

图 3-9 设置艺术字填充颜色效果

Step 06 单击艺术字样式组中文本轮廓按钮右侧的下三角箭头，打开一个下拉列表。在下拉列表中选择红色，效果如图 3-10 所示。

动手做 3 设置艺术字转换和阴影效果

用户可以对艺术字的转换和阴影效果进行设置，具体操作步骤如下：

Step 01 选中艺术字编辑框中的艺术字，切换到格式选项卡。

Step 02 单击艺术字样式组中文字效果按钮，打开一个下拉列表。在下拉列表中选择转换，然后在跟随路径区域选择上弯弧，如图 3-11 所示。

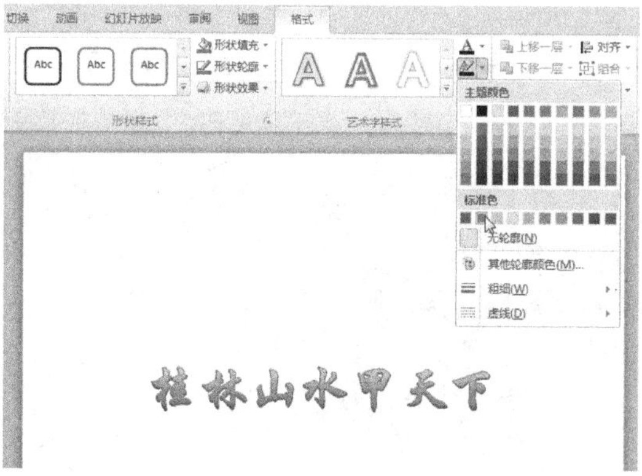

图 3-10 设置艺术字轮廓

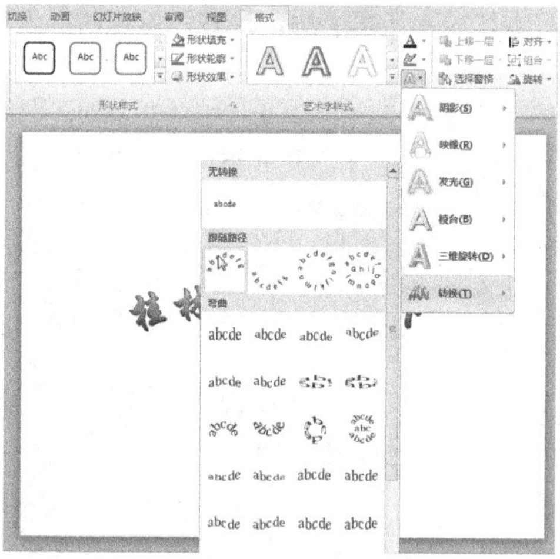

图 3-11 设置艺术字转换效果

Step 03 单击艺术字样式组中文字效果按钮右侧的下三角箭头，打开一个下拉列表。在下拉列表中选择阴影，然后在透视区域选择左上对角透视，如图 3-12 所示。

设置艺术字转换和阴影效果的最终效果如图 3-13 所示。

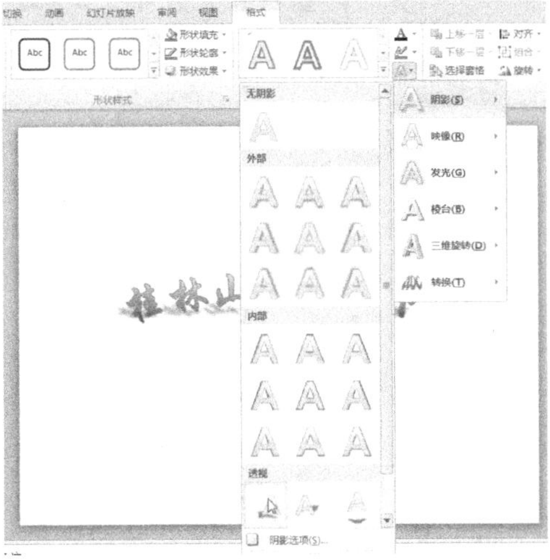

图 3-12　设置艺术字阴影效果

图 3-13　设置艺术字转换和阴影效果的最终效果

动手做 4　设置艺术字发光和棱台效果

设置艺术字发光和棱台效果的具体操作步骤如下：

Step01　选中艺术字编辑框中的艺术字，切换到格式选项卡。

Step02　单击艺术字样式组中文字效果按钮右侧的下三角箭头，打开一个下拉列表，如图 3-14 所示。

Step03　在列表中选择发光选项选项，打开设置文本效果格式对话框，如图 3-15 所示。

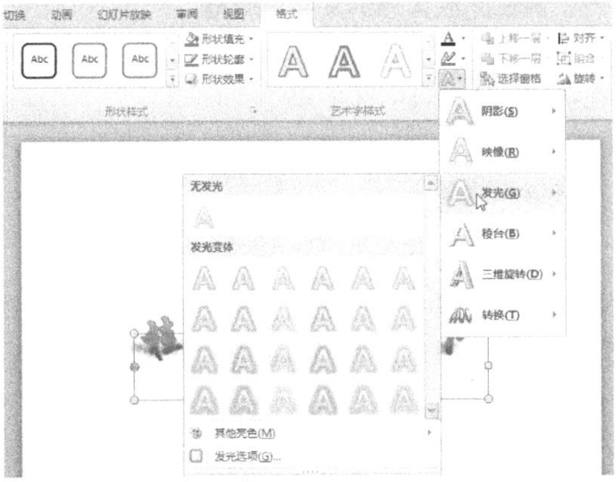

图 3-14　发光列表

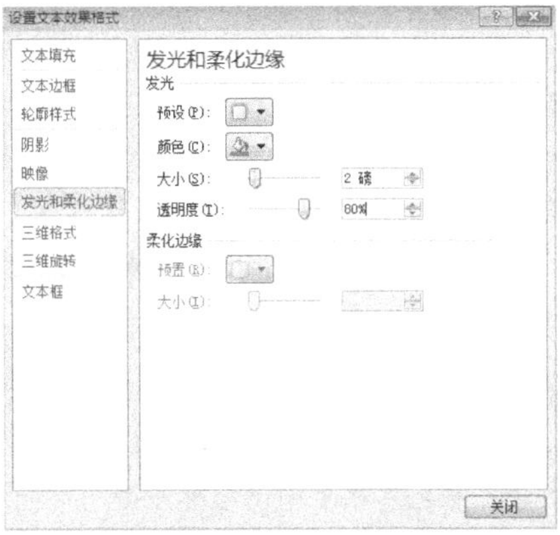

图 3-15　设置文本效果格式对话框

Step04　在颜色列表中选择红色，在大小文本框中选择或输入 2 磅，在透明度文本框中选择或输入 80%。设置完毕，单击关闭按钮。

Step05　单击艺术字样式组中文字效果按钮右侧的下三角箭头，打开一个下拉列表。在下拉列表中选择棱台选项下棱台中的冷色斜面选项，如图 3-16 所示。

Step06　在棱台选项列表中选择三维选项，打开设置文本效果格式对话框。在轮廓线区域的颜色列表中选择黄色，如图 3-17 所示。

Step07　设置完毕，单击关闭按钮，设置后艺术字的效果如图 3-18 所示。

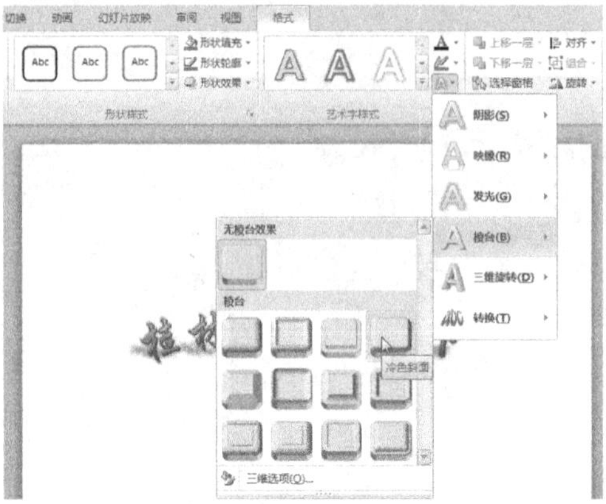

图 3-16　设置棱台效果

图 3-17　设置三维格式

图 3-18　设置后艺术字的效果

动手做 5　旋转艺术字

设置艺术字旋转效果的具体操作步骤如下：

Step 01　切换到开始选项卡，在幻灯片组中单击新建幻灯片按钮，在列表中选择空白，添加一个空白的幻灯片。

Step 02　切换到插入选项卡，在文本组中单击艺术字按钮，打开艺术字样式下拉列表，在列表中单击第 6 行第 3 列艺术字样式后，在文档中会出现一个请在此放置您的文字编辑框。

Step 03　在编辑框中输入文字多娇美景，欢迎您的到来！。用鼠标拖动选中输入的文字，切换到开始选项卡，然后在字体下拉列表中选择华文行楷，在字号下拉列表中选择 48。

Step 04　将鼠标指向艺术字的绿色旋转按钮，当鼠标变为 状时按住鼠标旋转艺术字，旋转艺术字的效果如图 3-19 所示。

动手做 6　调整艺术字位置

如果艺术字在幻灯片中的位置不够理想，可以根据需要调整它的位置使之符合要求。由于在插入艺术字的同时插入了艺术字编辑框，因此调整艺术字编辑框的位置即可调整艺术字的位置。

调整艺术字位置的具体操作步骤如下：

Step 01　在艺术字上单击鼠标左键，则显示出艺术字编辑框。

Step 02　将鼠标移动至艺术字编辑框边框上，当鼠标呈 形状时，按下鼠标左键拖动鼠标移动艺术字编辑框。

Step 03　文本框到达合适位置后，松开鼠标，移动艺术字的效果如图 3-20 所示。

图 3-19　旋转艺术字的效果

图 3-20　调整艺术字位置的效果

项目任务 3-2 在幻灯片中应用图片

利用 PowerPoint 2010 制作演示文稿时，用户可以使用图片来帮助说明某些内容。图片是一种视觉化的语言，对于一些词不达意的内容如果使用图片来表达的话可以起到只可意会不可言传的效果。

动手做 1 利用占位符插入图片

在幻灯片中用户可以利用占位符方便地插入图片。利用占位符插入图片的具体操作步骤如下：

Step 01 切换第 1 张幻灯片为当前幻灯片，切换到开始选项卡，在幻灯片组中单击新建幻灯片按钮，在列表中选择标题和内容，添加一个标题和内容版式的幻灯片。

Step 02 单击内容占位符中的“插入来自文件的图片”图标，打开插入图片对话框，如图 3-21 所示。

Step 03 在对话框中找到“案例与素材\模块 03\素材\”文件夹，然后在文件列表中选中要插入的图片。

Step 04 单击插入按钮，或直接双击图片即可将图片插入到幻灯片中，插入图片的效果如图 3-22 所示。

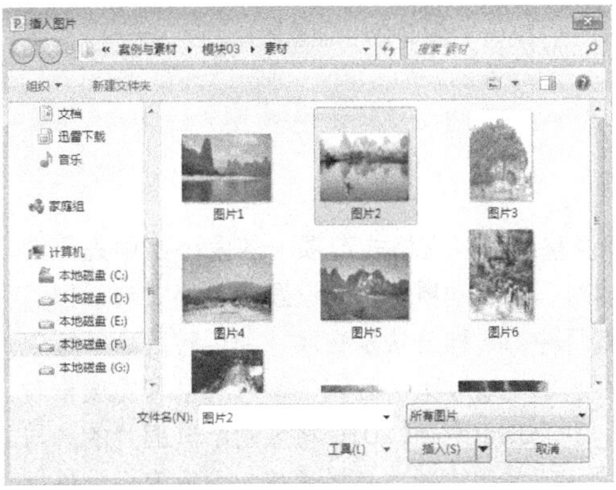

图 3-21 插入图片对话框

图 3-22 在第 2 张幻灯片中插入图片的效果

动手做 2 直接插入图片

在幻灯片中用户不但可以利用占位符插入图片，还可以直接插入图片。在幻灯片中直接插入图片的具体操作步骤如下：

Step 01 在第 2 张幻灯片中按下回车键，添加一个新的幻灯片。

Step 02 切换到插入选项卡，单击图像组中的图片按钮，打开插入图片对话框。

Step 03 在对话框中找到“案例与素材\模块 03\素材”文件夹，然后在文件列表中选中要插入的图片。

Step 04 单击插入按钮，或直接双击图片即可将图片插入到幻灯片中，插入图片的效果如图 3-23 所示。

动手做 3 调整图片大小

如果文档中对图片的大小要求并不是很精确，可以利用鼠标快速地进行调整。选中图片后在图片的四周将出现 8 个控制点，如果需要调整图片的高度，可以移动鼠标到图片上侧或下侧边的控制点上，当鼠标变成 形状时向上或向下拖动鼠标即可调整图片的高度；如果需要调整图片的宽度，将鼠标移动到图片左侧或右侧边的控制点上，当鼠标指针变成 ⟺ 形状时向左或向右拖动鼠标即可调整图片的宽度；如果要整体缩放图片，移动鼠标到图片右下角的控制点上，当鼠标变成↘形状时，拖动鼠标即可整体缩放图片。

例如，要对第 2 张幻灯片的图片进行整体放大，具体操作步骤如下：

Step 01 切换第 2 张幻灯片为当前幻灯片，在图片上单击鼠标左键，选中图片。

Step 02 移动鼠标到图片右下角的控制点上，当鼠标变成 ↘ 形状时，按下鼠标左键并向外拖动鼠标，此时会出现一个虚线框，表示调整图片后的大小。

Step 03 当虚线框到达合适位置时松开鼠标即可，如图 3-24 所示。

图 3-23　在第 3 张幻灯片中插入图片的效果

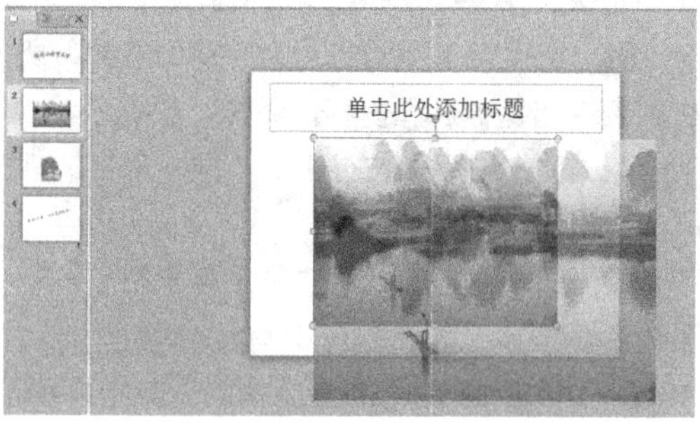

图 3-24　调整图片大小

教你一招

在实际操作中如果需要对图片的大小进行精确调整，可以在格式选项卡的大小组中进行设置，如图 3-25 所示。用户还可以单击大小组右侧的对话框启动器，打开设置图片格式对话框，如图 3-26 所示。在对话框中更改图片大小的方法有两种。一种方法是在尺寸和旋转选项区域中直接输入图片的高度和宽度的确切数值，另外一种方法是在缩放比例区域中输入高度和宽度相对于原始尺寸的百分比；如果选中锁定纵横比复选框，则 PowerPoint 2010 将限制所选图片的高与宽的比例，以便使高度与宽度相互保持原始的比例。此时如果更改对象的高度，则宽度也会根据相应的比例进行自动调整，反之亦然。

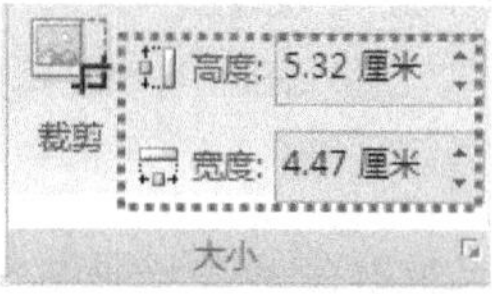

图 3-25　直接设置图片大小

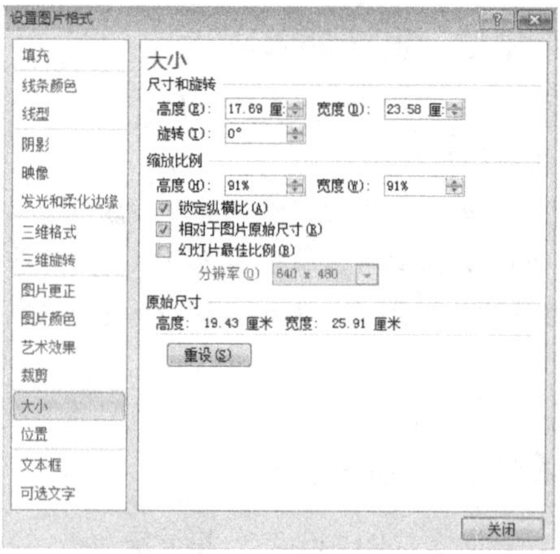

图 3-26　设置图片格式对话框

动手做 4 调整图片位置

在幻灯片中调整图片位置的具体操作步骤如下：

Step 01 将鼠标移至图片上，当鼠标变成 ✥ 形状时，按下鼠标左键并拖动鼠标。

Step 02 到达合适的位置时松开鼠标即可，调整图片位置后的效果如图 3-27 所示。

利用文本框在第 2 张幻灯片中输入相应的文本，效果如图 3-28 所示。

图 3-27 调整图片的位置

图 3-28 在第 2 张幻灯片中输入文本的效果

动手做 5 裁剪图片

如果用户只需要图片中的某一部分而不是全部，在插入图片后，用户可以利用裁剪功能将图片中多余的部分裁剪掉，只保留用户需要的部分。裁剪通常用来隐藏或修整部分图片，以便进行强调或删除不需要的部分。裁剪功能经过增强后，现在可以轻松裁剪为特定形状，经过裁剪来适应或填充形状，或裁剪为通用图片纵横比（纵横比为：图片宽度与高度之比。重新调整图片尺寸时，该比值可保持不变。）

裁剪图片的具体操作步骤如下：

Step 01 切换第 3 张幻灯片为当前幻灯片，选中图片，在格式选项卡下大小组中单击裁剪按钮，此时会在图片上显示 8 个尺寸控制点，如图 3-29 所示。

Step 02 在裁剪时用户可以执行下列操作之一：

- 如果要裁剪某一侧，将该侧的中心裁剪控点向里拖动。
- 如果要裁剪相邻的两侧，将一个角部裁剪控点向里拖动。
- 如果要同时均匀地裁剪两侧，按住 Ctrl 键的同时将任一侧的中心裁剪控点向里拖动。
- 如果要同时均匀地裁剪全部四侧，按住 Ctrl 的同时将一个角部裁剪控点向里拖动。
- 若要向外裁剪（或在图片周围添加），请将裁剪控点拖离图片中心。

这里需要裁剪右侧和下侧，因此将右下角部裁剪控点向里拖动，如图 3-29 所示。

Step 03 再次单击裁剪按钮，或按 Esc 键结束操作。

图 3-29 裁剪图片

动手做 6 设置图片叠放次序

在幻灯片中如果要插入多张图片，则最先插入的图片在最下层，最后插入的图片在最上层，用户可以根据需要调整图片的叠放次序，具体操作步骤如下：

Step 01 切换第 3 张幻灯片为当前幻灯片。

Step 02 切换到插入选项卡，单击图像组中的图片按钮，打开插入图片对话框。

Step 03 在对话框中找到“案例与素材\模块 03\素材\”文件夹，然后在文件列表中选中要插入的图片。

Step 04 单击插入按钮将图片插入到幻灯片中。此时在第 3 张幻灯片中已插入两张图片，第一张图片被新插入的图片遮挡住，效果如图 3-30 所示。

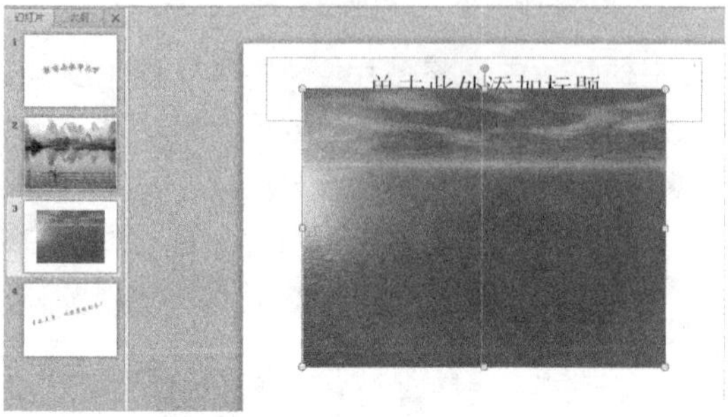

图 3-30　在幻灯片中插入第 2 张图片的效果

Step 05 切换到格式选项卡，在排列组中单击下移一层按钮，则新插入的图片下移一层，第一张图片显示出来，效果如图 3-31 所示。

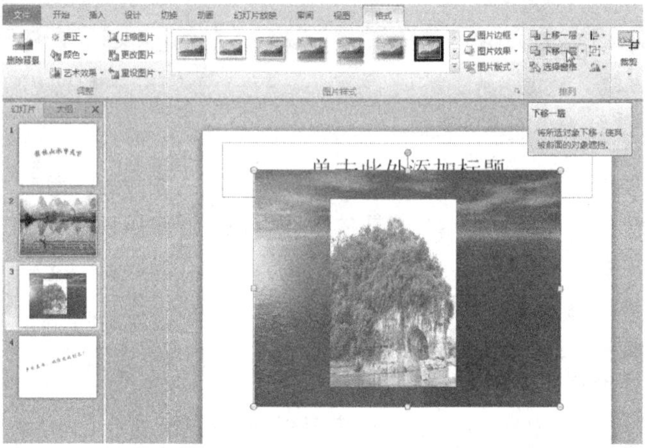

图 3-31　调整图片叠放次序的效果

Step 06 利用鼠标拖动适当调整两张图片的大小和位置，然后利用文本框在幻灯片中输入相应的文本，第 3 张幻灯片的最终效果如图 3-32 所示。

图 3-32　第 3 张幻灯片的最终效果

可以按照相同的方法新建幻灯片，然后在幻灯片中插入图片并输入说明文本。

动手做 7 设置图片的样式和效果

在 PowerPoint 2010 中加强了对图片的处理功能，在插入图片后用户还可以设置图片的样式和图片效果。

例如，对幻灯片中的图片设置样式和图片效果，具体操作步骤如下：

Step 01 切换第 9 张幻灯片为当前幻灯片，如图 3-33 所示。

Step 02 选中幻灯片中右上角的图片，在格式选项卡的图片样式组中单击图片样式列表后面的下三角箭头，打开图片外观样式列表，如图 3-34 所示。

Step 03 在列表中选择一种样式，如选择柔化边缘椭圆选项，则图片的样式变为如图 3-34 所示的效果。

图 3-33 第 9 张幻灯片的效果

图 3-34 设置图片样式

Step 04 在格式选项卡的图片样式组中单击图片效果按钮，打开图片效果列表，在列表中用户可以选择图片的效果。如在三维旋转效果中选择平行区域的第 2 行第 2 列旋转效果，则图片的效果如图 3-35 所示。

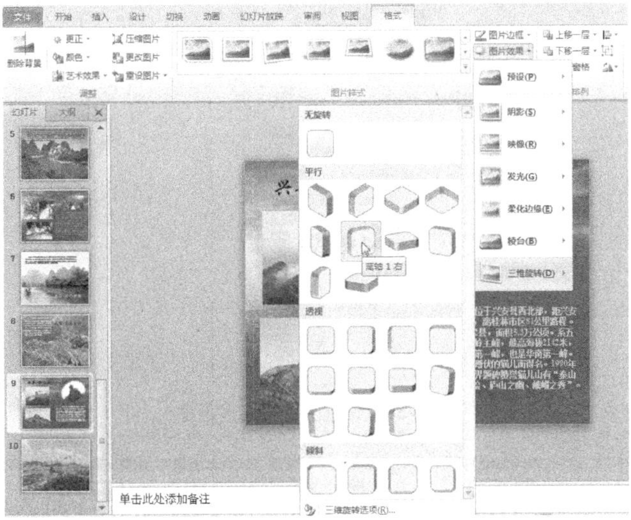

图 3-35 设置图片的旋转效果

Step 05 在格式选项卡的调整组中单击颜色按钮，打开图片颜色列表，在列表中用户可以对图片的颜色进行调整。如在颜色饱和度区域选择 200%，则图片的颜色如图 3-36 所示。

Step06 按照相同的方法设置另外两张图片的样式为棱台矩形，则第 9 张幻灯片的最终效果如图 3-37 所示。

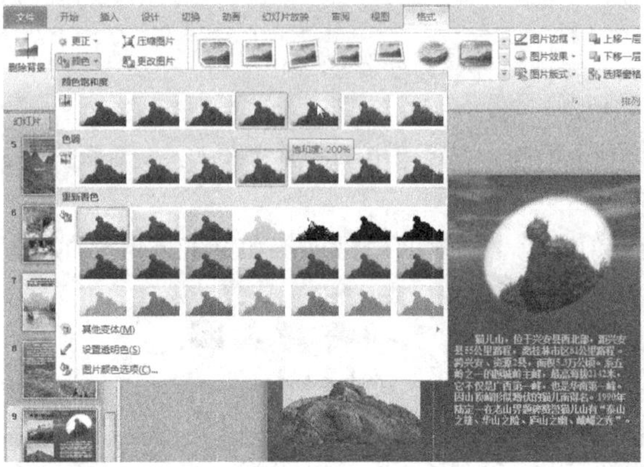

图 3-36 设置图片的颜色

图 3-37 设置图片的艺术效果

教你一招

在设置图片效果时还可以在设置图片格式对话框中进行详细设置，在格式选项卡中单击图片样式组右下角的对话框启动器，打开设置图片格式对话框，如图 3–38 所示。在对话框的左侧选择一个图片效果，则在右侧可以对该效果进行详细设置。如果选择三维旋转，则在右侧可以对旋转的角度、对象位置等效果进行更详细的设置。

图 3-38 设置图片格式对话框

项目拓展——制作培训流程图幻灯片

利用 PowerPoint 2010 的绘图功能可以很轻松、快速地绘制各种外观专业、效果生动的图形。对于绘制出来的图形还可以调整其大小，进行旋转、翻转、添加颜色等，也可以将绘制的图形与其他图形组合，制作出各种更复杂的图形。

图 3-39 所示的培训流程图就是使用 PowerPoint 2010 的绘图功能制作的，该流程图简明扼要地介绍了学员从报到、学习、考评到毕业的一系列活动安排，使学生掌握培训的流程。

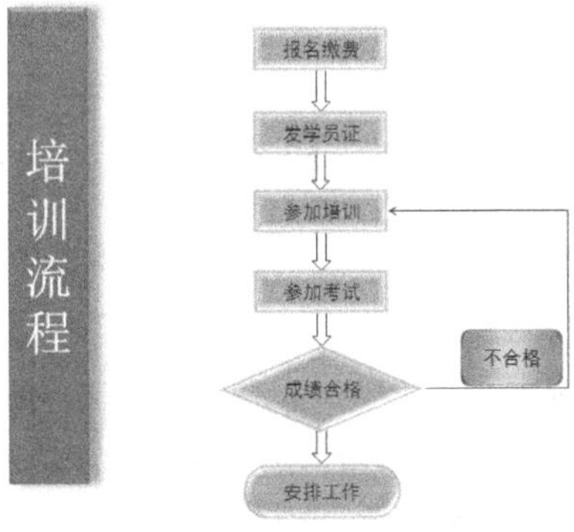

图 3-39　培训流程图

设计思路

在培训流程图的制作过程中，用户首先应绘制自选图形，然后编辑自选图形，最后设置自选图形效果。制作培训流程图的基本步骤可分解为：

Step01　绘制自选图形。

Step02　编辑自选图形。

Step03　设置自选图形效果。

动手做 1　绘制自选图形

用户可以利用“插入”选项卡下的“插图”组中的“形状”按钮方便地在指定的区域绘图，这一绘图功能能够完成简单的原理示意图、流程图等。

绘制自选图形的具体步骤如下：

Step01　创建一个新的演示文稿，将其保存为“培训流程图”，选中副标题占位符，然后按 Delete 键将其删除。

Step02　在标题占位符中输入文本“培训流程”。

Step03　在开始选项卡的段落组中单击文字方向按钮，在文字方向列表中选择堆积选项，如图 3-40 所示。

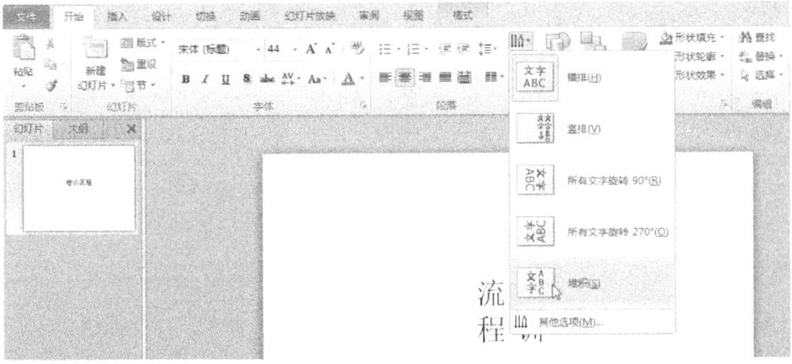
图 3-40　设置文字方向

Step04　利用鼠标拖动调整标题占位符的大小和位置，效果如图 3-41 所示。

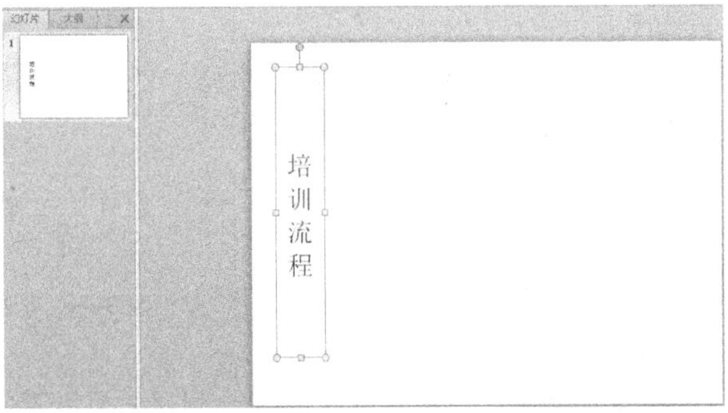

图 3-41　调整占位符的位置和大小

Step05 单击开始选项卡下绘图组中的形状按钮，打开形状列表，如图 3-42 所示。

教你一招

单击插入选项卡下插入组中的形状按钮也可打开形状列表。

Step06 在形状下拉列表的流程图区域选择过程按钮，拖动鼠标绘制过程图形。自选图形绘制好以后，在自选图形的四周一共有 9 个控制点，8 个圆圈控制点用来调整图像的大小，1 个绿色的控制点是用来旋转图形，除了这 9 个控制点外一般还有一个或多个用于调整图形形状的黄色菱形的句柄。用鼠标拖动控制点，适当调整图形的大小，其效果如图 3-43 所示。

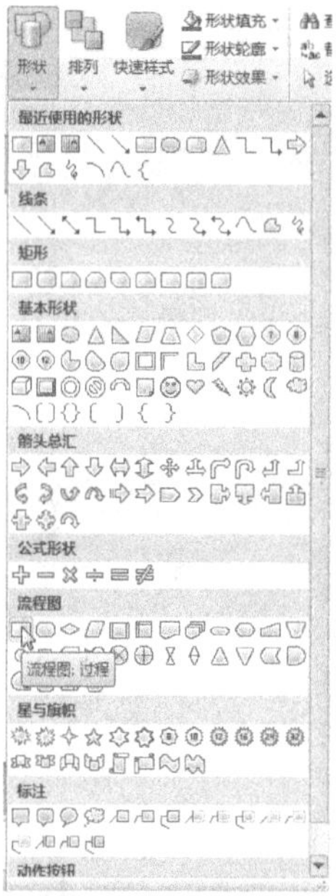

图 3-42　形状列表

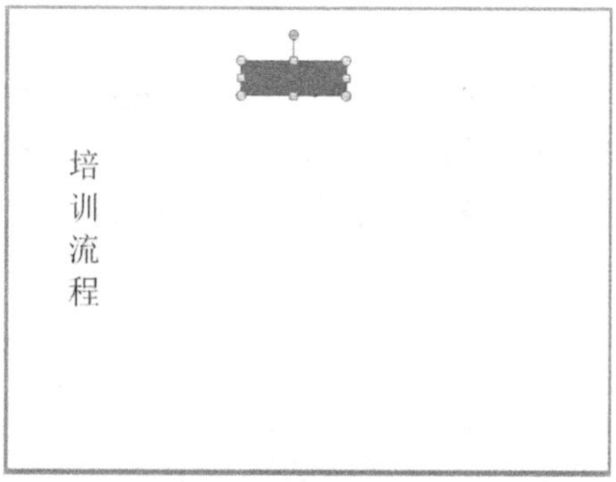

图 3-43　绘制的矩形形状

Step07 为使接下来绘制的过程自选图形与其大小相同，可以在绘制的过程自选图形上单击鼠标右键，在弹出的快捷菜单中选择“复制”，然后粘贴在幻灯片中即可，这里连续粘贴 3 次，复制 3 个过程自选图形。

Step08 按照相同的方法，绘制 4 个流程图中的决策自选图形，1 个流程图中的可选过程自选图形，1 个流程图中的终止自选图形，5 个下箭头，并用鼠标拖动调整自选图形的位置和大小，效果如图 3-44 所示。

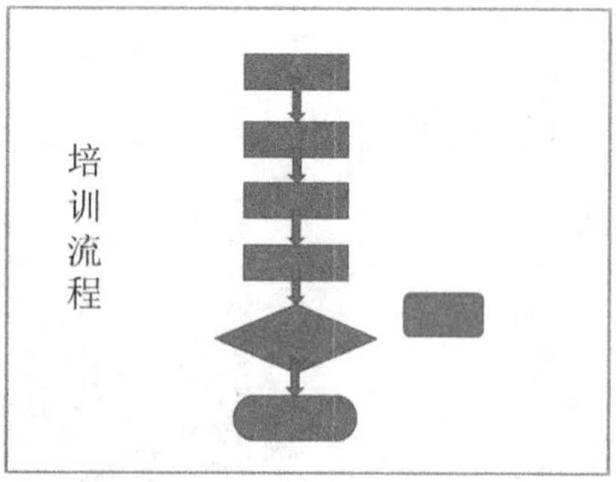

图 3-44　绘制的流程图的基本框架

动手做 2　向自选图形中添加文字

在各类自选图形中，除了直线、箭头等线条图形外，其他所有图形都允许向其中添加文字。有的自选图形在绘制好后可以直接添加文字，例如绘制的标注等，有些图形在绘制好后则不能直接添加文字。

教你一招

如果要保持原图形的宽高比，在拖动四角的控制点时按住 Shift 键；如果想以图形对象为基点进行缩放，在拖动控制点的同时按住 Ctrl 键。另外，用户还可以通过在格式选项卡的大小组中输入具体的数值来调整自选图形的大小。

在流程图中添加文字的具体操作步骤如下：

Step 01 在“过程”自选图形上单击鼠标右键，打开一个快捷菜单，如图 3-45 所示。

Step 02 在快捷菜单中单击编辑文字命令，此时自选图形外侧多了一个文本框，并且鼠标自动定位在自选图形中，输入文本“报名交费”。

Step 03 选中自选图形中的“报名交费”文本，在开始选项卡下字体组中的字体列表中选择黑体，单击字体组中字体颜色右侧的下三角箭头，在列表中选择黑色。

Step 04 按照相同的方法在流程图中的其他形状中也添加文字，如图 3-46 所示。

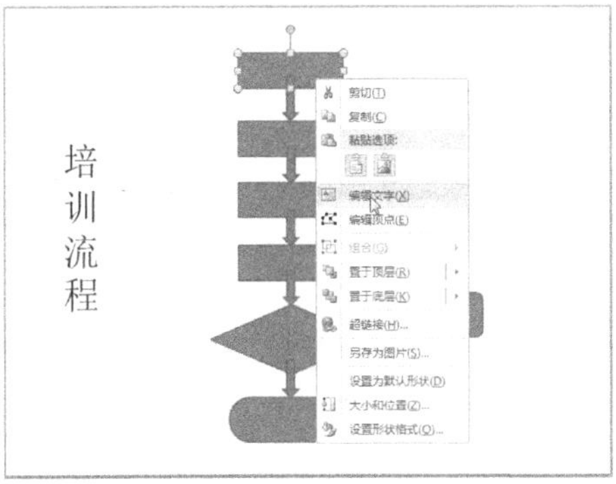

图 3-45　快捷菜单

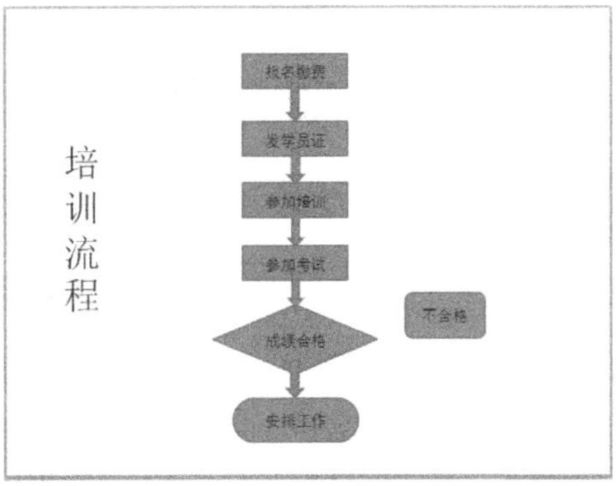

图 3-46　为自选图形添加文字的效果

动手做 3　添加箭头连接符

为了使流程图更加完善，还应在流程图中绘制箭头连接符，具体操作步骤如下：

Step 01 单击开始选项卡下绘图组中的形状按钮，在打开的下拉菜单中的线条区域选择肘形箭头连接符选项。

Step 02 将鼠标指向“成绩合格”自选图形，当“成绩合格”自选图形四周出现 4 个红色控制点时按下鼠标左键，拖动鼠标到“参加培训考试”自选图形，当“参加培训”自选图形四周出现 4 个红色控制点时松开鼠标左键，绘制的肘形箭头连接符如图 3-47 所示。

Step 03 单击箭头连接符，拖动图形上的黄色菱形的句柄，向左侧移动到合适的位置，调整箭头连接符与小矩形的位置，效果如图 3-48 所示。

动手做 4　对齐或分布图形

用户可以利用鼠标拖动的方法来移动对齐图形，为了可以使多个图形对象排列得很整齐，在 PowerPoint 2010 中可以利用“格式”选项卡下的“对齐”按钮进行对齐图形对象的操作。

在幻灯片中对齐图形的具体操作步骤如下：

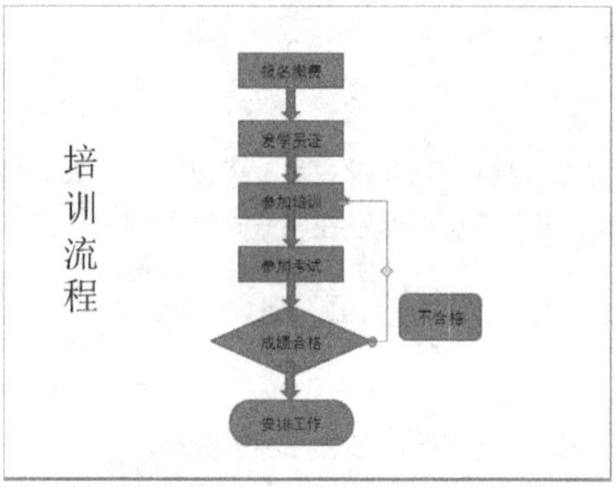

图 3-47　绘制的肘形箭头连接符

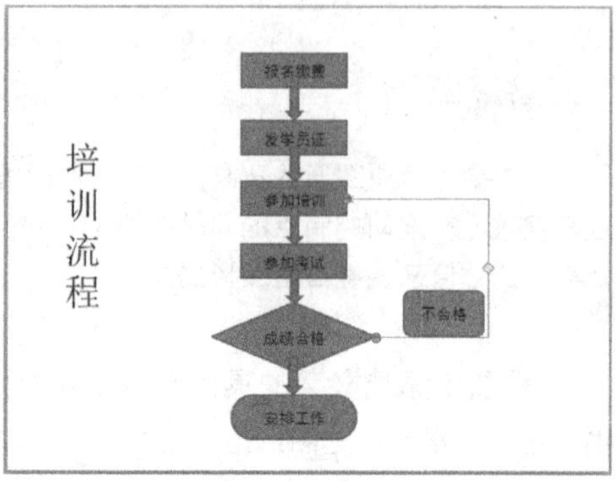

图 3-48　绘制箭头连接符

Step 01　选中“报名交费”自选图形，按住 Ctrl 键分别单击“发学员证”、“参加培训”、“参加考试”、“成绩合格”、“安排工作”以及 5 个箭头自选图形将它们选中。

Step 02　单击格式选项卡下的排列组中的对齐按钮，打开一个下拉列表，在下拉列表中选择左右居中选项，如图 3-49 所示。

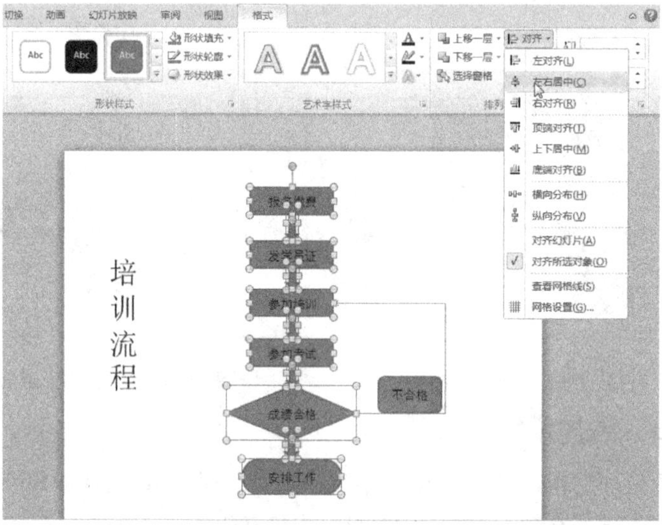

图 3-49　对齐自选图形

对齐列表中各命令的功能如下：

- 选择左对齐命令，即可将各图形对象的左边界对齐。
- 选择左右居中命令，即可将各图形对象横向居中对齐。
- 选择右对齐命令，即可将各图形对象的右边界对齐。
- 选择顶端对齐命令，即可将各图形对象的顶边界对齐。
- 选择上下居中命令，即可将各图形对象纵向居中对齐。
- 选择底端对齐命令，即可将各图形对象的底边界对齐。
- 选择横向分布命令，即可将各图形对象在水平方向上等距离排列。
- 选择纵向分布命令，即可将各图形对象在竖直方向上等距离排列。

动手做 5　设置图形的叠放次序

在绘制自选图形时最先绘制的图形被放置到了底层，用户可以根据需要重新调整自选图形的叠放次序。设置图形叠放次序的基本方法如下：

Step01 在第一个下箭头上单击鼠标，选中图形，此时下箭头的尾部在开始图形的上面。

Step02 切换到格式选项卡，单击排列组中下移一层，或单击下移一层右侧的箭头，在列表中选择置于底层，则下箭头的尾部被放置到了开始图形的下面，如图 3-50 所示。

Step03 按照相同的方法将所有的下箭头置于底层。

动手做 6 设置自选图形形状样式

在 PowerPoint 2010 中用户可以快速地为自选图形设置形状样式，具体操作方法如下：

Step01 在标题占位符上单击鼠标，选中标题占位符。

Step02 切换到格式选项卡，在形状样式组中单击形状样式列表右侧的下三角箭头，打开形状样式列表。

Step03 在列表中选择强烈效果-紫色，强调颜色 4 的形状样式，则被选中的图形应用了该形状样式，效果如图 3-51 所示。

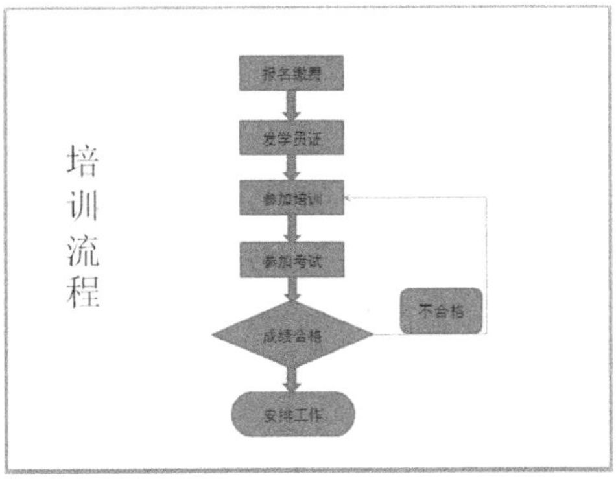

图 3-50 设置图形叠放次序后的效果

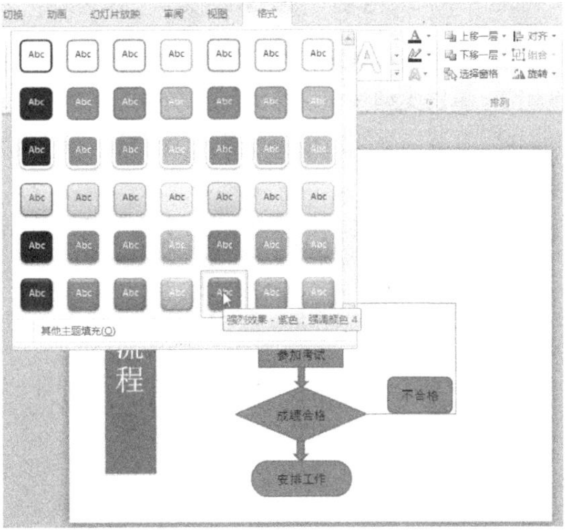

图 3-51 设置自选图形形状样式

动手做 7 设置自选图形填充效果

用户可以利用普通的颜色来填充自选图形，也可以为自选图形设置渐变、纹理、图片或图案等填充效果。

设置自选图形填充效果的具体操作步骤如下：

Step01 按住 Ctrl 键分别单击 5 个下箭头将它们同时选中。

Step02 切换到格式选项卡，在形状样式组中单击形状填充按钮，打开形状填充列表，在列表中选择无填充颜色选项，则 5 个下箭头的填充颜色被取消，如图 3-52 所示。

Step03 选中“报名交费”自选图形，按住 Ctrl 键分别单击“发学员证”、“参加培训”、“参加考试”、“成绩合格”、“安排工作”将它们同时选中。

Step04 单击格式选项卡下形状样式组中的形状填充按钮，在列表中选择“白色，背景 1，深色 35%”，效果如图 3-53 所示。

Step05 选中“不合格”自选图形，切换到格式选项卡，在形状样式组中单击形状填充按钮，在形状填充列表中选择渐变选项，在渐变列表中选择其他渐变选项，打开设置形状格式对话框。

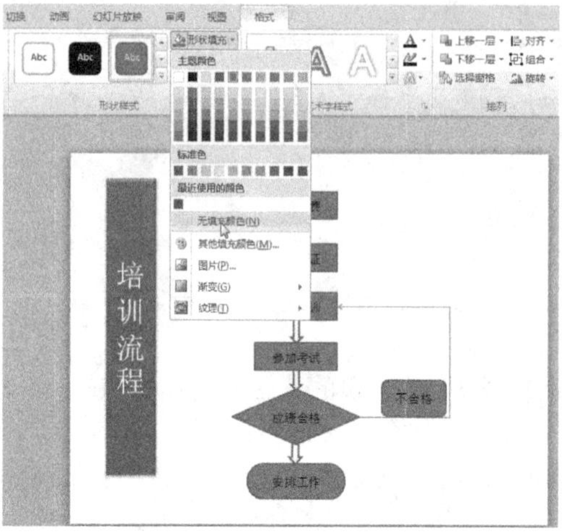

图 3-52　形状填充列表

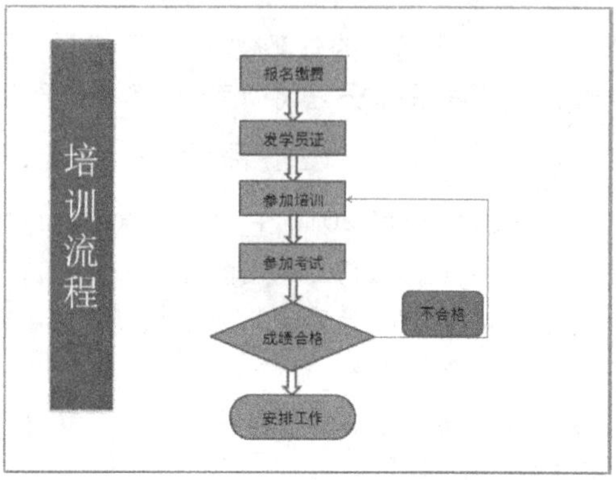

图 3-53　为自选图形设置填充颜色的效果

Step06　在填充区域选择渐变填充，单击预设颜色按钮，在预设颜色列表中选择熊熊火焰。

Step07　单击类型按钮，在类型列表中选择射线，单击方向按钮，在方向列表中选择中心辐射。

Step08　在渐变光圈区域选中第三个色块，在位置文本框中选择或输入 80%，如图 3-54 所示。

Step09　在对话框的左侧列表中单击线条颜色，在右侧的线条颜色区域选择无线条选项，单击关闭按钮，“不合格”图形的效果如图 3-55 所示。

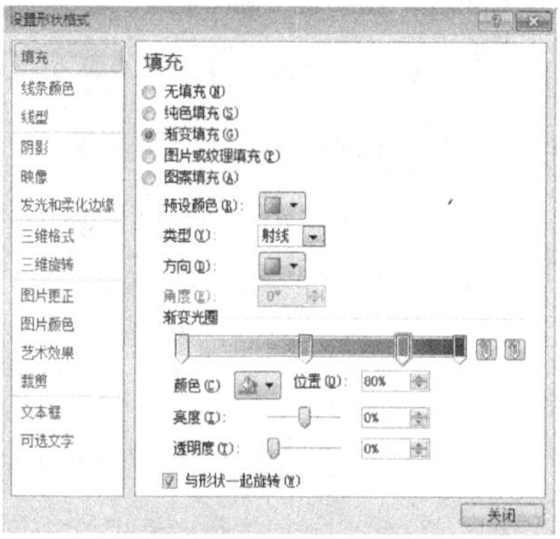

图 3-54　设置渐变填充

图 3-55　设置图形渐变填充的效果

动手做 8　设置自选图形状轮廓

用户可以对自选图形的形状轮廓进行设置，具体操作方法如下：

Step01　同时选中 5 个下箭头和连接符。

Step02　切换到格式选项卡，在形状样式组中单击形状轮廓按钮，打开形状轮廓列表。

Step03　在标准色区域选择黑色。

Step04　选择粗细选项，在粗细列表中选择 1.5 磅。

Step05　同时选中“发学员证”、“参加培训”、“参加考试”、“成绩合格”、“安排工作”和“不合格”自选图形。

Step06　在形状样式组中单击形状轮廓按钮，在形状轮廓列表中选择无轮廓，设置自选图形轮廓的效果如图 3-56 所示。

动手做 9　设置自选图形效果

用户不但可以为图形设置阴影，还可以为图形对象添加形状效果。例如，要给流程图中的各对象设置形状效果，具体操作步骤如下：

Step 01　选定标题占位符。

Step 02　设置阴影的效果。单击格式选项卡下形状样式组中的形状效果按钮，打开一个下拉列表，选择阴影选项，在阴影列表中选择外部的向右偏移选项，如图 3-57 所示。

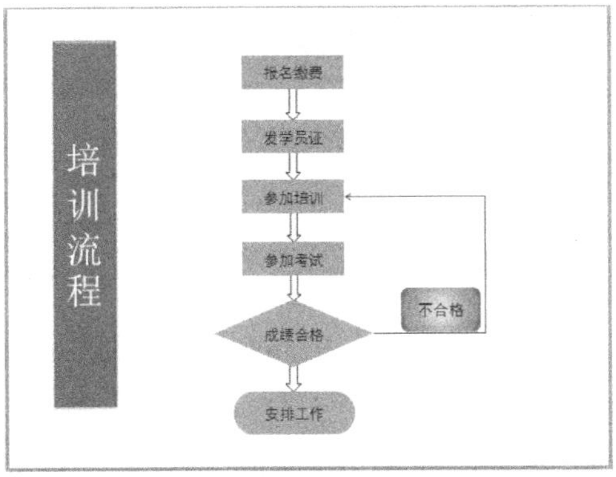

图 3-56　设置自选图形轮廓

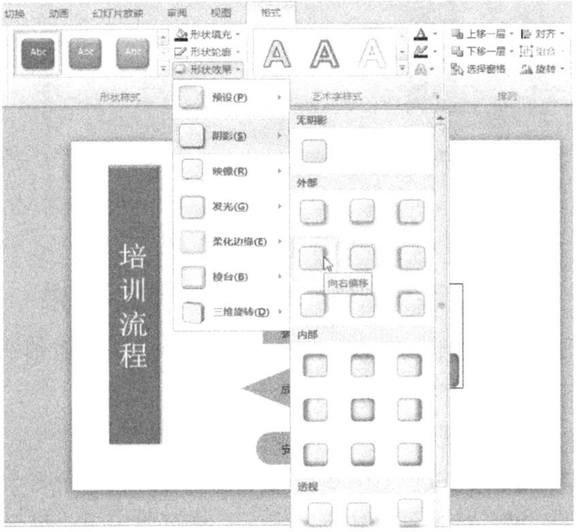

图 3-57　设置阴影样式后的效果

Step 03　选定设置阴影的标题占位符。

Step 04　单击格式选项卡下形状样式组右下角的对话框启动器，打开设置形状格式对话框，在左侧列表中选择阴影，在右侧设置虚化为 10 磅，距离为 10 磅，如图 3-58 所示。

Step 05　单击关闭按钮，设置阴影的效果如图 3-59 所示。

图 3-58　设置形状格式对话框

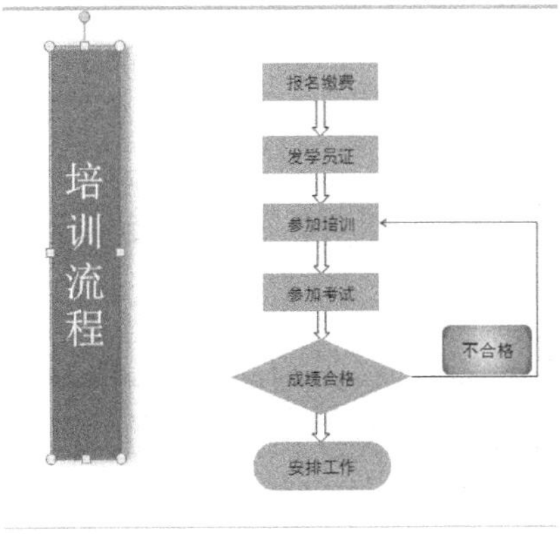

图 3-59　设置阴影的效果

Step 06　同时选中“发学员证”、“参加培训”、“参加考试”、“成绩合格”、“安排工作”和“不合格”自选图形。

Step 07　单击格式选项卡下形状样式组中的形状效果按钮，打开一个下拉列表，在列表中选择预设，打开预设列表，如图 3-60 所示。

Step 08　在预设选项中选择预设 7，设置预设的最终效果如图 3-61 所示。

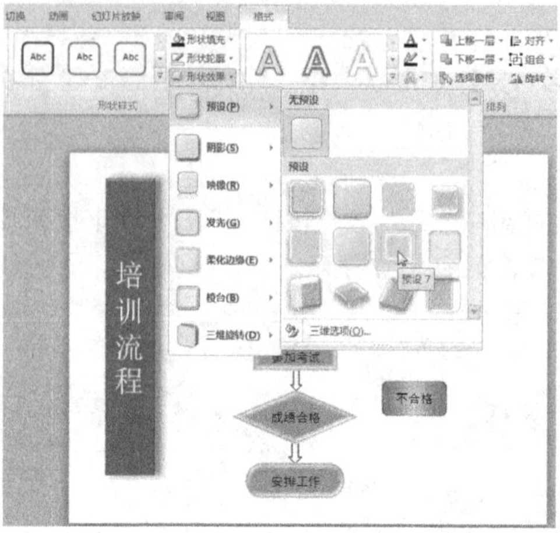

图 3-60　选择形状效果

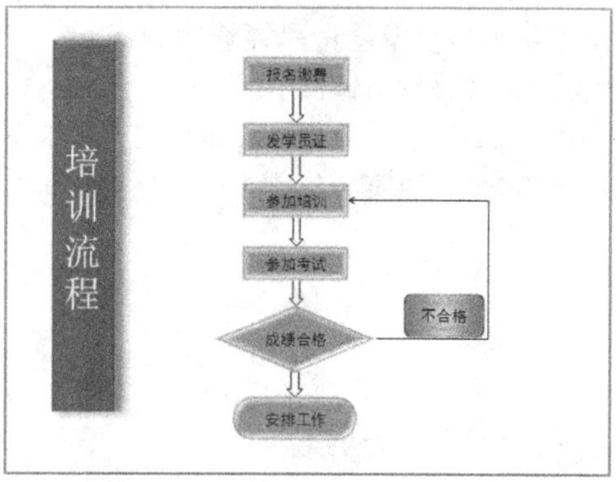

图 3-61　设置自选图形效果的最终效果

动手做 10　设置组合图形效果

组合图形就是指把绘制的多个图形对象组合在一起，同时把它们当作一个整体使用，如把它们一起进行翻转、调整大小等。

组合图形的具体操作步骤如下：

Step 01　先按住 Ctrl 键，然后用鼠标分别单击各个图形。

Step 02　切换到格式选项卡，在排列组中单击组合按钮，在列表中选择组合选项，则选中的图形被组合成一个图形。

提示

在组合图形时，用户可以发现原来被选中的每个图形上都显示控制点，被组合后的图形则只显示为一个图形的控制点，对被组合后的图形进行设置时，组合图形中的每个图形都进行相同的变化。

教你一招

把多个图形组合在一起后，如果还要对某个图形单独进行修改，那么可以。在组合列表单击取消组合选项即可。

知识拓展

通过前面的任务主要学习了在幻灯片中应用图像和艺术字的方法，另外还有一些基本操作在前面的任务中没有运用到，下面就介绍一下。

动手做 1　插入剪贴画

PowerPoint 2010 提供了一个功能强大的剪辑管理器，在剪辑管理器中的 Office 收藏集中收藏了多种系统自带的剪贴画，使用这些剪贴画可以活跃文档。收藏集中的剪贴画是以主题为单位进行组织的。例如，想使用 PowerPoint 2010 提供的与“自然”有关的剪贴画时可以选择

“自然”主题。

在幻灯片中插入剪贴画的具体操作步骤如下：

Step01 将插入点定位在要插入剪贴画的位置。

Step02 单击插入选项卡插图组中剪贴画按钮，打开剪贴画任务窗格。

Step03 在剪贴画任务窗格搜索文字文本框中输入要插入剪贴画的主题，例如输入自然。在结果类型下拉列表中选择所要搜索的剪贴画的媒体类型。如果选中包括 Office.com 复选框，则可以在网上进行搜索。单击搜索按钮，出现如图 3-62 所示的任务窗格。

图 3-62 插入剪贴画

Step04 单击需要的剪贴画，即可将其插入到文档中。

动手做 2 旋转图片（图形）

用户可以将插入的图片或图形进行旋转，选中插入的图片（图形），此时在图片（图形）上除了 4 条边上的 8 个控制点外，在图片的上方还有 1 个绿色的控制点，将鼠标指向绿色控制点，按住鼠标左键然后向左或向右拖动鼠标即可对图片进行旋转，如图 3-63 所示。

另外，选中图片后在格式选项卡的排列组中单击旋转按钮，在列表中也可以选择图片的旋转方向，如图 3-64 所示。

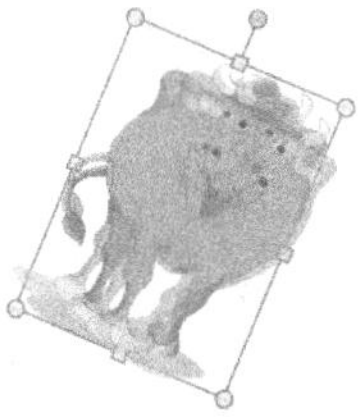

图 3-63 利用鼠标拖动旋转图片

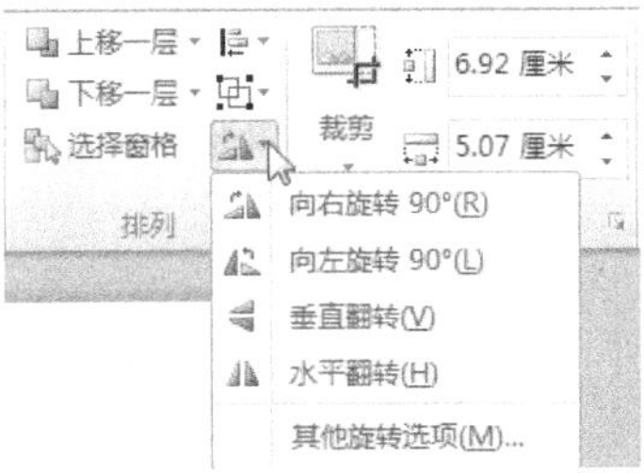

图 3-64 旋转列表

动手做 3 更改图片

在幻灯片中使用图片时，如果某个图片不符合要求，则可以直接将其替换。首先选中要替换的图片，然后在格式选项卡的调整组中单击更改按钮，打开插入图片对话框，在对话框中选择需要的图片插入即可。

动手做 4 插入屏幕截图

用户可以快速而轻松地将屏幕截图插入到 Office 文件中，以增强可读性或捕获信息，而无须退出正在使用的程序。Microsoft Word 、Excel、Outlook 和 PowerPoint 中都提供此功能，用户可以使用此功能捕获在计算机上打开的全部或部分窗口的图片。无论是在打印文档上，还是在用户设计的 PowerPoint 幻灯片上，这些屏幕截图都很容易读取。

屏幕截图适用于捕获可能更改或过期的信息（例如，重大新闻报道或旅行网站上提供的讲求时效的可用航班和费率的列表）的快照。此外，当用户从网页和其他来源复制内容时，通过任何其他方法都可能无法将它们的格式成功传输到文件中，而屏幕截图可以帮助用户实现这一点。如果用户创建了某些内容（例如网页）的屏幕截图，而源中的信息发生了变化，也不会更新屏幕截图。

在 PowerPoint 2010 中使用屏幕截图的具体操作步骤如下：

Step 01 将插入点定位在要插入屏幕截图的位置。

Step 02 在插入选项卡的插图组中，单击屏幕截图按钮，如图 3-65 所示。

Step 03 用户可以执行下列操作之一：

- 若要添加整个窗口，则单击可用窗口库中的缩略图。
- 若要添加窗口的一部分，则单击屏幕剪辑，当指针变成十字时，按住鼠标左键以选择要捕获的屏幕区域。

在进行屏幕剪辑时如果有多个窗口打开，应先单击要剪辑的窗口，然后再在要插入屏幕截图的文档中单击屏幕剪辑。当用户单击屏幕剪辑时，正在使用的程序将最小化，只显示它后面的可剪辑的窗口。另外，屏幕截图只能捕获没有最小化到任务栏的窗口。

动手做 5 压缩图片

如果要节省硬盘空间或减小文件的大小，可以利用 PowerPoint 2010 提供的压缩图片功能对图片进行压缩。压缩图片的具体操作步骤如下：

Step 01 选中要压缩的图片，在格式选项卡的调整组中单击更改按钮，打开压缩图片对话框，如图 3-66 所示。

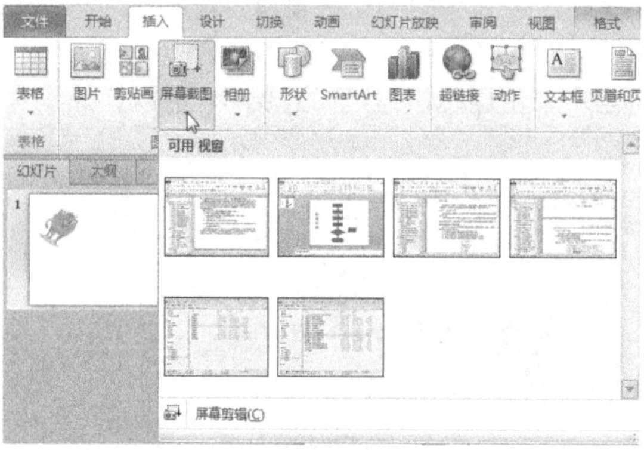

图 3-65 屏幕截图

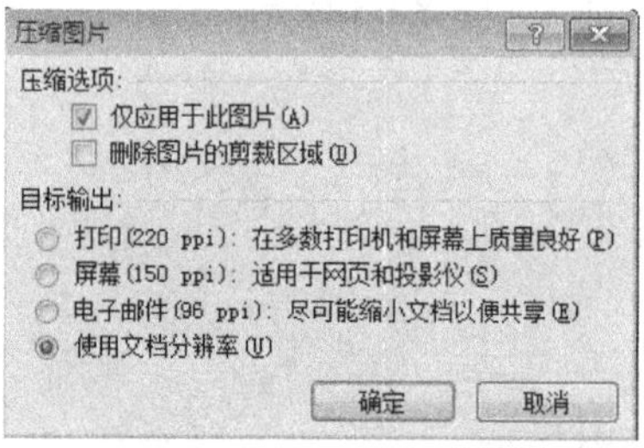

图 3-66 压缩图片对话框

Step 02 如果选中仅应用于此图片复选框，则压缩选项仅应用选中的图片；如果选中删除图片的裁剪区域复选框，则将删除图片的裁剪区域；在目标输出区域选择适当的选项，单击确定按钮。

动手做 6 相册功能

如果用户希望向演示文稿中添加一大组图片，而且这些图片又不需要自定义，此时可使用 PowerPoint 2010 中的相册功能创建一个相册演示文稿。PowerPoint 2010 可从硬盘、扫描仪、数码相机或 Web 照相机等位置添加多张图片。

创建相册的具体步骤如下：

Step 01 单击插入选项卡下图像组中的相册按钮，在下拉列表中选择新建相册选项，打开相册对话框，如图 3-67 所示。

Step 02 在相册对话框中单击文件/磁盘按钮，打开插入新图片对话框，在对话框中选定要插入的图片，单击插入按钮，返回到相册对话框，按此方法可以在相册中插入多张图片。

Step 03 在相册版式区域的图片版式下拉列表中可以选择图片的版式，在相框形状下拉列表中则可以应用相框形状，单击主题后面的浏览按钮，可以应用设计模板。

Step 04 单击创建按钮，即可创建一个相册演示文稿。

动手做 7 应用 SmartArt 图形

使用插图有助于我们记忆或理解相关的内容，但对于非专业人员来说，在 PowerPoint 内创建具有设计师水准的插图是很困难的。PowerPoint 2010 提供的 SmartArt 功能使用户只需轻点几下鼠标即可创建具有设计师水准的插图。

在幻灯片中插入 SmartArt 图形的具体操作步骤如下：

Step 01 切换要创建 SmartArt 图形的幻灯片为当前幻灯片。

Step 02 单击插入选项卡下插图选项组中的 SmartArt 按钮，打开选择 SmartArt 图形对话框，如图 3-68 所示。

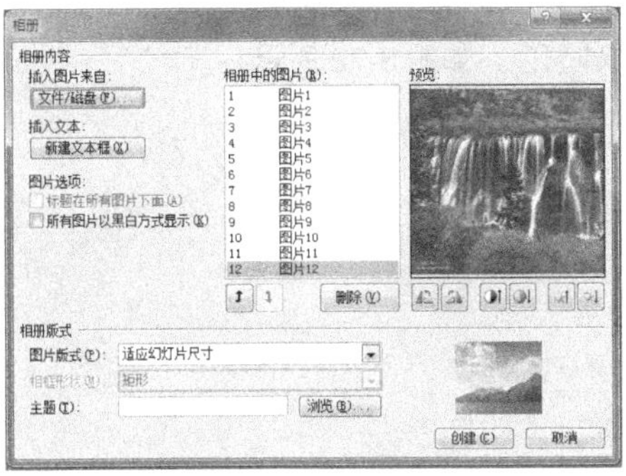

图 3-67 相册对话框

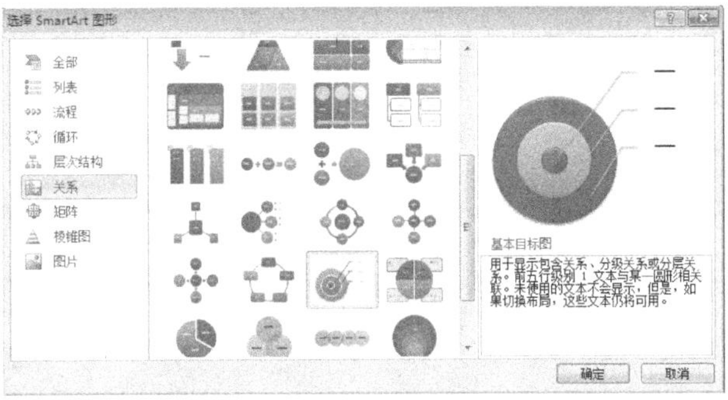

图 3-68 选择 SmartArt 图形对话框

Step 03 例如，这里在对话框中的左侧选择关系，在右侧的列表中选择基本目标图，单击确定按钮，则在幻灯片中插入一个目标图图形，如图 3-69 所示。

Step 04 选中插入的图示，切换到设计选项卡，在创建图形组中单击添加形状按钮右侧的下三角箭头，在列表中选择在后面添加形状选项，则图示在最外围添加一个圆形，如图 3-70 所示。

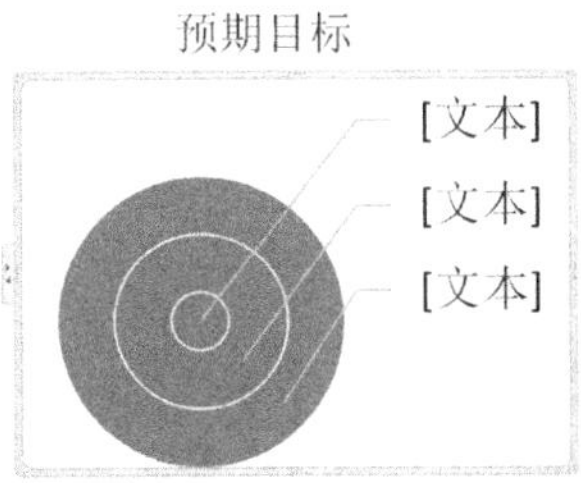

图 3-69 插入 SmartArt 图形

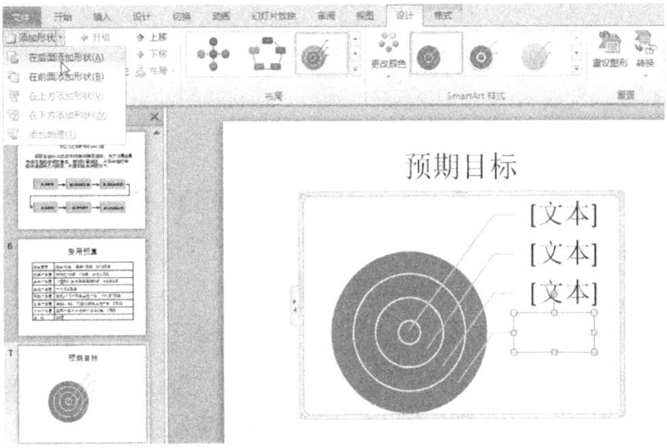

图 3-70 添加形状

Step05 选中图示后，单击图示左侧的左（右）三角箭头，打开在此处键入文字窗格，在窗格中为图示输入相应的文字，如图 3-71 所示。

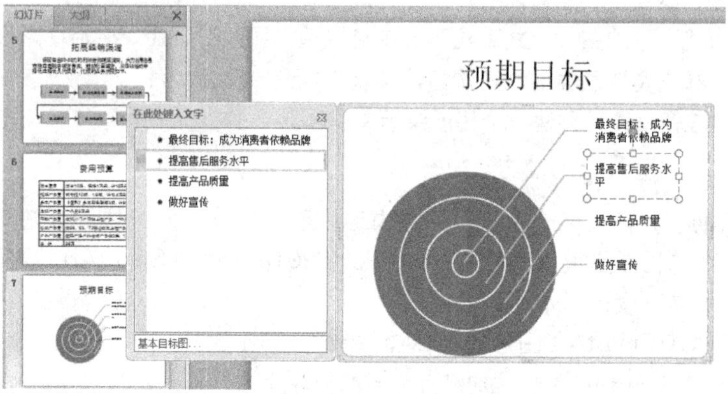

图 3-71　为图示添加文本

Step06 单击在此处键入文字窗格的关闭按钮，将在此处键入文字窗格关闭。切换到格式选项卡，在 SmartArt 样式组中单击更改颜色按钮，在列表中可以选择一种颜色，如图 3-72 所示。

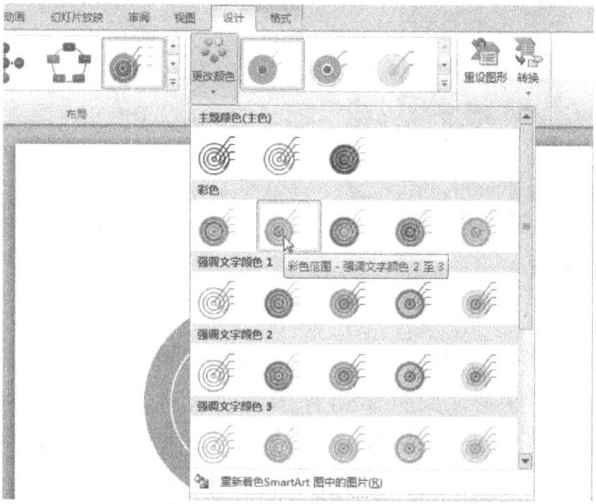

图 3-72　更改图示的颜色

提示

向图示中输入文本时可以直接单击图示中的“文本”字样，然后直接输入文本。

动手做 8　设置图片版式

在幻灯片中还可以插入图片并设置图片版式，具体操作步骤如下：

Step01 单击插入选项卡下插图组中的图片按钮，打开插入图片对话框，在对话框中找到要插入图片所在的位置，然后选中图片文件，单击插入按钮，将被选中的图片插入到文档中。

Step02 选中图片，单击格式选项卡下图片样式组中的图片版式按钮，打开图片版式列表，在列表中选择蛇形图片题注列表，如图 3-73 所示。

图 3-73　选择图片版式

Step03　选择了图片版式后 PowerPoint 2010 会自动为图片添加一个题注文本框，并在题注文本框和图片的外面添加一个图形框。单击题注文本框区域的文本，然后直接输入文本“猫儿山”，如图 3-74 所示。

图 3-74　为图片添加题注

Step04　选中图片，此时会出现 SmartArt 工具和图片两个动态选项卡，如果只选中题注文本框或图片版式图形框，则只出现 SmartArt 工具动态选项卡。这里选中图片版式图形框，然后在 SmartArt 工具下选择设计选项卡，在 SmartArt 样式组中单击更改颜色按钮，打开更改颜色列表，在列表中用户可以选择一种颜色，例如这里选择强调文字颜色 2 中的第三个颜色，如图 3-75 所示。

图 3-75　更改颜色

Step05 在 SmartArt 样式组中单击 SmartArt 样式列表右侧的下三角箭头，打开 SmartArt 样式列表，在列表中用户可以选择一种样式，例如在列表中选择三维区域的优雅选项，如图 3-76 所示。

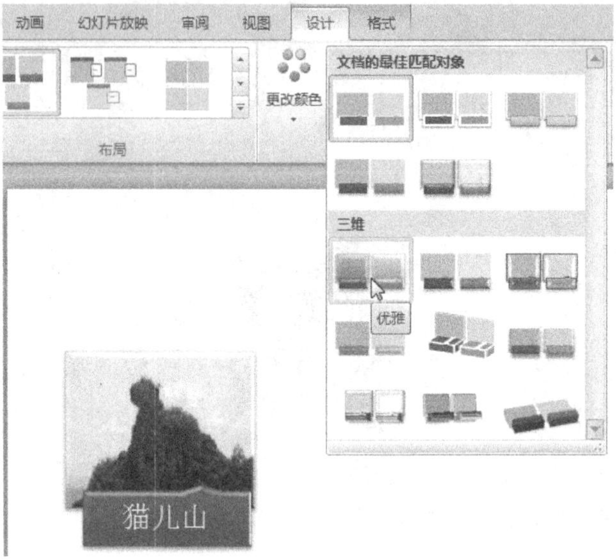

图 3-76　设置 SmartArt 样式

动手做 9　在幻灯片中输入数学公式

利用 PowerPoint 的公式功能可以方便地在幻灯片中输入数学公式。利用公式功能输入数学公式的具体操作步骤如下：

Step01 如这里输入公式：设 $x\in R$，则“$x<1$”是“$x^2+x-2<0$”，切换到要输入公式的幻灯片。

Step02 在插入选项卡下的符号组中单击公式按钮，此时出现在此处键入公式框，并自动切换到公式工具的设计选项卡，如图 3-77 所示。

图 3-77　插入公式

Step03 因为此公式第一项数学符号为“包含于”，在符号组中单击符号列表右侧的下三角箭头，打开基础数学符号列表，在列表中单击包含于符号，则在在此处键入公式框中插入一个“包含于”数学符号，如图 3-78 所示。

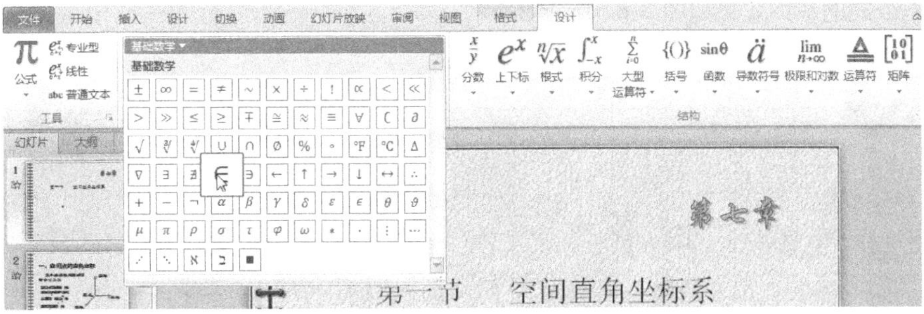

图 3-78 插入“包含于”数学符号

提示

用户在插入符号时，可以选择符号的类型。单击基础数字右侧的下三角箭头，在列表中可以选择不同类型的符号，如图 3-79 所示。

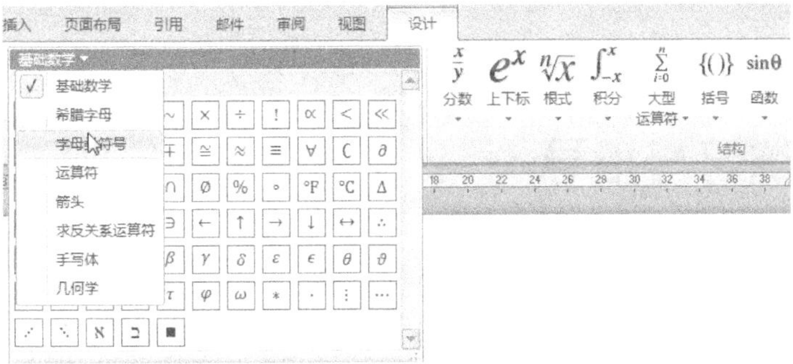

图 3-79 选择插入符号的类型

Step 04 在符号∈的前面输入 x，在后面输入 R，然后继续输入公式中的其他项。在输入“<”号时，用户可以在基础数学符号列表中选择。在输入“x^2”时，用户可以单击结构组中的上下标按钮，然后在常用的上标和下标列表中选择 x^2，如图 3-80 所示。

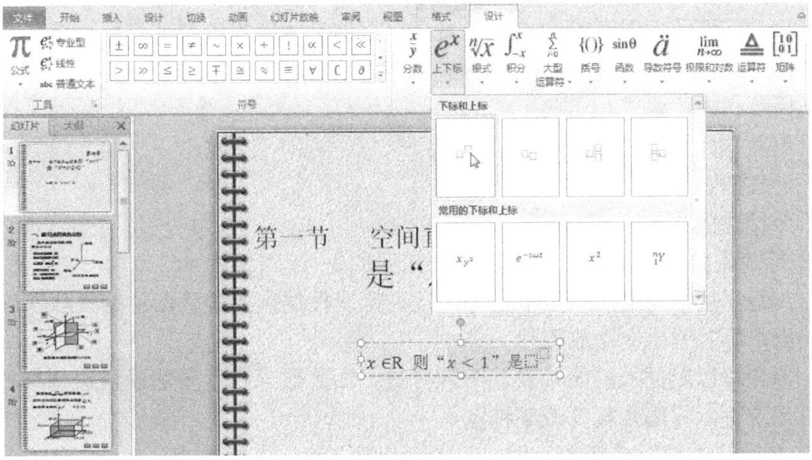

图 3-80 插入上标

插入公式的最终效果如图 3-81 所示。

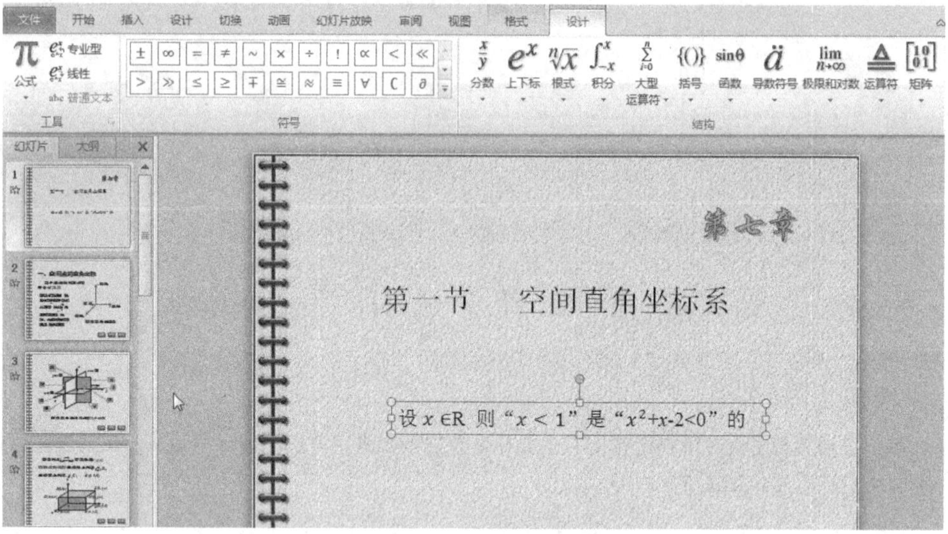

图 3-81 插入公式的最终效果

课后练习与指导

一、选择题

1．在“插入”选项卡的（　　）组中单击“艺术字”按钮，可选择一种艺术字样式插入艺术字。

A．文本　　B．艺术字

C．形状　　D．图像

2．关于在幻灯片中插入艺术字下列说法错误的是（　　）。

A．在插入艺术字时用户可以选择插入艺术字的样式

B．新插入的艺术字已经包含了文本的填充效果以及轮廓等效果

C．用户只可以利用设置字体的方式来调整艺术字的大小

D．用户不但可以对艺术字进行设置还可以对艺术字框的样式进行设置

3．下列幻灯片版式不能利用占位符插入图片的是（　　）。

A．标题和内容版式

B．图片与标题版式

C．两栏内容版式

D．节标题版式

4．在幻灯片中关于设置图片，下列说法错误的是（　　）。

A．在幻灯片中如果插入多个图片，用户可以根据需要调整图片的叠放次序

B．用户可以等比例缩放图片

C．用户可以对插入的图片设置图片样式、图片效果，但无法设置边框样式

D．用户可以将图片裁剪成某种图形

5．在幻灯片选中图形或者图片后，一般会出现（　　）控制点。

A．9 个　　B．8 个

C. 7个　　D. 6个

6. 在利用鼠标拖动调整图形大小时，如果想以图形对象为基点进行缩放，在拖动控制点的同时应按住（　　）键。

A. Ctrl　　B. Sift

C. Alt　　D. Tab

二、填空题

1. 单击______选项卡下______组中的______按钮，打开“插入图片”对话框。

2. 单击______选项卡下______组中的______按钮，在下拉列表中可以设置艺术字的填充效果。

3. 在“格式”选项卡的______组中单击______按钮，在下拉列表中可以设置图片的阴影效果。

4. 在“格式”选项卡的______组中单击______按钮，在列表中可以选择图形的对齐方式。

5. 在“格式”选项卡的______组中用户可以设置图形下移一层。

6. 在“格式”选项卡的______组中单击______按钮，在列表中用户可以为自选图形设置轮廓。

7. 在“格式”选项卡的______组中单击______按钮，在列表中用户可以选择组合图形。

8. 在______选项卡的______组中单击______选项，打开“选择 SmartArt 图形”对话框。

三、简答题

1. 在幻灯片中设置图片大小有哪几种方法？

2. 在幻灯片中如何设置艺术字的填充效果？

3. 在幻灯片中如何对图片进行裁剪？

4. 如何为自选图形添加文字？

5. 如何设置图片（自选图形）的叠放次序？

6. 如何将多个图片（自选图形）的右边界对齐？

7. 如何设置自选图形的形状效果？

8. 如何设置自选图形的填充效果？

四、实践题

按下述要求完成全部操作，结果如图 3-82 和图 3-83 所示。

1. 创建一个新演示文稿，命名为“出版社简介”。在第 1 张幻灯片中插入艺术字，艺术字样式为“第 6 行第 6 列”，设置艺术字的字体为“华文新魏”，字号为“60”。

2. 在第 1 张幻灯片中绘制 5 个圆角矩形，设置圆角矩形的填充颜色为“深蓝，文字 2，淡色 40%”，设置圆角矩形的形状轮廓为“无轮廓”，设置圆角矩形的形状效果为“棱台中的艺术装饰”，按图 3-77 所示在圆角矩形中输入文本并适当调整圆角矩形的位置。

3. 按图 3-77 所示在第 1 张幻灯片中插入“科技”类别中的剪贴画，并对剪贴画进行适当旋转。

4．按图 3-78 所示在第 1 张幻灯片中创建组织结构图。

5．更改组织结构图的颜色为“彩色范围-强调文字颜色 2 至 3”，设置组织结构图的外观样式为“三维—优雅”。

效果位置：案例与素材\模块 03\源文件\出版社简介

图 3-82　第 1 张幻灯片效果

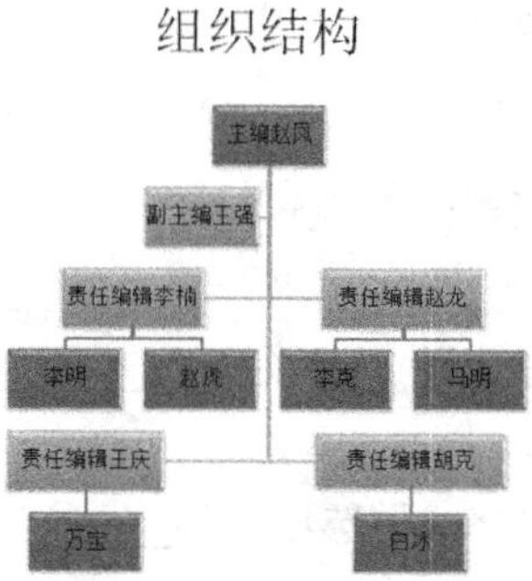

图 3-83　第 2 张幻灯片效果

模块 04 在演示文稿中插入表格、图表——制作化妆品销售数据分析报告演示文稿

你知道吗？

表格具有条理清晰、对比强烈等特点；图表是一种图形化的表格，使用图表可以更加直观地分析数据变化。在幻灯片中使用表格和图表可以使演示文稿的内容更加清晰明了，从而达到更好的演示效果。

应用场景

可以在演示文稿中利用表格、图表来表达一些信息，如图 4-1 所示的财务报告演示文稿中就包含很多表格、图表信息。

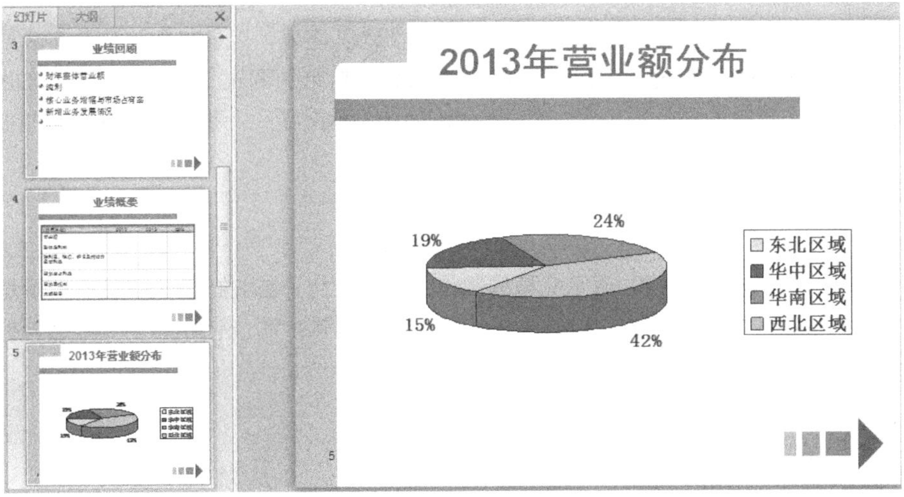

图 4-1　财务报告演示文稿

商业物品的销量直接反映了商家的基本状况，因此商业物品的销量统计是必不可少的。根据商业物品的销量统计，为商家提供了简明数据，商家根据数据分析可调整营销策略。

如图 4-2 所示，就是利用 PowerPoint 2010 制作的化妆品销售数据分析报告演示文稿，请读者根据本模块所介绍的知识和技能，完成这一工作任务。

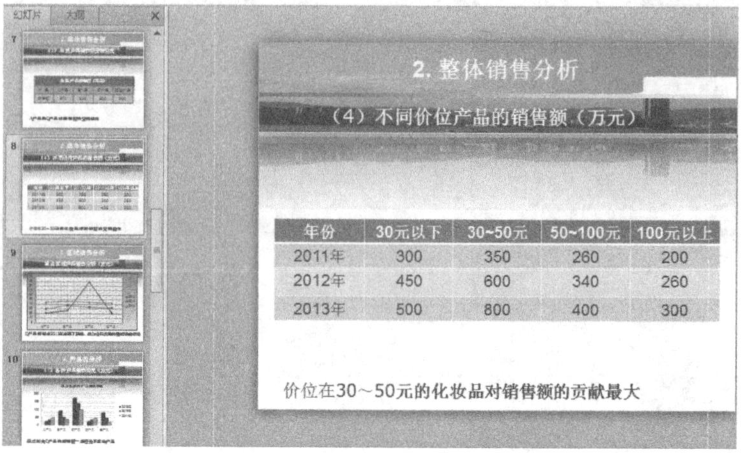

图 4-2　化妆品销售数据分析报告演示文稿

相关文件模板

利用 PowerPoint 2010 软件的图表与表格功能，还可以完成财务报告、公司年度总结、述职报告、推广方案、月度营销分析等工作任务。为方便读者，本书在配套的资料包中提供了部分常用的文件模板，具体文件路径如图 4-3 所示。

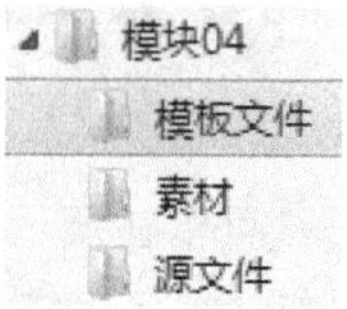

图 4-3　应用文件模板

背景知识

在制作 PPT 幻灯片时，常需要在其中插入多种 Excel 图表，以通过图形化的方式展现数据的走势和统计分析的结果。通常可以利用 PowerPoint 中自带的图表工具为幻灯片添加图表。如果需要将 Excel 文档中的现有图表添加到 PowerPoint 演示文稿中，也可以直接使用复制粘贴、插入对象的方法进行操作。

设计思路

在化妆品销售数据分析报告演示文稿的制作过程中，用户首先打开一个已有的演示文稿，然后在幻灯片中创建表格和图表，再对表格和图表进行编辑，制作化妆品销售数据分析报告演示文稿的基本步骤可分解为：

Step 01　打开已有演示文稿。
Step 02　创建表格。
Step 03　编辑表格。
Step 04　创建图表。
Step 05　编辑图表。

项目任务 4-1　打开演示文稿

最常规的打开演示文稿的方法就是在资源管理器或计算机中找到要打开的文档所在的位置，双击该演示文稿即可。不过这对于正在进行演示文稿编辑的用户来说比较麻烦，用户可以直接在 PowerPoint 2010 中打开已有的演示文稿。在 PowerPoint 2010 中如果要打开一个已经存在的演示文稿，可以在打开对话框进行。PowerPoint 2010 可以打开不同位置的文档，如本地硬盘、移动硬盘或与本机相连的网络驱动器上的演示文稿。

例如，将要编辑的化妆品销售数据分析报告演示文稿放在 C 盘的文件夹“案例与素材\模块 04\素材”文件夹中，文件名称为“化妆品销售数据分析报告演示文稿（初始）”，现在打开它并对其进行编辑，具体步骤如下：

Step 01 单击文件选项卡，然后单击打开选项，或者在快速访问工具栏上单击打开按钮 都可以打开打开对话框，如图 4-4 所示。

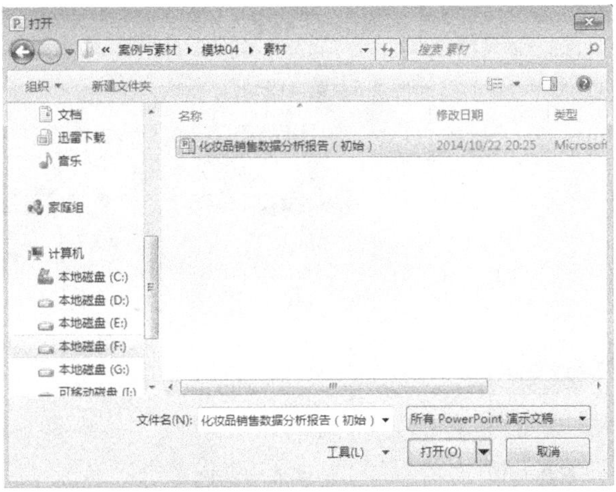

图 4-4 打开对话框

Step 02 在打开对话框中选择文件所在的文件夹案例与素材\模块 04\素材，在文件名列表中选择所需的文件“化妆品销售数据分析报告演示文稿（初始）”。

Step 03 单击打开按钮，或者在文件列表中双击要打开的文件名，即可将“化妆品销售数据分析报告演示文稿（初始）”演示文稿打开。

项目任务 4-2 创建表格

PowerPoint 2010 有自己的表格制作功能，用户可以方便地在幻灯片中插入表格。在 PowerPoint 2010 中，要在幻灯片中插入表格，通常有两种方法：一种是利用幻灯片版式建立带表格占位符的幻灯片，另一种是向已存在的幻灯片中直接插入表格。

动手做 1 利用占位符插入表格

在幻灯片中用户可以利用占位符方便地插入表格，利用占位符插入表格的具体操作步骤如下：

Step 01 切换第 5 张幻灯片为当前幻灯片，此幻灯片是一个标题和内容版式的幻灯片，如图 4-5 所示。

Step 02 单击内容占位符中的“插入表格”图标 ，打开插入表格对话框，如图 4-6 所示。

Step 03 在列数文本框中选择或输入“5”，在行数文本框中选择或输入“2”，单击确定按钮，在换灯片中插入表格效果如图 4-7 所示。

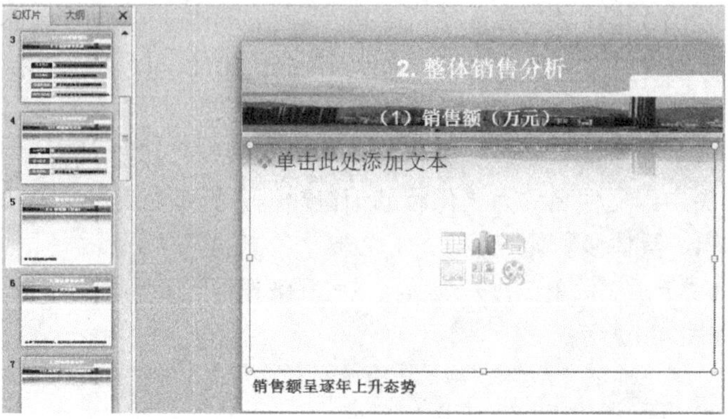

图 4-5 第 5 张幻灯片

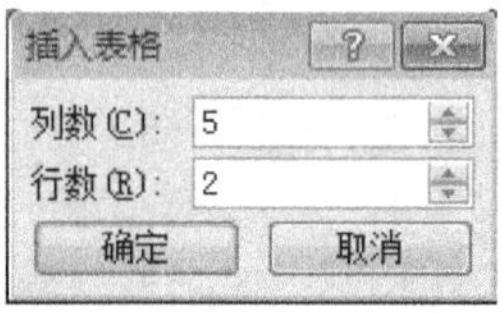

图 4-6 插入表格对话框

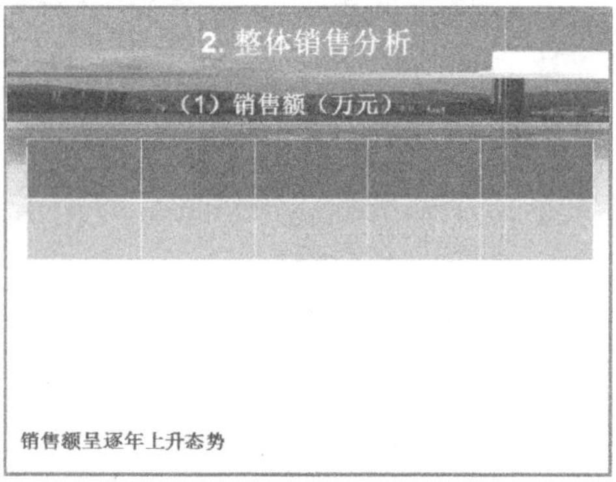

图 4-7 插入表格后的效果

动手做 2 在幻灯片中直接插入表格

在幻灯片中用户不但可以利用占位符插入表格，还可以直接插入表格。在幻灯片中直接插入表格的具体操作步骤如下：

Step 01 切换第 5 张幻灯片为当前幻灯片。

Step 02 切换到插入选项卡，单击表格组中的表格按钮，打开表格列表，如图 4-8 所示。

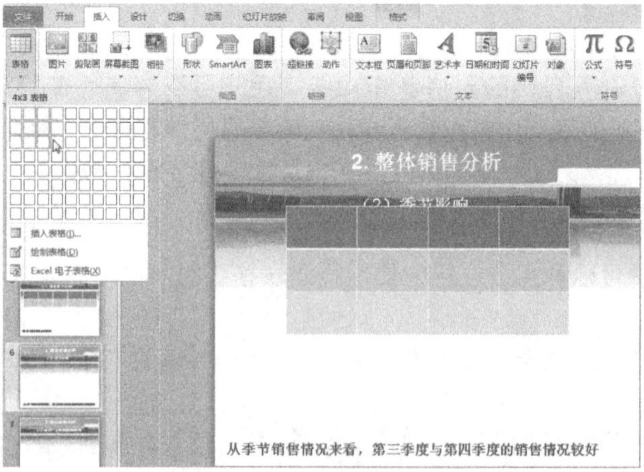

图 4-8 利用表格列表插入表格

Step 03 按住鼠标左键在表格列表的网格上拖动，选中 3 行 4 列，松开鼠标即可在幻灯片中插入一个 3 行 4 列的表格。

教你一招

在表格列表中如果单击插入表格选项，则打开插入表格对话框，在对话框中用户可以设置插入的行和列。

项目任务 4-3 编辑表格

在幻灯片中插入表格后，如果插入的表格不符合要求，用户还可以对插入的表格进行编辑。

动手做 1 向表格内输入文本

在幻灯片中创建完一个表格后，接下来的工作就是向表格中输入文本了。向表格中输入文本时需要在单元格中定位插入点，用户可以在单元格中单击即可将插入点定位到该单元格中，此外用户也可以利用键盘上的按键在表格中快速移动插入点，如表 4-1 所示。

表 4-1 利用键盘按键在表格中移动插入点

键盘按键	移动插入点的位置
↑	插入点移到当前单元格的上一行
↓	插入点移到当前单元格的下一行
←	向前移动一个字符，到开头时移动到上一个单元格
→	向后移动一个字符，到末尾时移动到下一个单元格
Tab + Shift	插入点移到前一个单元格
Tab	插入点移到后一个单元格

在单元格中输入文本时，如果输入的文本超过单元格的宽度，表格会自动增大单元格的高度，将超出的文本转入下一行中。当按 Tab 键移动到一个包含文本的单元格时，其中的全部文本将会被突出显示。这时，只需输入新的文本便可以替换突出显示的文本。

在单元格中输入文本时，可以按 Enter 键结束当前段落，并开始新的一段。当光标移动到最后一行的最后一个单元格时，可以通过按 Tab 键来在表格底部添加新的一行。在创建的表格中输入文字后的效果如图 4-9 所示。

利用鼠标拖动选中表格中的文本，切换到开始选项卡，在字体组中的字号文本框中选择“28”，设置字体格式后的效果如图 4-10 所示。

图 4-9 在表格中输入文字的效果

图 4-10 设置表格中字体格式的效果

动手做 2　调整表格位置

如果表格在幻灯片中的位置不合适，用户可以改变表格的位置，具体操作步骤如下：

Step 01 将鼠标移至表格的边框上，当鼠标变成 ✥ 状时，按住鼠标左键拖动鼠标，可以随意调整表格的位置。

Step 02 在拖动时有一个虚线框指明当前的位置，到达目标位置后，松开鼠标即可完成对表格的移动操作，效果如图 4-11 所示。

动手做 3　插入行（列）

在幻灯片中创建表格时有可能行（列）不能满足要求，此时用户可以在表格中插入行（列）或者删除多余的行（列）使表格的行（列）能够满足需要。

在表格中插入行（列）的具体操作步骤如下：

Step 01 切换第 5 张幻灯片为当前幻灯片，在刚才插入的表格中输入文本。

Step 02 将插入点定位在最后一行的任意单元格中。

Step 03 切换到布局选项卡，在行和列组中单击在下方插入行按钮，则在表格的最下方插入一个空白行。

Step 04 将插入点定位在最后一列的任意单元格中。

Step 05 在行和列组中单击在右侧插入列按钮，则在表格的最右侧插入一个空白列，插入行（列）的效果如图 4-12 所示。

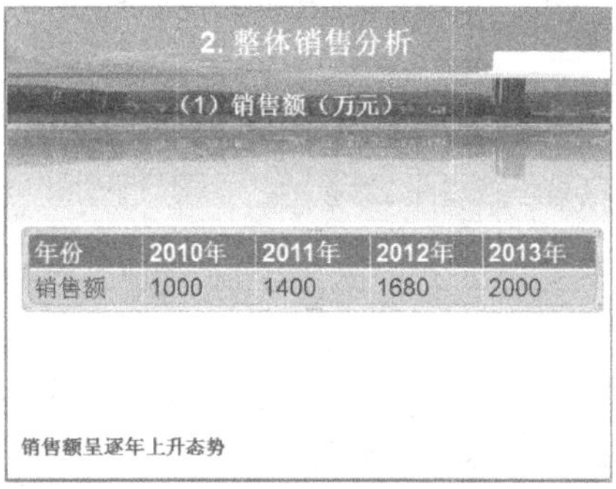

图 4-11　调整表格位置

图 4-12　插入行（列）的效果

动手做 4　调整行高与列宽

在幻灯片中插入表格的行高与列宽如果不符合要求，用户可以对行高与列宽进行调整。调整行高与列宽的具体操作步骤如下：

Step 01 将鼠标放在“第一季度”所在列的右边框处，当出现一个改变大小的列尺寸工具 ⇹ 时按住鼠标左键拖动鼠标，此时出现一条垂直的虚线，显示列改变后的宽度，到达合适位置松开鼠标即可，如图 4-13 所示。

Step 02 按照相同的方法调整“第二季度”、“第三季度”、“第四季度”的列宽，使该行的文字在一行内显示。

Step 03 将鼠标放在第 2 行的下边框处，当出现一个改变大小的行尺寸工具 ÷ 时按住鼠标左键向下拖动鼠标，此时出现一条水平的虚线，显示改变行高度后的位置，当行高调整合适时松开鼠标，如图 4-14 所示。

Step 04 按照相同的方法调整第 3 行和第 4 行的行高。

图 4-13　调整列宽的效果

图 4-14　调整行高的效果

教你一招

如果用户要精确地调整行高与列宽，可以首先将鼠标定位在要调整的行（列）中，切换到布局选项卡，在单元格大小组中的表格行高或表格列宽文本框中输入具体的数值，如图 4–15 所示。

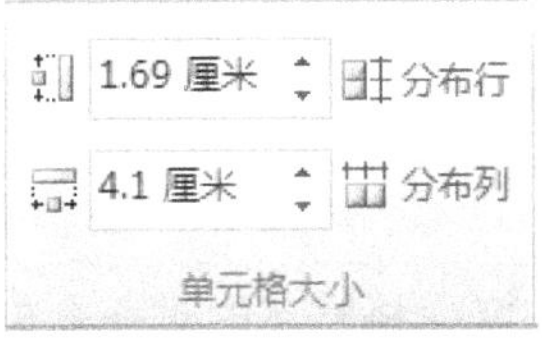

图 4-15　精确调整行高与列宽

动手做 5　调整表格大小

在幻灯片中用户不但可以单独调整行高与列宽，还可以灵活地改变表格的整体大小。调整表格大小的具体步骤如下：

Step01　在表格上单击鼠标选中表格。

Step02　将鼠标移至表格边框的一个角上，当鼠标指针变成 45° 的双向箭头时，按下鼠标左键拖动鼠标可以整体缩放表格。

Step03　在拖动鼠标时会出现一个虚框指明表格被缩放的大小，如图 4-16 所示。当达到所需的大小时，释放鼠标即可。

图 4-16　调整表格大小的效果

提示

如果将鼠标指向上、下、左、右边线中间的控制点上，当鼠标指针变成双向箭头时，按下鼠标左键拖动鼠标即可整体调整表格的行高或列宽。

教你一招

如果用户要精确地调整表格大小，可以首先将鼠标定位在要调整的表格中，切换到布局选项卡，在表格尺寸组中的高度或宽度文本框中输入具体的数值，如图 4-17 所示。

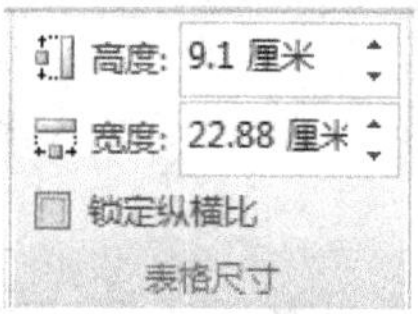

图 4-17　精确调整行高与列宽

动手做 6　设置单元格的对齐方式

单元格默认的对齐方式为“顶端对齐”和“左对齐”，即单元格中的内容以单元格的上边线为基准向左对齐。如果单元格的高度较高，但单元格中的内容较少不能填满单元格时顶端对齐的方式会影响整个表格的美观，用户可以对单元格中文本的对齐方式进行设置。

设置单元格对齐方式的具体操作步骤如下：

Step 01　利用鼠标拖动选中表格中的所有单元格。

Step 02　切换到布局选项卡，在对齐方式组中单击居中按钮和垂直居中按钮，设置单元格对齐的效果，如图 4-18 所示。

2. 整体销售分析
（2）季节影响
第一季度
第二季度
第三季度
第四季度
2011年 230 290 410 470
2012年 290 320 510 560
2013年 380 390 610 620
从季节销售情况来看，第三季度与第四季度的销售情况较好

图 4-18　设置单元格对齐的效果

动手做 7　合并单元格

在幻灯片的表格中允许将多个单元格合并成一个单元格，或者将一个单元格拆分为多个单元格，这为制作复杂的表格提供了极大的便利。

在幻灯片中调整表格结构时，如果需要让几个单元格变成一个单元格，可以利用合并单元格功能。在幻灯片中合并单元格的具体操作步骤如下：

Step 01 切换到第 7 张幻灯片，在幻灯片中插入一个 3 行 5 列的表格，并输入相应的文本，如图 4-19 所示。

Step 02 利用鼠标拖动选中第 1 行的 5 个单元格，切换到布局选项卡，在合并组中单击合并单元格按钮，则选中的单元格被合并为一个单元格。

Step 03 在合并的单元格中输入相应的文本，最终效果如图 4-20 所示。

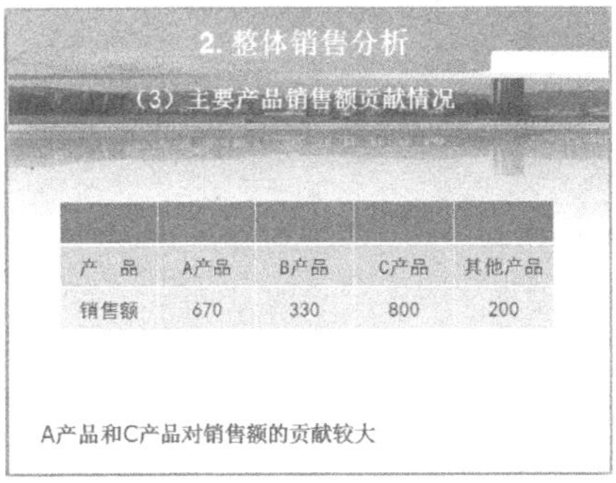

图 4-19 在第 7 张幻灯片中插入表格

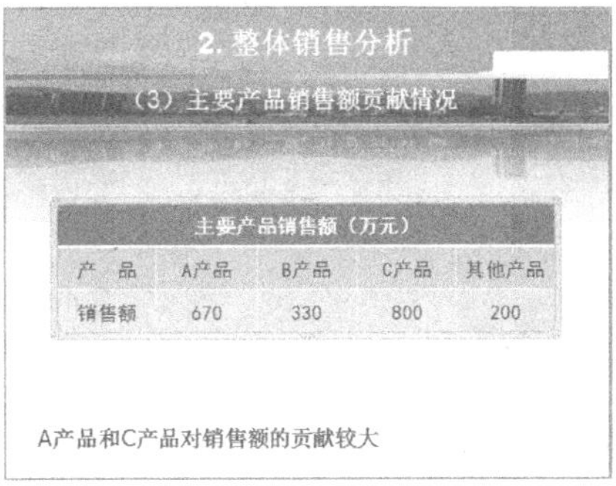

图 4-20 合并单元格的效果

动手做 8 设置表格的边框和底纹

在幻灯片中插入表格后，PowerPoint 2010 会根据当前幻灯片主题的设置对插入的表格设置边框底纹，用户可以根据需要对表格的边框和底纹进行重新设置，使其更符合幻灯片的需要。

在幻灯片中为表格设置边框和底纹的具体操作步骤如下：

Step 01 切换第 6 张幻灯片为当前幻灯片，利用鼠标拖动选中表格中的所有单元格。

Step 02 切换到设计选项卡，在表格样式组中单击底纹按钮右侧的下三角箭头，打开底纹列表。

Step 03 在底纹列表中选择渐变选项，然后在渐变列表中选择中心辐射的变体，如图 4-21 所示。

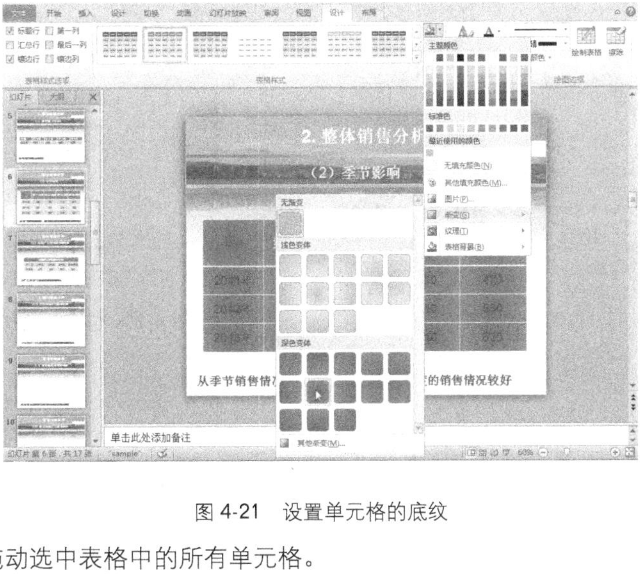

图 4-21 设置单元格的底纹

Step 04 利用鼠标拖动选中表格中的所有单元格。

Step 05 在绘图边框组中单击笔颜色按钮，在列表中选择深青，强调文字颜色 1，在绘图边框组中单击笔画粗细按钮，在列表中选择“2.25 磅”。

Step 06 在表格样式组中单击框线按钮右侧的下三角箭头，打开框线列表，在列表中选择所有框线，如图 4-22 所示。

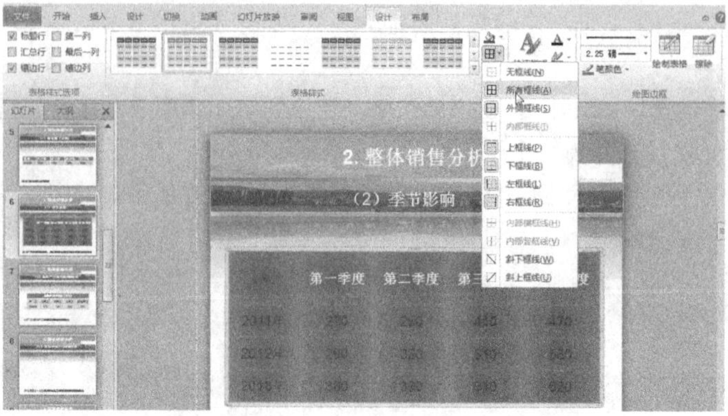

图 4-22　设置单元格的边框

动手做 9　设置表格样式

PowerPoint 2010 提供了多种表格样式，用户可以在表格样式库中选择表格样式来快速设置表格。

设置表格样式的具体操作步骤如下：

Step 01　切换到第 7 张幻灯片，将鼠标定位在表格中。

Step 02　切换到设计选项卡，在表格样式组中单击其他按钮，打开表格样式列表，如图 4-23 所示。

Step 03　在列表中选择主题样式 1-强调 1，应用表格样式的效果如图 4-24 所示。

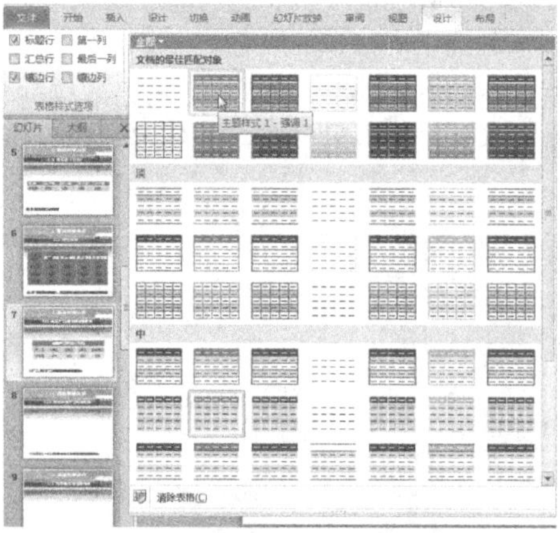

图 4-23　表格样式列表

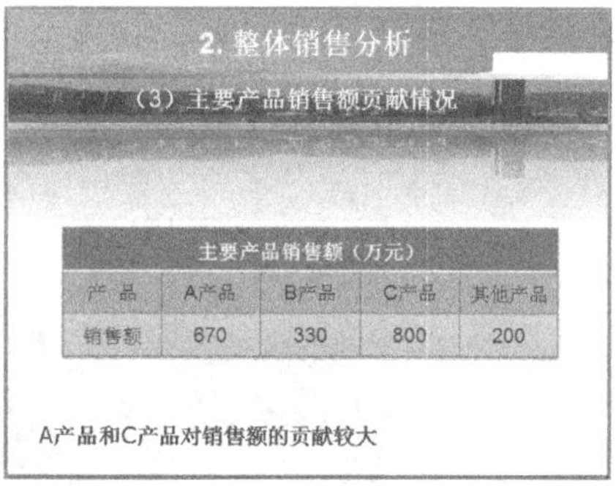

图 4-24　应用表格样式的效果

教你一招

如果用户想重新设置表格样式，可以单击表格样式列表中的清除表格选项将表格样式清除。

动手做 10　设置单元格的效果

在幻灯片中用户还可以对表格的效果进行设置，设置表格效果的具体操作步骤如下：

Step 01　切换到第 7 张幻灯片，利用鼠标拖动选中表格中的单元格。

Step 02　切换到设计选项卡，在表格样式组中单击效果按钮，打开效果列表，在效果列表中选择单元格凹凸效果选项，如图 4-25 所示。

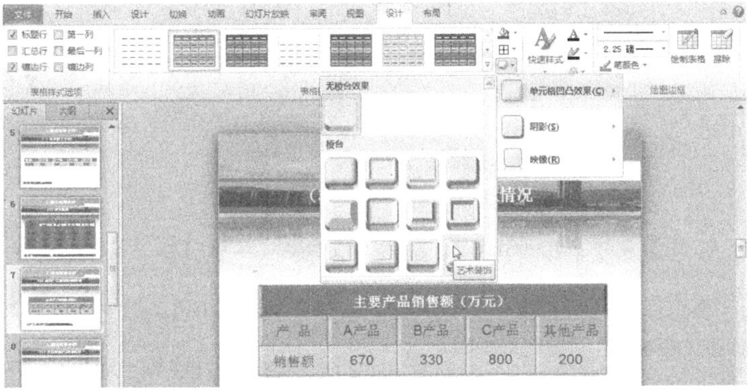

图 4-25　设置单元格效果

Step03　在单元格凹凸效果选项列表中选择艺术装饰，选中的单元格被设置了艺术装饰的效果，如图 4-25 所示。

项目任务 4-4　创建图表

图表指的是以图形方式显示幻灯片中的数据，图表具有较好的视觉效果，便于查看数据的差异、类别和预测趋势。图表表示数据的方式更加直观，分析也更为方便，并且用户可以随时对图表进行编辑、修饰。

在幻灯片中创建图表也有两种方法：一种是利用幻灯片版式建立带图表占位符的幻灯片，另一种是向已存在的幻灯片中直接插入图表。

动手做 1　利用占位符插入图表

在幻灯片中用户可以利用占位符方便地插入图表。利用占位符插入图表的具体操作步骤如下：

Step01　切换第 9 幻灯片为当前幻灯片，此幻灯片是一个标题和内容版式的幻灯片。

Step02　单击内容占位符中的“插入图表”图标 ，打开插入图表对话框，如图 4-26 所示。

图 4-26　插入图表对话框

Step03　在插入图表对话框中选择折线图，然后选择折线图，单击确定按钮，则在幻灯片的右侧打开一个数据表，用户可以在数据表中根据需要对数据进行编辑，如图 4-27 所示。

Step04　单击数据表右上角的关闭按钮，将数据表关闭，在幻灯片中插入图表的效果如图 4-28 所示。

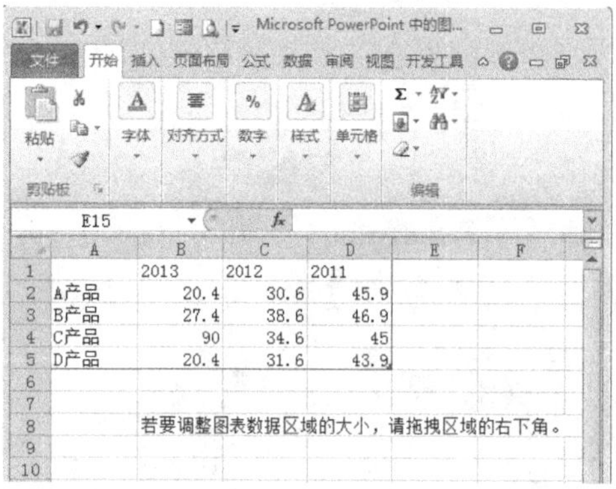

图 4-27　打开的数据表

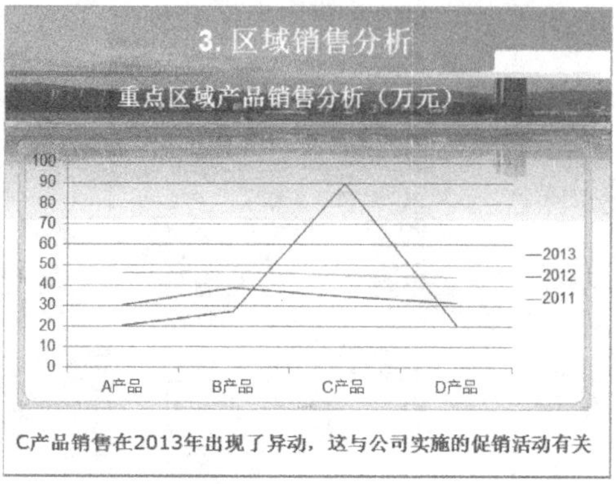

图 4-28　在第 9 张幻灯片中插入图表的效果

动手做 2　在幻灯片中直接插入图表

在幻灯片中用户不但可以利用占位符插入图表，还可以直接插入图表。在幻灯片中直接插入图表的具体操作步骤如下：

Step 01　切换第 10 张幻灯片为当前幻灯片。

Step 02　切换到插入选项卡，单击插图组中的图表按钮，打开插入图表对话框。

Step 03　在插入图表对话框中选择柱形图，然后选择簇状柱形图，单击确定按钮，则在幻灯片的右侧打开一个数据表，用户可以在数据表中编辑数据。

Step 04　单击数据表右上角的关闭按钮，将数据表关闭，在第 10 张幻灯片中插入图表的效果如图 4-29 所示。

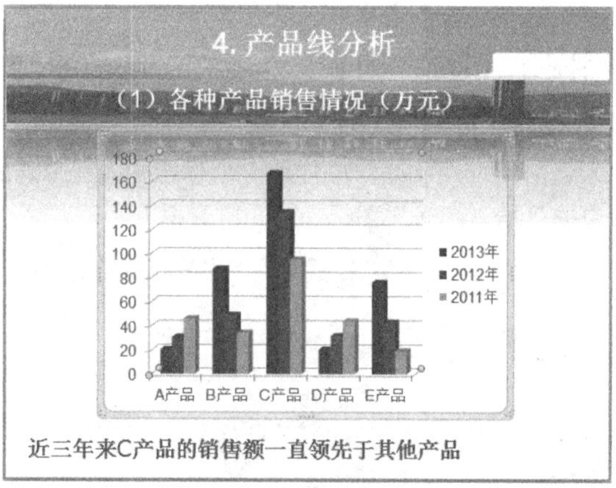

图 4-29　在第 10 张幻灯片中插入图表的效果

项目任务 4-5　编辑图表

在数据表中输入完了所有数据以后，就应该对图表进行编辑和进一步的美化了，使它在幻灯片中看起来更加清晰明确，充分体现制作者的意图。

动手做 1　编辑图表数据

在创建图表后用户还可以根据需要对图表数据进行修改。在幻灯片中单击插入的图表，切换到设计选项卡，在数据组中单击编辑数据按钮，即可打开选中图表的数据表，在数据表中可以对图表的数据进行修改。

动手做 2　调整图表的大小

通过对图表大小的调整，可以使图表中的数据更清晰，图表更美观。在幻灯片中调整创建的图表大小的具体操作步骤如下：

Step 01　在图表上单击鼠标左键选中图表。

Step 02　将鼠标移至图表各边中间的控制手柄上，当鼠标变成 状或 状时，拖动鼠标可以改变图表的宽度和高度，虚线框表示图表的大小，调整到合适位置后松开鼠标。

Step 03　将鼠标移至四角的控制手柄上，当鼠标变成 状或 状时拖动鼠标可以将图表等比缩放，虚线框表示图表的大小，调整到合适大小后松开鼠标，如图 4-30 所示。

动手做 3　调整图表的位置

移动图表的位置非常简单，只需将鼠标移动到图表区的空白处，按下鼠标左键，当鼠标变成 状时拖动鼠标，实线框表示图表的位置，当到达合适位置后松开鼠标即可。

动手做 4　更改图表类型

不同的图表类型适合显示不同类型的数据。例如，饼图是表示各部分在总体中所占百分比的最佳形式，而分析股市行情则宜采取股价图。

例如，这里将第 9 张幻灯片中的“折线图”更改为“带数据标记的折线图”，具体操作步骤如下：

Step 01　切换第 9 张幻灯片为当前幻灯片，在幻灯片中单击插入的图表。

Step 02　切换到设计选项卡，在类型组中单击更改图表类型按钮，打开更改图表类型对话框，如图 4-31 所示。

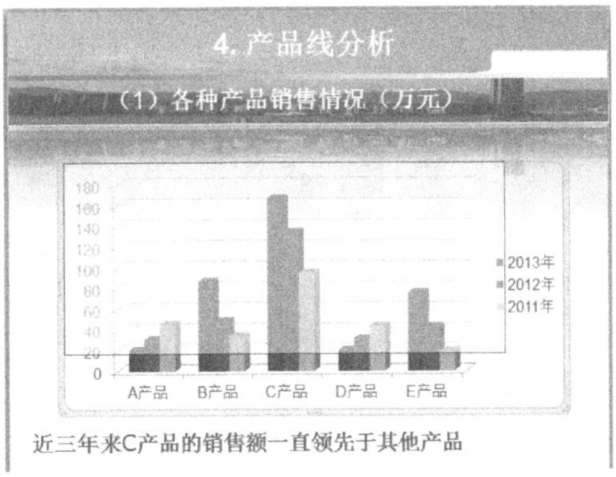

图 4-30　调整图表大小时的效果

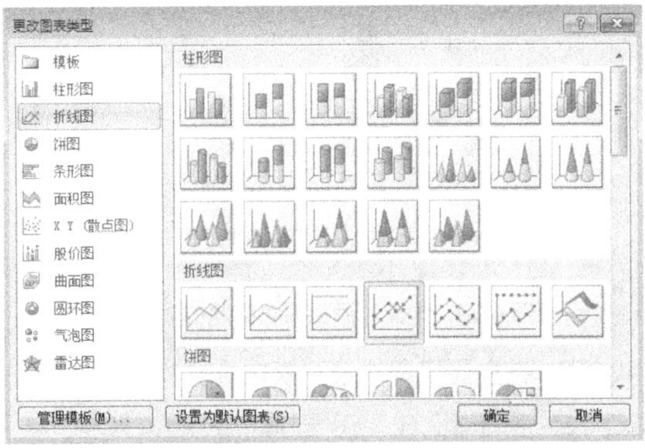

图 4-31　更改图表类型对话框

Step 03　首先在更改图表类型对话框中选择折线图，然后选择带数据标记的折线图，单击确定按钮，更改图表类型的效果如图 4-32 所示。

动手做 5　更改图表布局

在幻灯片中插入图表后，如果图表的整体布局不符合自己的要求，用户可以对图表的布局进行更改，具体操作步骤如下：

Step 01　切换第 9 张幻灯片为当前幻灯片，在幻灯片中单击插入的图表。

Step 02　切换到布局选项卡，在标签组中单击图表标题按钮，打开图表标题列表，如图 4-33 所示。

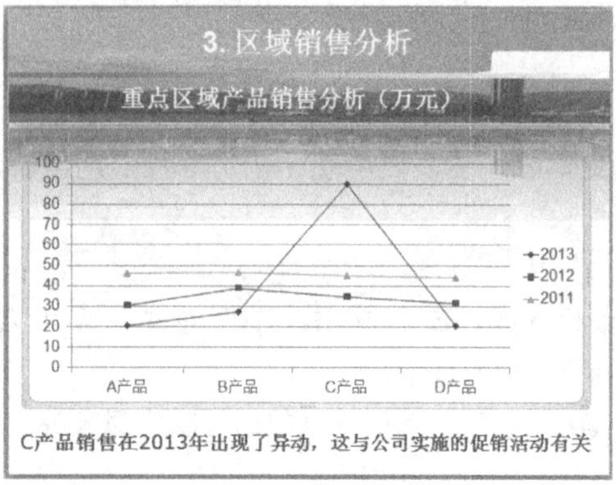

图 4-32　更改图表类型的效果

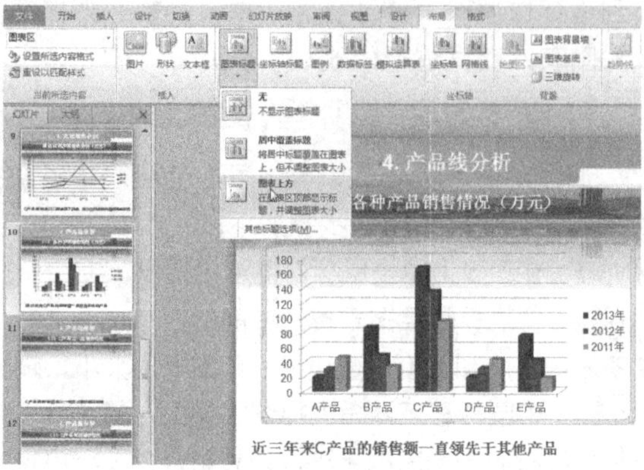

图 4-33　图表标题列表

Step 03　在图表标题列表中单击图表上方选项，此时在图表的上方显示“图表标题”字样的文本框。

Step 04　将“图表标题”文本框中的文本修改为“近三年各种产品销售情况”，为图表添加图表标题的效果如图 4-34 所示。

Step 05　在坐标轴组中单击网格线按钮，打开网格线列表，选择主要横网格线选项，打开一个列表，如图 4-35 所示。

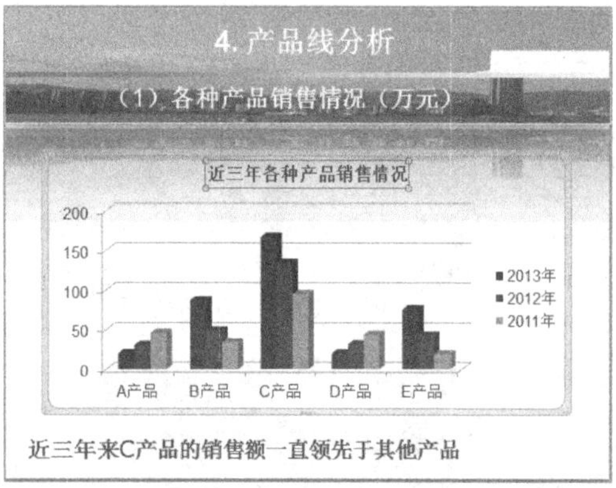

图 4-34　为图表添加图表标题的效果

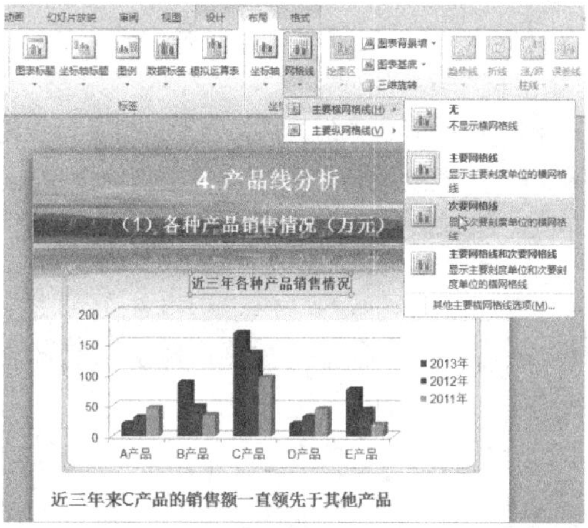

图 4-35　网格线列表

Step 06　在主要横网格线列表中选择次要网格线选项，为图表添加次要网格线的效果图 4-36 所示。

动手做 6　设置图表区的格式

在幻灯片中建立图表后，用户还可以通过修改图表的图表区格式、绘图区格式等来美化图表。

例如，在第 9 张幻灯片中设置插入图表的图表区格式，具体操作步骤如下：

Step 01　切换第 9 张幻灯片为当前幻灯片，将鼠标指向图表的图表区，当出现图表区的屏幕提示时单击鼠标即可选定图表区。

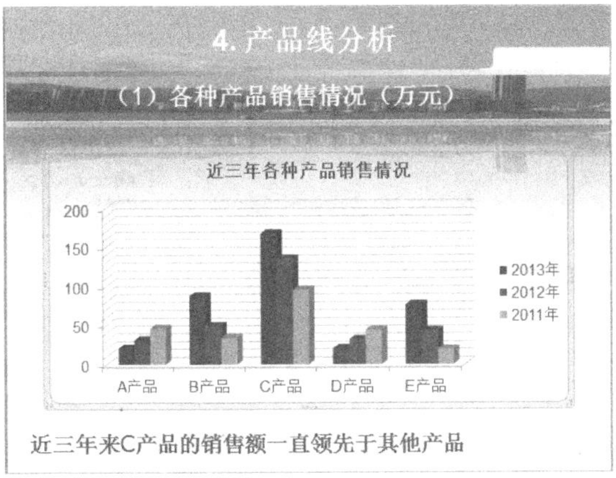

图 4-36　为图表添加网格线的效果

Step02　切换到格式选项卡，在当前所选内容组中单击设置所选内容格式按钮，打开设置图表区域格式对话框。

Step03　在对话框框左侧列表中选择填充，在右侧的填充区域选择渐变填充单选按钮，显示出渐变填充的一些设置按钮。

Step04　单击预设颜色按钮，弹出一个下拉列表，这里选择雨后初晴，如图 4-37 所示。

Step05　在类型下拉列表中选择线性；在方向列表中选择线性向下；在角度列表中设置角度为 90°。

Step06　在渐变光圈的颜色列表中选择第 2 个色块，设置光圈 2 的结束位置为 40%，在渐变光圈的颜色列表中选择第 3 个色块，设置光圈 3 的结束位置为 80%，如图 4-38 所示。

图 4-37　设置图表区格式对话框

图 4-38　设置渐变填充的效果

Step07　在对话框框左侧列表中选择边框颜色，在右侧的边框颜色区域选择实线，然后在颜色按钮中选择合适的颜色，这里选择“深蓝，文字 1，深色 25% ”，如图 4-39 所示。

Step08　在对话框框左侧列表中选择边框样式，在右侧的边框样式区域的宽度区设置宽度为 3 磅，如图 4-40 所示。

Step09　单击关闭按钮，关闭设置图表区格式对话框。

设置图表格式后的效果如图 4-41 所示。

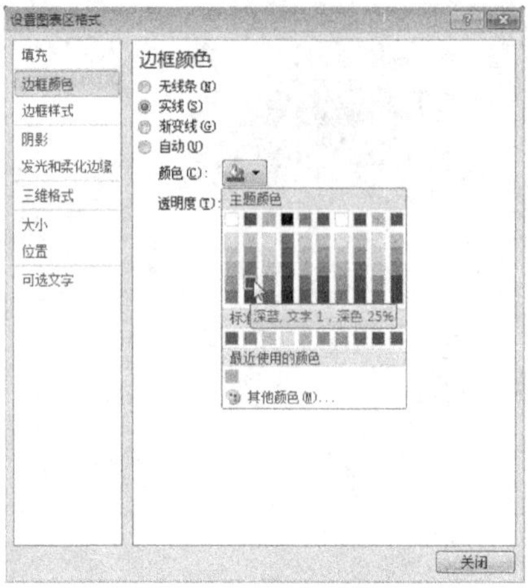

图 4-39　设置边框颜色

图 4-40　设置边框样式

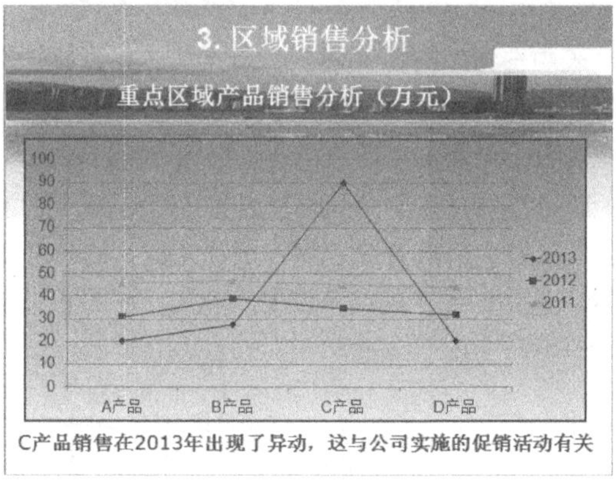

图 4-41　设置图表区格式后的效果

教你一招

用户在选中图表区域后再在图表区域单击鼠标右键，弹出一个快捷菜单。在快捷菜单中选择设置图表区域格式命令，也可打开设置图表区格式对话框。

动手做 7　设置绘图区格式

用户不但可以设置图表区的格式，还可以设置绘图区的格式。设置绘图区格式的具体操作步骤如下：

Step 01　将鼠标指向图表的绘图区，当出现绘图区的屏幕提示时单击鼠标即可选定图表绘图区。

Step 02　切换到格式选项卡，在当前所选内容组中单击设置所选内容格式按钮或在绘图区上单击鼠标右键，在快捷菜单中选择设置绘图区格式命令，均可打开设置绘图区格式对话框。

Step 03　在对话框左侧列表中选择填充，在右侧的填充区域选择图案填充单选按钮。在图案列表中选择 10%，在前景色列表中选择“深蓝，文字 1，淡色 40%”，如图 4-42 所示。

Step 04　单击关闭按钮，关闭设置绘图区格式对话框。

设置绘图区格式的效果如图 4-43 所示。

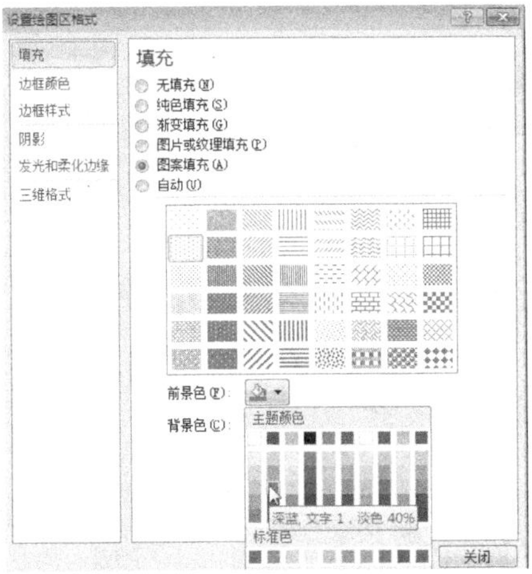

图 4-42 设置绘图区格式对话框

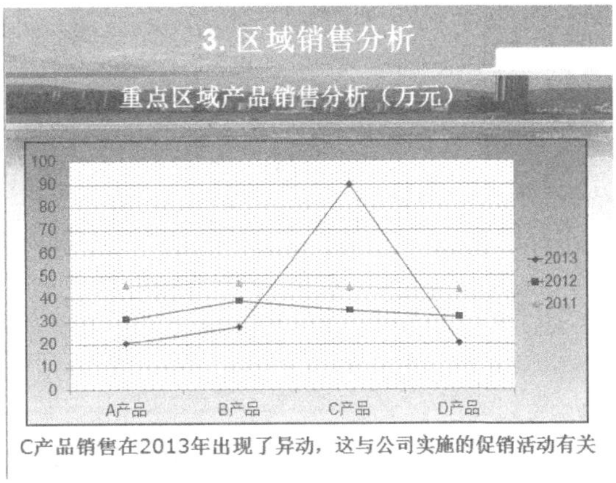

图 4-43 设置绘图区格式后的效果

动手做 8 设置数据系列格式

在第 9 张幻灯片的图表中，数据系列的颜色不是很清晰，用户可以对数据系列的格式进行设置，具体操作步骤如下：

Step 01 将鼠标指向图表的 2011 数据系列，当出现系列“2011”的屏幕提示时单击鼠标即可将其选定。

Step 02 切换到格式选项卡，在形状样式组中单击形状轮廓按钮，打开形状轮廓列表，如图 4-44 所示。

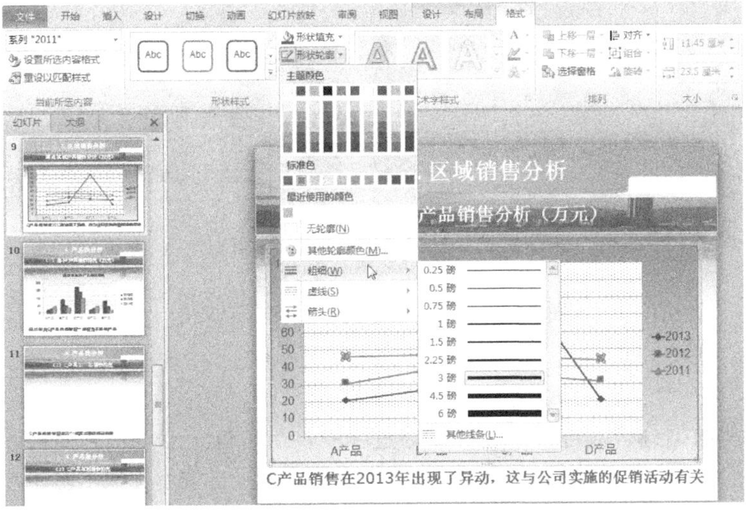

图 4-44 形状轮廓列表

Step 03 在列表的标准色区域选择红色，在粗细列表中选择 3 磅。

Step 04 按照相同的方法设置 2012 系列的颜色为蓝色，粗细为 3 磅；设置 2013 系列的粗细为 3 磅；设置数据系列格式的效果如图 4-45 所示。

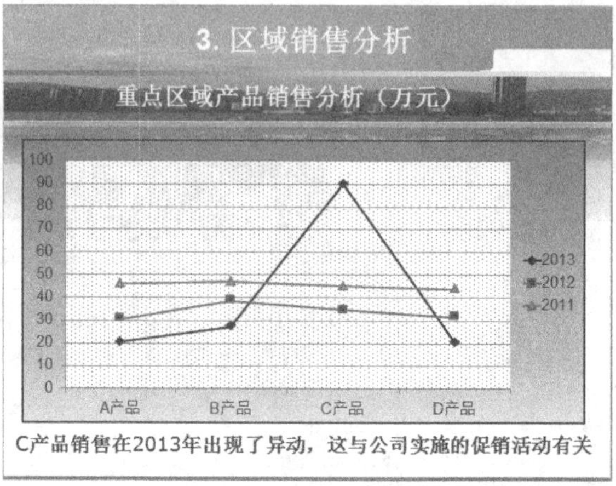

图 4-45　设置数据系列格式的效果

项目拓展——制作超市销售数据分析报告演示文稿

在幻灯片中用户不但可以插入表格和图表，还可以导入其他程序中的表格和图表。如图 4-46 所示就是利用导入其他程序中表格和图表功能制作的超市销售数据分析报告演示文稿。

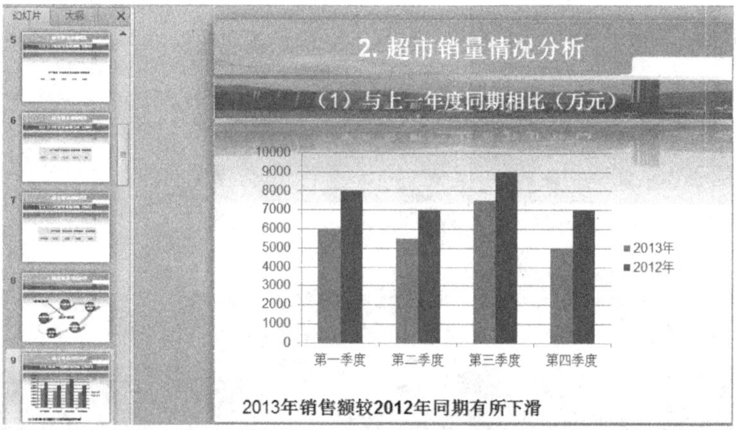

图 4-46　超市销售数据分析报告演示文稿

设计思路

在超市销售数据分析报告演示文稿制作过程中，用户首先应导入其他程序中的表格和图表，然后对表格和图表进行编辑。制作超市销售数据分析报告演示文稿的基本步骤可分解为：

Step 01　打开最近使用过的演示文稿。

Step 02　导入其他程序中的表格。

Step 03　导入其他程序中的图表。

动手做 1　打开最近使用过的演示文稿

PowerPoint 2010 具有自动记忆功能，可以记忆最近几次打开的演示文稿。由于在上一次打开并编辑过超市销售数据分析报告（初始）演示文稿，所以现在可以利用 PowerPoint 2010 的记忆功能将该演示文稿打开，具体步骤如下：

Step 01 单击文件选项卡，然后单击最近所用文件命令，则在文件选项卡中的最近使用过的文档列表中列出了最近打开的演示文稿，如图 4-47 所示。

图 4-47 最近打开的演示文稿

Step 02 找到超市销售数据分析报告（初始）演示文稿，单击该演示文稿将其打开。

动手做 2 导入 Excel 工作表

用户可以将 Excel 工作表中的表格导入到幻灯片中，具体操作步骤如下：

Step 01 在案例与素材\模块 04\素材文件夹中查找到 Excel 文件“2013 年销售额”，双击打开该文件，用鼠标拖动选定 A1:E2 区域，如图 4-48 所示。

Step 02 在工作表中开始选项卡的剪贴板组中单击复制按钮。

Step 03 切换到超市销售数据分析报告（初始）演示文稿的第 4 张幻灯片，在开始选项卡的剪贴板组中单击粘贴按钮下方的下三角箭头，打开粘贴列表，如图 4-49 所示。

图 4-48 选定工作表中的数据区域

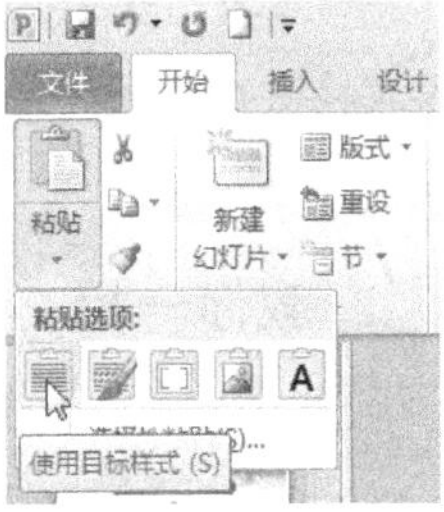

图 4-49 粘贴列表

Step 04 在粘贴列表中选择使用目标样式选项，则在第 4 张幻灯片中插入了一个表格，表格的样式为样式文稿主题中的样式，如图 4-50 所示。

Step 05 在案例与素材\模块 04\素材文件夹中查找到 Excel 文件“2013 年超市毛利”，双击打开该文件，用鼠标拖动选定 A1:E2 区域，在工作表中开始选项卡的剪贴板组中单击复制按钮。

Step 06 切换到超市销售数据分析报告（初始）演示文稿的第 5 张幻灯片，在开始选项卡的剪贴板组中单击粘贴按钮下方的下三角箭头，打开粘贴列表。

Step 07 在粘贴列表中选择保留源格式选项，则在第 5 张幻灯片中插入了一个表格，表格的样式为原来文件中的样式，如图 4-51 所示。

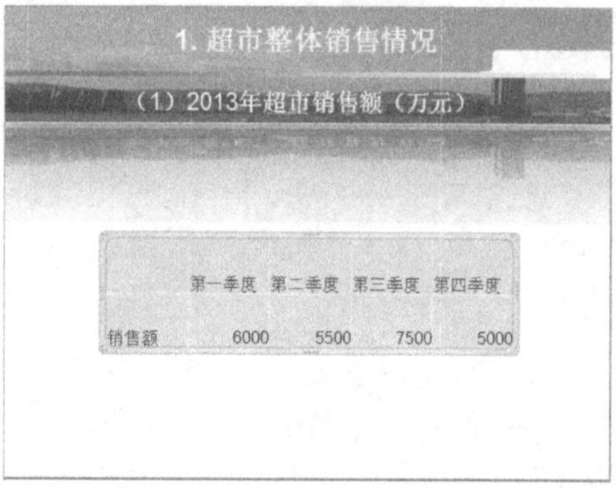

图 4-50　在第 4 张幻灯片中导入表格的效果

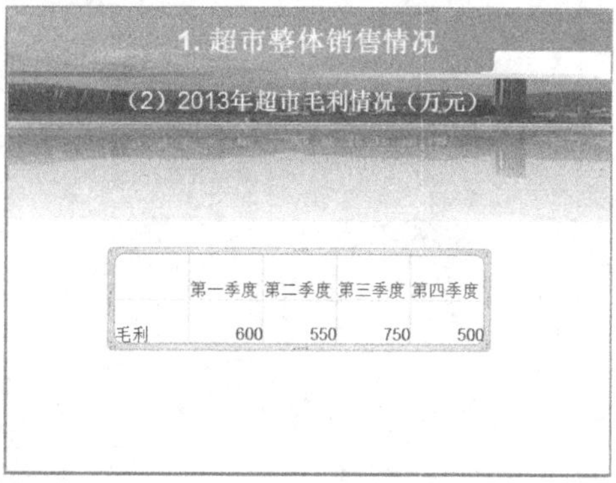

图 4-51　在第 5 张幻灯片中导入表格的效果

Step 08 在表格上单击鼠标选中表格，将鼠标移至表格边框的右下角上，当鼠标指针变成 45° 的双向箭头时，按下鼠标左键向外拖动鼠标调整表格大小。

Step 09 利用鼠标拖动选中表格中所有的单元格，切换到布局选项卡，在对齐方式组中单击居中按钮和垂直居中按钮。

Step 10 切换到开始选项卡，在字体组的字号列表中选择 20。

Step 11 切换到设计选项卡，在表格样式组中单击其他按钮，打开表格样式列表。在列表中选择“中”区域的“中度样式 2-强调 1”。

Step 12 将鼠标移至表格的边框上，当鼠标变成 ✥ 状时，按住鼠标左键拖动鼠标，适当调整表格的位置。经过设置后，第 5 张幻灯片中表格的效果如图 4-52 所示。

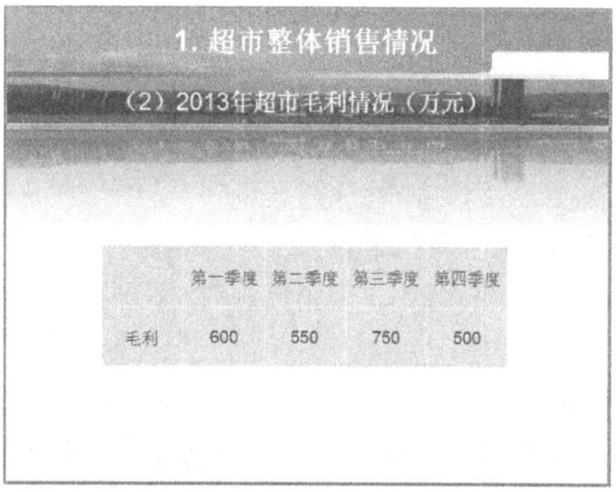

图 4-52　设置第 5 张幻灯片表格的效果

用户可以按照相同的方法对第 4 张幻灯片中的表格进行设置。

教你一招

在粘贴表格时还可以采用嵌入、图片、只保留文本的方式进行粘贴。另外，如果单击选择性粘贴选项，则打开选择性粘贴对话框，如图 4-53 所示。在对话框中可以选择更详细的粘贴方式。

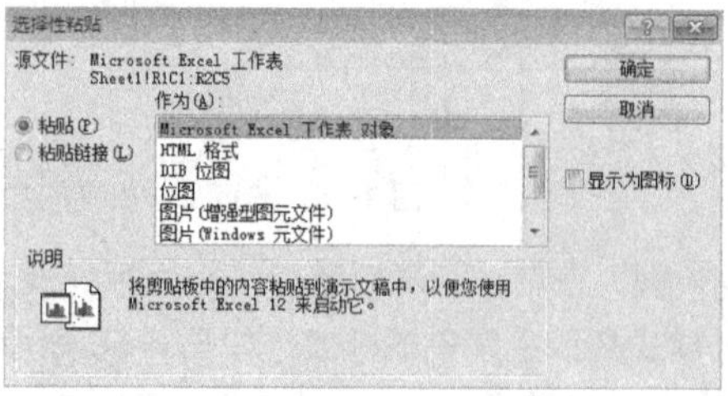

图 4-53　选择性粘贴对话框

动手做 3　导入 Excel 图表

用户可以将 Excel 工作表中的图表导入到幻灯片中，具体操作步骤如下：

Step 01　在案例与素材\模块 04\素材文件夹中查找到 Excel 文件“超市销量分析”，双击打开该文件，用鼠标单击选定工作表中的图表，如图 4-54 所示。

Step 02　在工作表中开始选项卡的剪贴板组中单击复制按钮。

Step 03　切换到超市销售数据分析报告（初始）演示文稿的第 9 张幻灯片，在开始选项卡的剪贴板组中单击粘贴按钮下方的下三角箭头，打开粘贴列表，如图 4-55 所示。

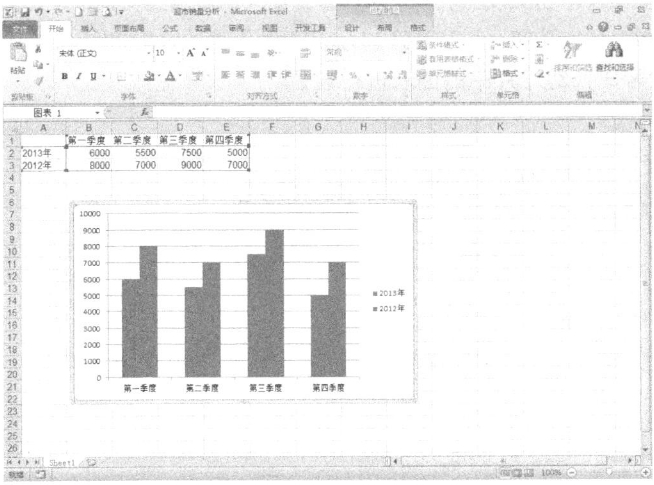

图 4-54　选定工作表中的图表

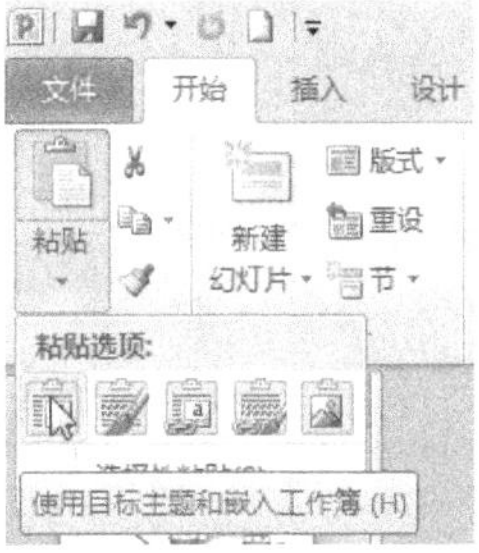

图 4-55　图表粘贴列表

Step 04　在粘贴列表中选择使用目标主题和嵌入工作簿选项，则在第 9 张幻灯片中插入了一个图表，图表的样式为样式文稿主题中的样式，如图 4-56 所示。

Step 05　在案例与素材\模块 04\素材文件夹中查找到 Excel 文件“应季商品销售分析”，双击打开该文件，用鼠标单击选定工作表中的图表，在工作表中开始选项卡的剪贴板组中单击复制按钮。

Step 06　切换到超市销售数据分析报告（初始）演示文稿的第 11 张幻灯片，在开始选项卡的剪贴板组中单击粘贴按钮下方的下三角箭头，打开粘贴列表。

Step 07　在粘贴列表中选择保留源格式和嵌入工作簿选项，则在第 11 张幻灯片中插入了一个图表，图表的样式为原来文件中的样式，如图 4-57 所示。

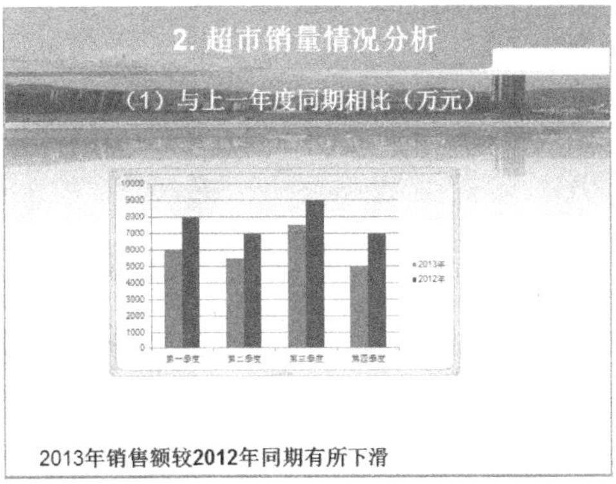

图 4-56　在第 9 张幻灯片中导入图表的效果

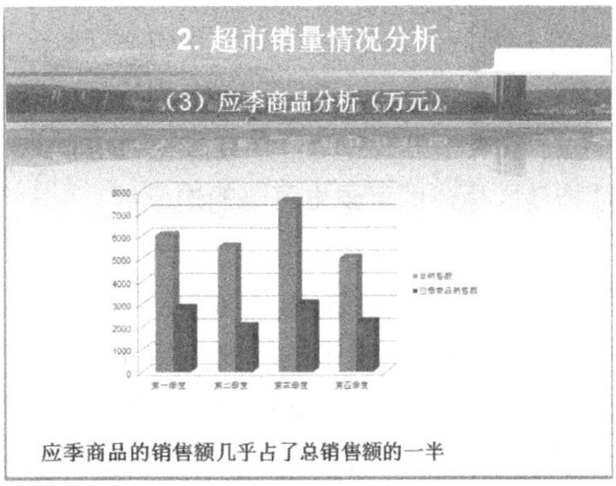

图 4-57　在第 11 张幻灯片中导入图表的效果

Step08 将鼠标指向图表中的图例，当屏幕显示出“图例”字样时单击鼠标选中图例，切换到开始选项卡，在字体组中的字号列表中选择 16；将鼠标指向图表中的水平轴，当屏幕显示出“水平轴”字样时单击鼠标选中水平轴，在字体组中的字号列表中选择 16；将鼠标指向图表中的垂直轴，当屏幕显示出“垂直轴”字样时单击鼠标选中垂直轴，在字体组中的字号列表中选择 16。

Step09 选中图表，将鼠标移至图表边框的右下角上，当鼠标指针变成 45° 的双向箭头时，按下鼠标左键向外拖动鼠标调整图表大小；将鼠标移至表格的边框上，当鼠标变成 状时，按住鼠标左键拖动鼠标适当调整表格的位置。

Step10 切换到设计选项卡，在类型组中单击更改图表类型按钮打开更改图表类型对话框，在更改图表类型对话框中选择簇状柱形图，单击确定按钮，则设置第 11 张幻灯片图表的效果如图 4-58 所示。

用户可以按照相同的方法对第 9 张幻灯片中的图表进行设置。

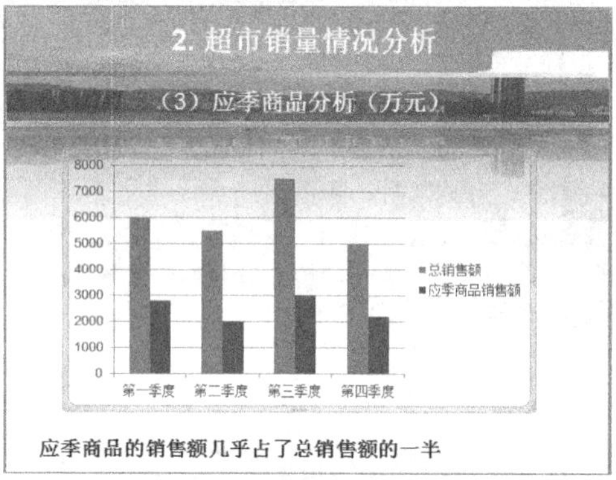

图 4-58　设置第 11 张幻灯片中图表的效果

知识拓展

通过前面的任务主要学习了在幻灯片中应用表格和图表的方法，另外还有一些基本操作在前面的任务中没有运用到，下面就介绍一下。

动手做 1　绘制表格

在幻灯片中用户不但可以插入表格还可以自由绘制表格。利用绘制表格的功能，用户可以在幻灯片中绘制带有斜线表头的表格。

自由绘制表格的基本操作步骤如下：

Step01 切换到插入选项卡，单击表格组中的表格按钮，打开表格列表。

Step02 在表格列表中选择绘制表格选项，此时鼠标指针变成铅笔状 ，在幻灯片中按住鼠标左键不放拖动鼠标，即可画出表格的边框线。

Step03 切换到设计选项卡，在绘图边框组中单击绘制表格按钮，用户可以在表格的边框线内部拖动绘制行与列以及斜线，如图 4-59 所示。

单击绘图边框组中的擦除按钮 ，这时鼠标指针变成橡皮状 。按住鼠标左键并拖动经过要删除的线，就可以删除表格的框线。

动手做 2　设置单元格中文字方向

默认状态下，幻灯片中表格的文本都是横向排列的，在特殊情况下用户可以更改表格中文字的排列方向。

图 4-59　自由绘制表格

设置单元格中文字方向的具体操作方法如下：

Step01　选中要设置文字方向的单元格。

Step02　切换到布局选项卡，在对齐方式组中单击文字方向按钮，在列表中可以选择单元格中的文字排列方向，如图 4-60 所示。

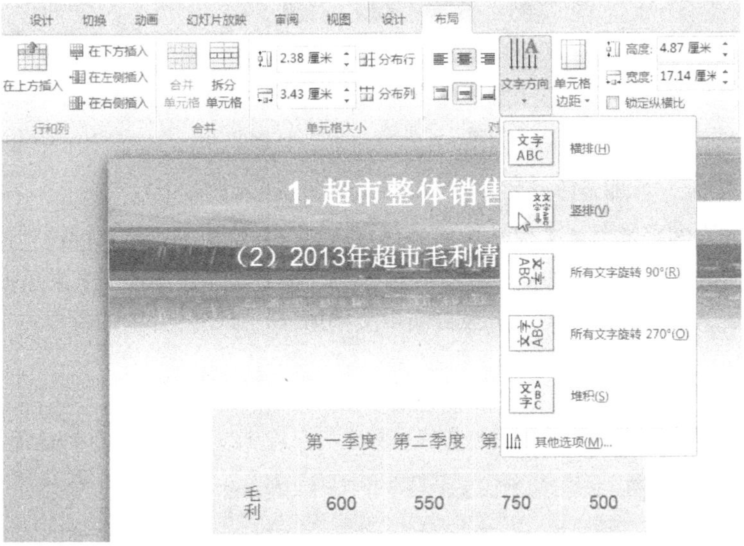

图 4-60　设置单元格中的文字方向

动手做 3　在表格中删除多余行（列）

插入表格时，对表格的行或列控制得不好将会出现多余的行或列，用户可以根据需要将多余的行或列删除。在删除行或列时，行或列中的内容同时也被删除。

删除行或列的具体步骤如下：

Step01　将鼠标定位到要删除行（列）的任意单元格中。

Step02　切换到布局选项卡，在行和列组中单击删除按钮，打开删除列表，如图 4-61 所示。

Step03　在列表中选择需要的选项即可。

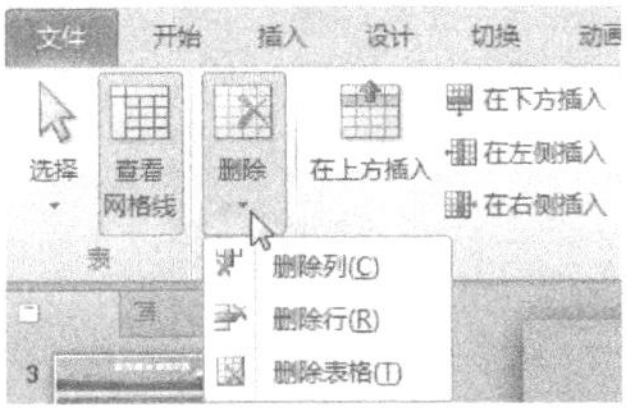

图 4-61　删除列表

动手做 4　快速设置图表样式

在 PowerPoint 2010 中用户可以快速地对插入的图表设置样

式，基本操作步骤如下：

Step 01 选中要快速设置样式的图表。

Step 02 切换到设计选项卡，在图表样式组中单击其他按钮，打开图表样式列表，如图 4-62 所示。

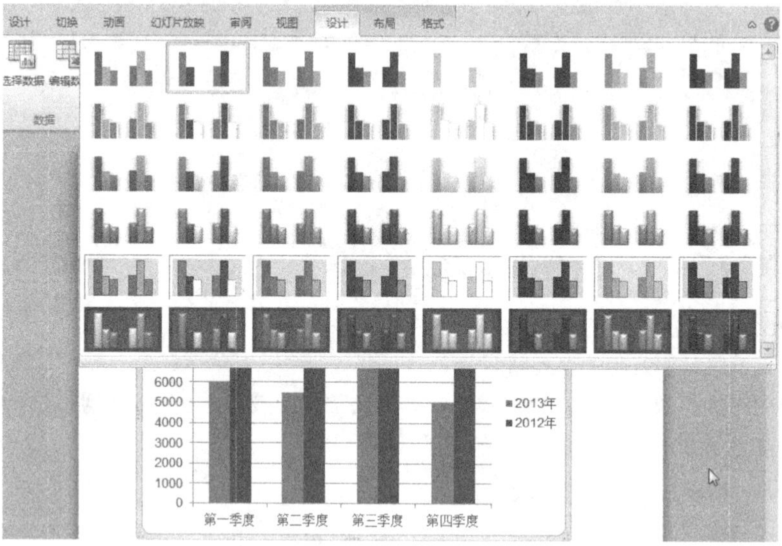

图 4-62 图表样式列表

Step 03 在列表中选择一种图表样式即可。

动手做 5 添加趋势线

趋势线是指用图形的方式来显示数据的预测趋势，它可用于对数据进行预测分析，也称回归分析。利用回归分析，可以在图表中扩展趋势线，根据实际数据预测未来数据。

例如，这里为超市销售数据分析报告演示文稿第 11 张幻灯片中的图表添加趋势线，具体操作步骤如下：

Step 01 在数据系列“总销售额”上单击鼠标选中该数据系列。

Step 02 在布局选项卡的分析组中单击趋势线按钮，打开趋势线列表，如图 4-63 所示。

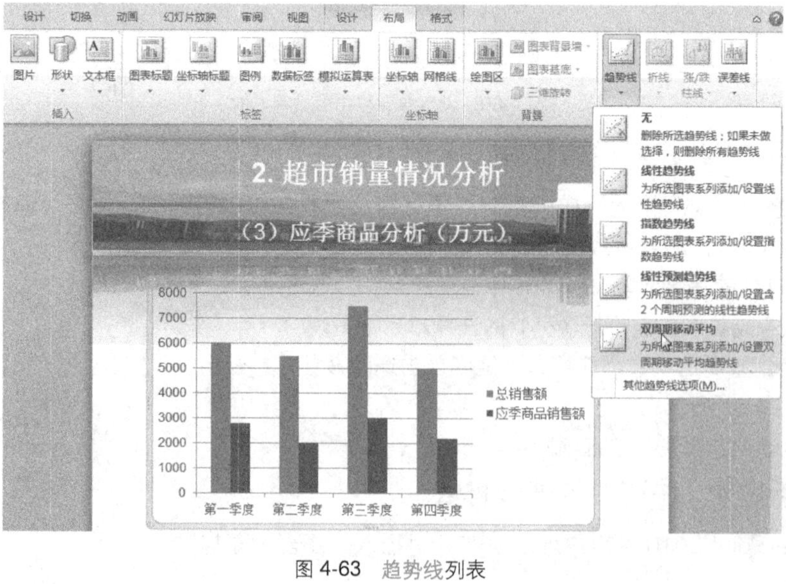

图 4-63 趋势线列表

Step 03 在列表中选择一种趋势线，如选择双周期移动平均，则添加趋势线的效果如图 4-64 所示。

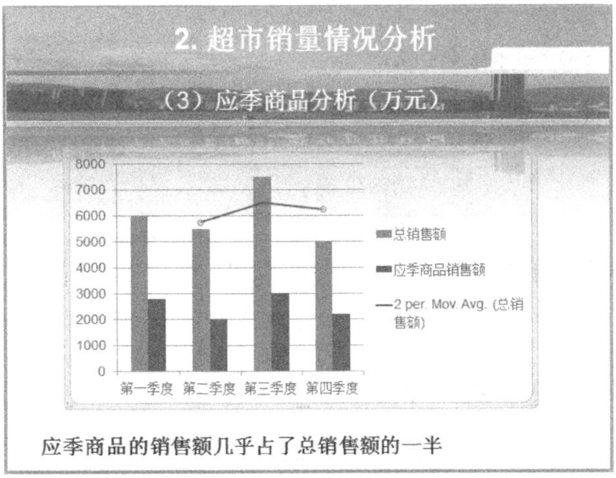

图 4-64　添加趋势线的效果

动手做 6　添加误差线

误差线是指以图形方式来表示数据系列中每个数据标记的可能误差量，它反映出了一组数据的可信程度。

例如，这里为超市销售数据分析报告演示文稿第 11 张幻灯片中的图表添加误差线，具体操作步骤如下：

Step 01 在数据系列“应季商品销售额”上单击选中该数据系列。

Step 02 在布局选项卡的分析组中单击误差线按钮，打开误差线列表，如图 4-65 所示。

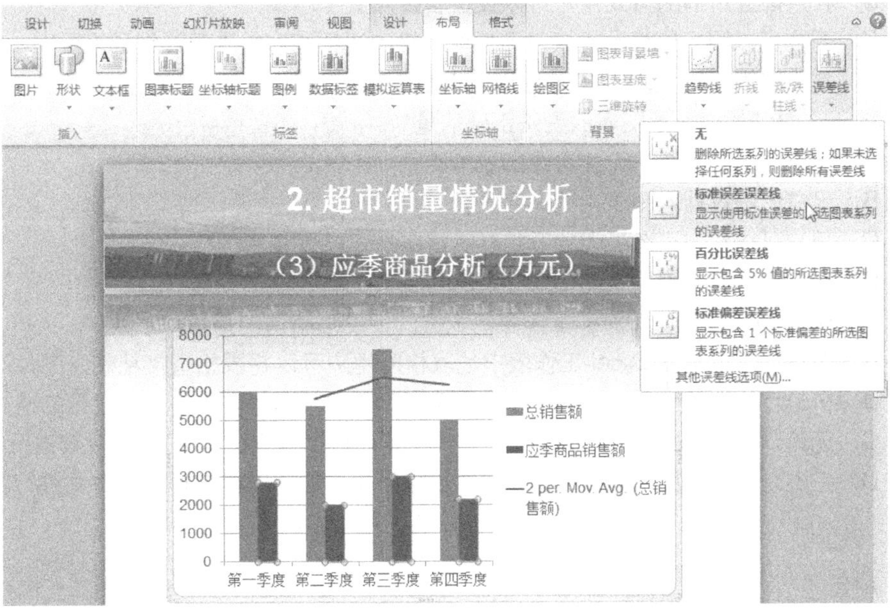

图 4-65　误差线列表

Step 03 在列表中选择一种趋势线，如选择标准误差误差线，则添加误差线的效果如图 4-66 所示。

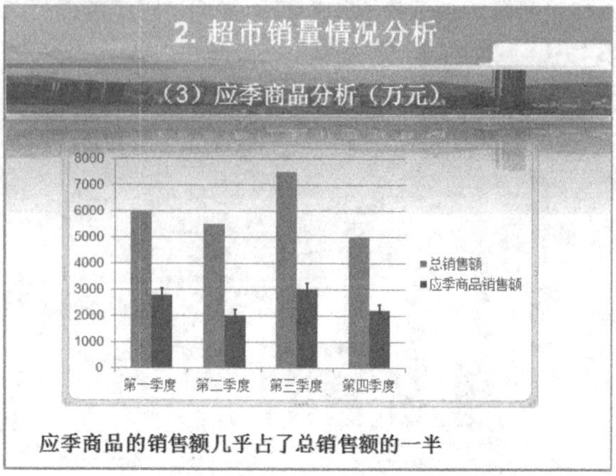

图 4-66　添加误差线后的效果

课后练习与指导

一、选择题

1．在幻灯片的表格中插入行（列）的操作应在（　　）选项卡下进行。

A．布局　　　　B．插入　　　　C．设计　　　　D．表样式

2．关于在幻灯片中设置表格的边框和底纹的说法错误的是（　　）。

A．用户可以使用图片作为表格的底纹

B．利用设置边框的方式用户可以设置斜线表头

C．用户可以利用边框和底纹对话框对表格的边框和底纹进行详细的设置

D．在设置表格边框时用户不但可以设置边框的样式，还可以设置边框的颜色和粗细

3．关于在幻灯片中设置图表的说法正确的是（　　）。

A．在插入图表后用户无法更改图表的类型

B．用户无法对插入图表中的文字设置大小

C．用户可以在布局选项卡的形状样式组中快速设置图表的样式

D．用户可以利用对话框对图表中的各个部分进行详细的设置

4．关于在幻灯片中导入 Excel 工作表中表格的下说法错误的是（　　）。

A．在幻灯片中粘贴 Excel 工作表中的表格时用户可以将表格直接粘贴为图片

B．在幻灯片中粘贴 Excel 工作表中的表格时用户可以保留表格原来设置的格式

C．无论以哪种形式粘贴到幻灯片中的表格，用户均可以在幻灯片中对其进行编辑

D．在幻灯片中粘贴 Excel 工作表中的表格时用户能够以链接对象的方式进行粘贴

二、填空题

1．利用________版式的占位符用户可以在幻灯片中插入表格。

2．在________选项卡的________组中用户可以精确地调整行高与列宽。

3．在________选项卡的________组中用户可以快速设置表样式。

4．在________选项卡的________组中单击“图表”按钮，打开________对话框。

5．在________选项卡的________组中单击________按钮，即可打开选中图表的数据表。

6. 在________选项卡，在________组中单击________按钮，打开“更改图表类型”对话框。

7. 在________选项卡的________组中单击“删除”按钮，在列表中用户可以删除行（列）。

8. 在________选项卡的________组中单击“趋势线”按钮，可打开“趋势线”列表。

三、简答题

1. 在幻灯片中创建表格有哪几种方法？
2. 在幻灯片中创建图表有哪几种方法？
3. 在幻灯片中如何对表格的行高与列宽进行调整？
4. 表格中文本的对齐方式有哪几种？
5. 如何清除设置的表样式？
6. 在幻灯片中插入的图表没有标题，如何为其添加？
7. 如何更改图表的类型？
8. 如何快速设置图表样式？

四、实践题

按下述要求完成全部操作。

1. 在第 3 张幻灯片中插入一个 6 行 5 列的表格，效果如图 4-67 所示。
2. 首先设置表格的样式为“主题样式 1-强调 1”，然后为表格填充“水滴”的纹理效果。
3. 按图 4-68 所示在第 5 张幻灯片中插入图表，数据标签显示“类别名称”和“百分比”。

图书种类	2010年	2011年	2012年	2013年
数据库				
编程语言				
图形图像				
操作系统				
网络安全				

图 4-67　第 3 张幻灯片表格效果

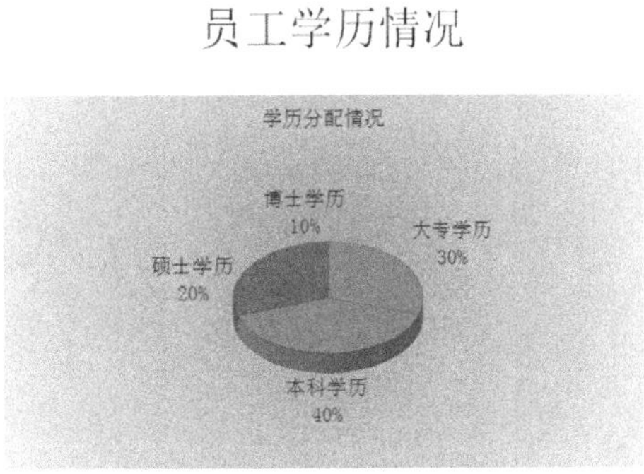

图 4-68　第 5 张幻灯片图表效果

4. 为图表的图表区设置“雨后初晴”的渐变填充效果。

素材位置：案例与素材\模块 04\素材\出版社简介（初始）

效果位置：案例与素材\模块 04\源文件\出版社简介

模块 05 统一演示文稿的风格——设计新入职员工培训手册演示文稿

你知道吗？

利用空白演示文稿制作幻灯片，则演示文稿中不包含任何外观设置，为了使幻灯片的整体效果美观，更加符合演示文稿的主题思想，用户可以在演示文稿中应用主题来设置幻灯片的整体外观。

应用场景

我们可以在演示文稿中应用主题来设置幻灯片的整体外观，如图 5-1 所示的办公室员工礼仪培训演示文稿就是应用了主题的效果。

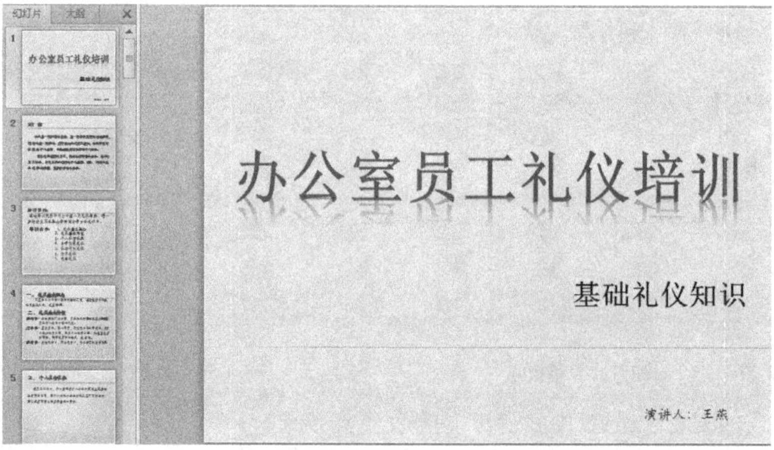

图 5-1　办公室员工礼仪培训演示文稿

员工培训是指一定组织为开展业务及培育人才的需要，采用各种方式对员工进行有目的、有计划的培养和训练的管理活动，其目标是使员工不断地更新知识，开拓技能，改进员工的动机、态度和行为，使员工能够适应新的要求，更好地胜任现职工作或担负更高级别的职务，从而促进组织效率的提高和组织目标的实现。

如图 5-2 所示，就是利用 PowerPoint 2010 制作的新入职员工培训手册演示文稿，请读者根据本模块所介绍的知识和技能，完成这一工作任务。

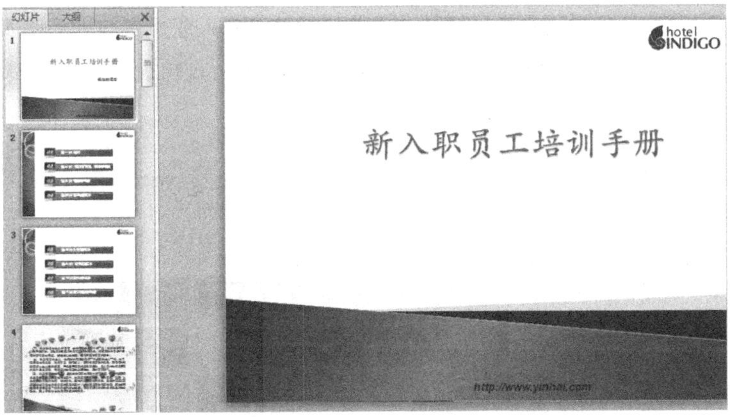

图 5-2 新入职员工培训手册演示文稿

相关文件模板

利用 PowerPoint 2010 软件的功能，还可以完成办公室员工礼仪培训、大学工作总结、讲座、培训班课件、述职报告模板、物理实验报告、员工培训手册等工作任务。为方便读者，本书在配套的资料包中提供了部分常用的文件模板，具体文件路径如图 5-3 所示。

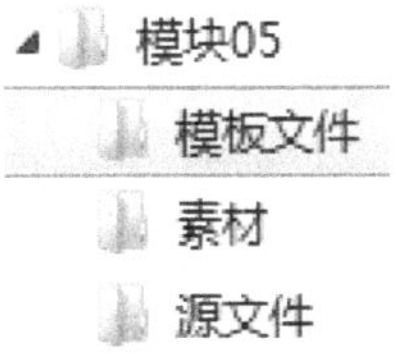

图 5-3 应用文件模板

员工培训按培训形式来分，可以分为两种：公开课和企业内训。

（1）公开课的形式：是让员工到企业外面参与一些相关的讲师开办的公开培训课程。

（2）企业内训的形式：是企业邀请相关讲师到企业进行调研，有针对性地对企业员工进行培训。这是全面的内部培训，一般不对外公开。

在新入职员工培训手册演示文稿的制作过程中，用户首先对演示文稿应用主题，然后再对演示文稿的背景进行设置，制作新入职员工培训手册演示文稿的基本步骤可分解为：

Step01 应用主题

Step02 设置幻灯片背景

Step03 应用母版设置幻灯片

项目任务 5-1 应用主题

幻灯片主题就是一组统一的设计元素，幻灯片主题决定了幻灯片的主要外观，包括背景、预制的配色方案、背景图形等。在应用主题时，系统会自动对当前幻灯片或所有幻灯片应用主题文件中包含的配色方案、文字样式、背景等外观，但不会更改应用文件的文字内容。

动手做 1 为幻灯片应用主题

为幻灯片应用主题的具体操作步骤如下：

Step01 打开案例与素材\模块 05\素材文件夹中演示文稿“新入职员工培训手册（初始）”。

Step02 切换到设计选项卡，在主题组中单击主题列表右侧的下三角箭头，打开主题列表，如图 5-4 所示。

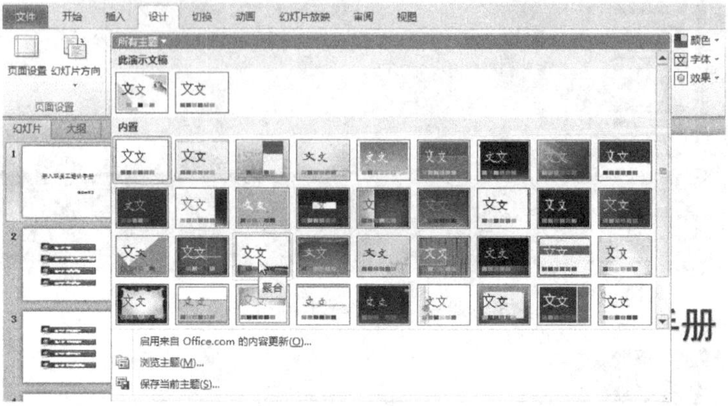

图 5-4 主题列表

Step03 在列表中内置区域单击聚合，则演示文稿中的所有幻灯片都被应用了主题。

在演示文稿中应用了主题后，用户可以发现演示文稿的外观及字体都发生了变化，如图 5-5 所示是标题幻灯片应用主题后的效果，图 5-6 所示是仅标题版式幻灯片应用主题的效果，图 5-7 所示是标题和内容版式幻灯片应用主题的效果。

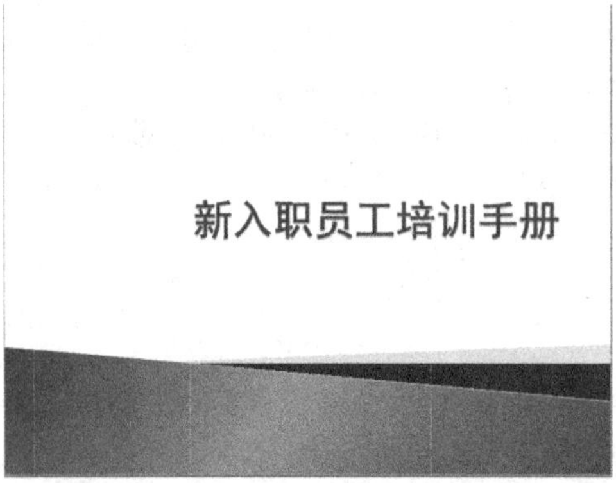

图 5-5 标题幻灯片应用主题的效果

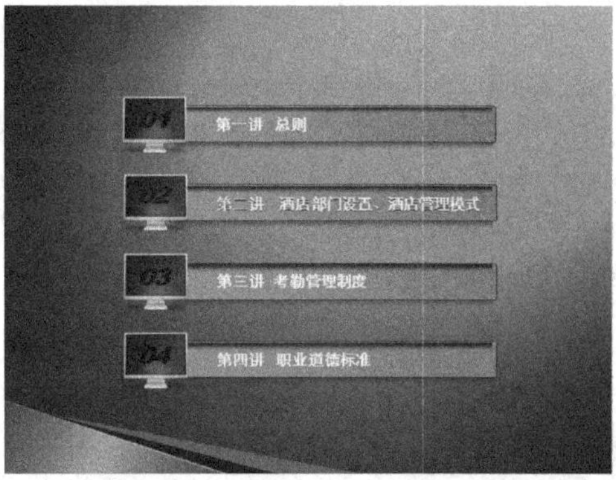

图 5-6 仅标题版式幻灯片应用主题的效果

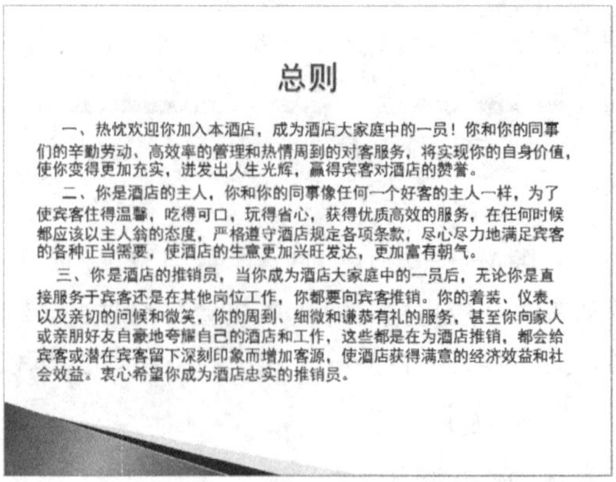

图 5-7 标题和内容版式幻灯片应用主题的效果

动手做 2　为选定幻灯片应用主题

用户不但可以为整个演示文稿的幻灯片同时应用主题，也可以单独对演示文稿中的某些幻灯片应用主题。

例如，新入职员工培训手册演示文稿中的第 2 张和第 3 张幻灯片均是仅标题版式的幻灯片，这两张幻灯片都是目录，用户希望应用其他的外观，具体操作步骤如下：

Step01　按住 Ctrl 键在左侧的幻灯片列表中分别单击第 2 张和第 3 张幻灯片，并将它们同时选中。

Step02　在主题组中单击主题列表右侧的下三角箭头，打开主题列表。在列表中内置区域的夏至上单击鼠标右键，打开一个快捷菜单，如图 5-8 所示。

图 5-8　快捷菜单

Step03　在快捷菜单中选择“应用于选定幻灯片”命令，则选定的幻灯片被应用了夏至主题，效果如图 5-9 所示。

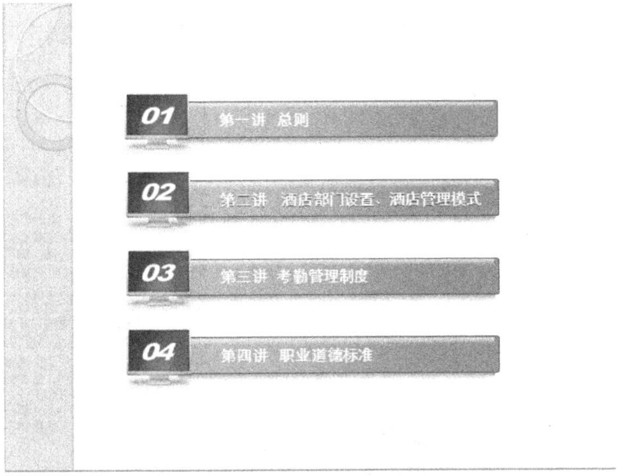

图 5-9　应用夏至主题的效果

动手做 3　更改幻灯片主题颜色

主题颜色包含 12 种颜色，前 4 种水平颜色用于文本和背景。用浅色创建的文本总是在深色中清晰可见，而用深色创建的文本总是在浅色中清晰可见；接下来的 6 种强调文字颜色，它们总是在 4 种潜在背景色中可见；最后两种颜色为超链接和已访问的超链接颜色。

主题颜色可以很得当地处理浅色背景和深色背景，主题中内置有可见性规则，用户可以随时切换颜色。

例如，对新入职员工培训手册演示文稿更改主题颜色，具体步骤如下：

Step01 切换第 1 张幻灯片为当前幻灯片。

Step02 切换到设计选项卡，在主题组中单击颜色按钮，打开颜色列表，主题名称旁边显示的颜色代表该主题的强调文字颜色和超链接颜色，如图 5-10 所示。

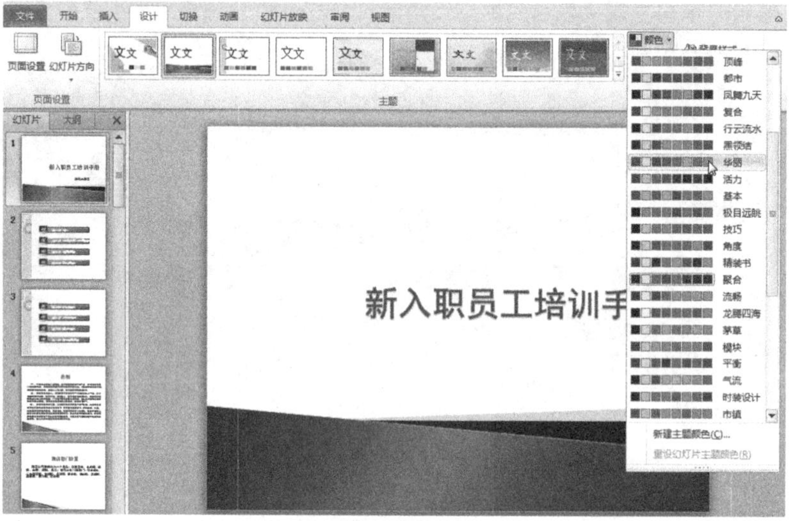

图 5-10 主题颜色列表

Step03 在列表中单击华丽，则演示文稿中的主题颜色发生了变化。

在演示文稿中更改了主题颜色后，用户可以发现演示文稿中的图形及文字的颜色都发生了变化，如图 5-11 所示是标题幻灯片应用主题颜色后的效果，图 5-12 所示是标题和内容版式幻灯片应用主题颜色的效果。

图 5-11 标题幻灯片应用主题颜色的效果

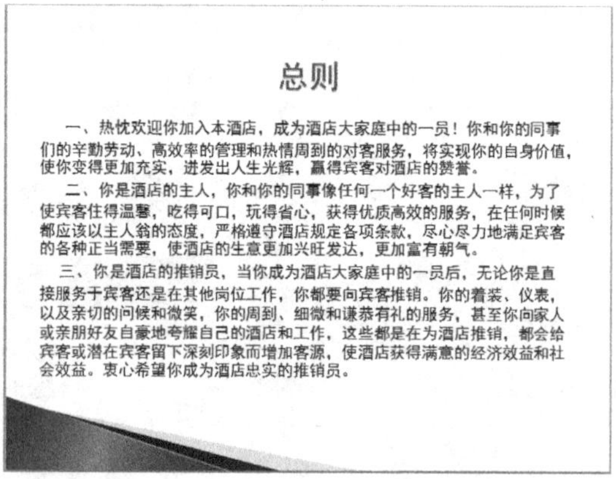

图 5-12 标题和内容版式幻灯片应用主题颜色的效果

在应用了主题颜色后，用户会发现第 2 张幻灯片和第 3 张幻灯片的主题颜色并没有发生变化，这是因为这两张幻灯片应用的主题与标题幻灯片不一致，因此主题颜色没有发生变化。切换第 2 张幻灯片为当前幻灯片，在主题颜色列表中单击新闻纸，则第 2 张幻灯片和第 3 张幻灯片的主题颜色都发生了变化，如图 5-13 所示。

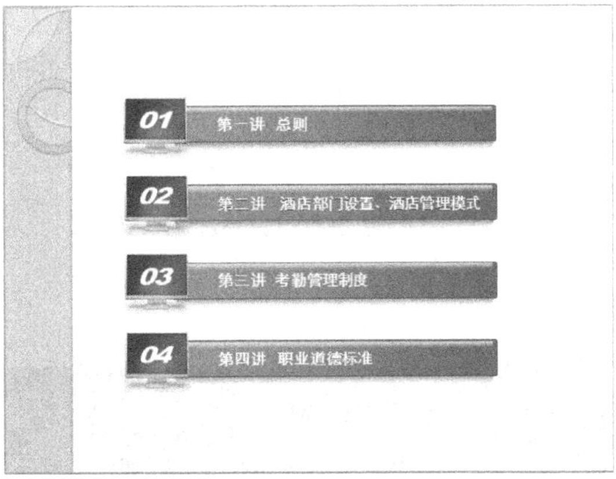

图 5-13 仅标题版式幻灯片应用主题颜色的效果

动手做 4 为选定幻灯片更改主题颜色

在更改幻灯片主题颜色时相同主题幻灯片的颜色都被更改了，用户还可以根据需要对同一主题的幻灯片应用不同的主题颜色。例如，为新入职员工培训手册演示文稿最后 1 张幻灯片更改主题颜色，具体操作步骤如下：

Step 01 切换最后 1 张幻灯片为当前幻灯片。

Step 02 在主题组中单击颜色按钮，打开颜色列表。在气流上单击鼠标右键，打开一个快捷菜单，如图 5-14 所示。

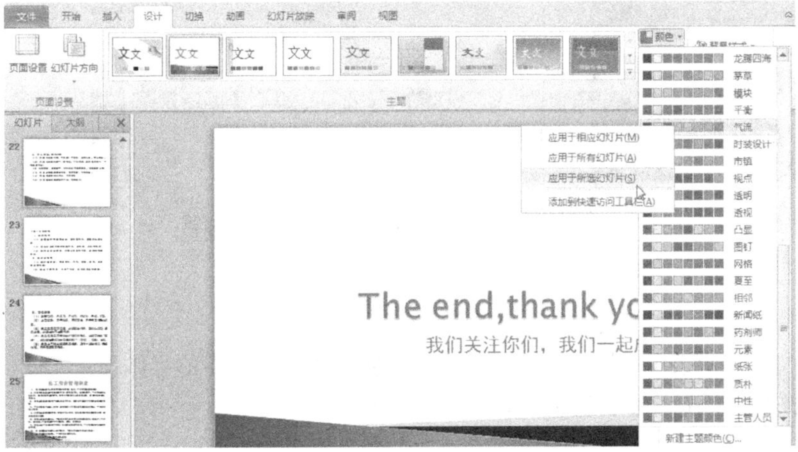

图 5-14 主题颜色快捷菜单

Step 03 在快捷菜单中选择应用于所选幻灯片命令，则选定的幻灯片被应用了气流主题颜色，效果如图 5-15 所示。

动手做 5 更改幻灯片主题字体

每个 Office 主题均定义了两种字体：一种用于标题；另一种用于正文文本。二者可以是相同的字体（在所有位置使用），也可以是不同的字体。如果在幻灯片中更改主题字体将对演示文稿中的所有标题和项目符号文本进行更新。

例如，对新入职员工培训手册演示文稿更改主题字体，具体步骤如下：

Step 01 切换第 1 张幻灯片为当前幻灯片。

图 5-15　应用气流主题颜色的效果

Step02　切换到设计选项卡，在主题组中单击字体按钮，打开字体列表，每种主题字体的标题字体和正文文本字体的名称将显示在相应的主题名称下，如图 5-16 所示。

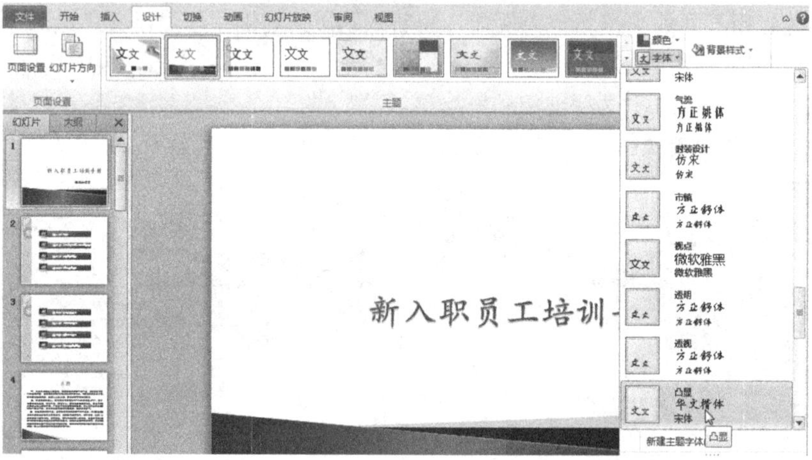

图 5-16　字体列表

Step03　在列表中单击凸显，则演示文稿中的字体发生了变化。

在演示文稿中更改了主题字体后，用户可以发现演示文稿中的字体发生了变化，其中标题字体变为华文楷体，正文字体变为宋体，如图 5-17 所示。

图 5-17　为幻灯片更改主题字体的效果

提示

在对新入职员工培训手册演示文稿更改字体后会发现第 2 张和第 3 张幻灯片中的字体没有发生改变，这是因为第 2 张和第 3 张幻灯片中的文本是在图形上添加的，不是标题文本或正文文本。另外，在一个主题中更改主题字体时，不会更改应用了另外一个主题的幻灯片中的字体。

教你一招

在 PowerPoint 中，所有演示文稿都必须包含一个主题。因此，当用户删除一个主题时，必须更改到其他主题。如果用户希望不对演示文稿显示颜色（纯外观），可以在主题列表中选择“Office 主题”。

项目任务 5-2 设置幻灯片背景

用户可以为幻灯片添加背景，PowerPoint 2010 提供了多种幻灯片背景的填充方式，包括单色填充、渐变色填充、纹理、图片等。在一张幻灯片或者母版上只能使用一种背景类型。

对新入职员工培训手册演示文稿设置幻灯片背景的具体操作步骤如下：

Step01 切换第 1 张幻灯片为当前幻灯片。

Step02 单击设计选项卡下背景组中的背景样式按钮，打开一个下拉菜单，如图 5-18 所示。

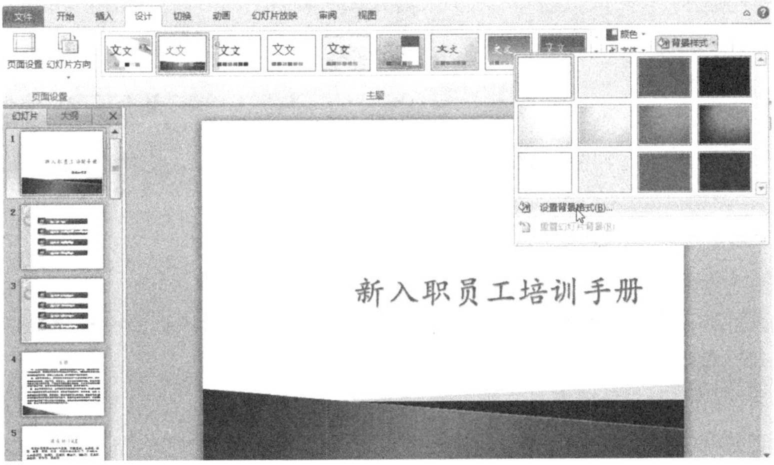

图 5-18 设置背景格式

Step03 在下拉菜单中选择设置背景格式命令，打开设置背景格式对话框。

Step04 在对话框的左侧选择填充，在填充区域选中图片或纹理填充按钮，单击文件按钮，打开插入图片对话框，如图 5-19 所示。

Step05 在插入图片对话框中选中案例与素材\模块 05\素材文件夹中的“图片 1”文件，单击插入按钮，返回设置背景格式对话框。

Step06 在设置背景格式对话框中选中将图片平铺为纹理复选框，单击全部应用按钮，如图 5-20 所示。

图 5-19　插入图片对话框

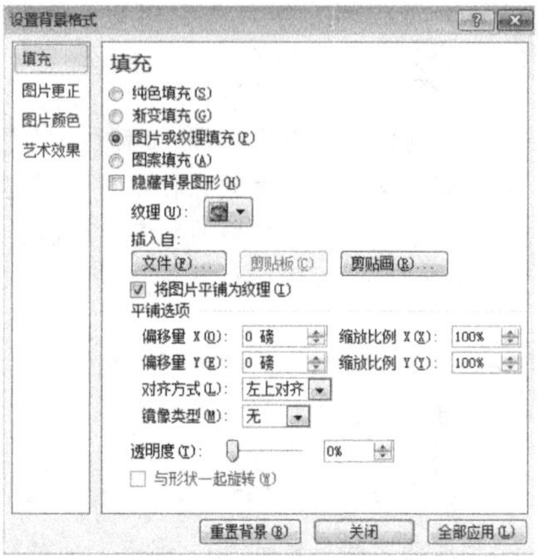

图 5-20　设置图片填充背景

Step 07　单击关闭按钮，为幻灯片设置图片背景的效果如图 5-21 所示。用户会发现演示文稿中所有的幻灯片都被添加了图片背景。

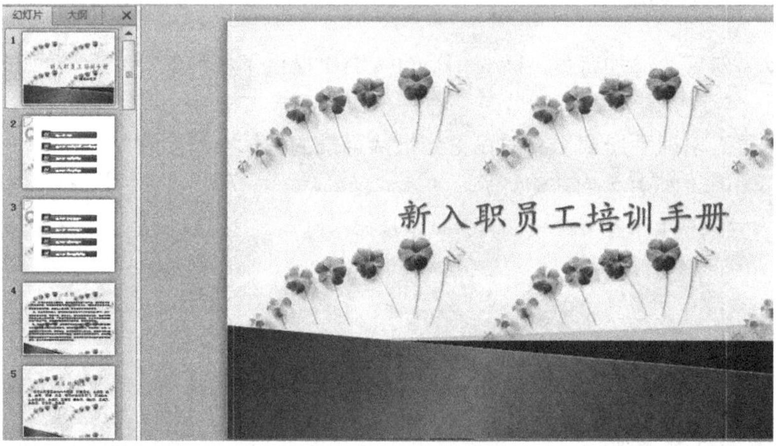

图 5-21　为幻灯片添加图片背景的效果

Step 08　切换第 1 张幻灯片为当前幻灯片。

Step 09　单击设计选项卡下背景组中的背景样式按钮，在下拉菜单中选择设置背景格式命令，打开设置背景格式对话框。

Step 10　在对话框的左侧选择填充，在填充区域选中纯色填充按钮，在填充颜色区域的颜色列表中选择白色，单击关闭按钮，则第 1 张幻灯片的图片背景被删除。

Step 11　切换第 2 张幻灯片为当前幻灯片，此时用户会发现在幻灯片左侧显示出设置的图片背景。

Step 12　单击设计选项卡下背景组中的背景样式按钮，在下拉菜单中选择设置背景格式命令，打开设置背景格式对话框。

Step 13　在对话框的左侧选择填充，在填充区域选中渐变填充按钮，单击预设颜色后的下拉按钮，在列表中选择熊熊火焰。

Step 14　在类型列表中选择射线，在方向列表中选择中心辐射，如图 5-22 所示。

Step 15　单击关闭按钮，关闭设置背景格式对话框。设置幻灯片填充渐变效果后的效果如图 5-23 所示。

按照相同的方法为第 3 张幻灯片设置渐变填充效果。

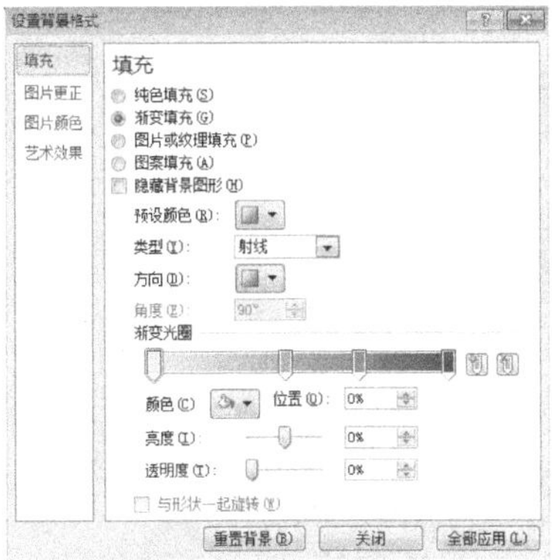

图 5-22　设置渐变填充

图 5-23　为幻灯片设置填充渐变效果

教你一招

在为幻灯片设置背景时如果在背景组中选中隐藏背景图形复选框，则幻灯片背景中的图形被隐藏，如图 5-24 所示就是第 2 张幻灯片隐藏背景图形的效果。

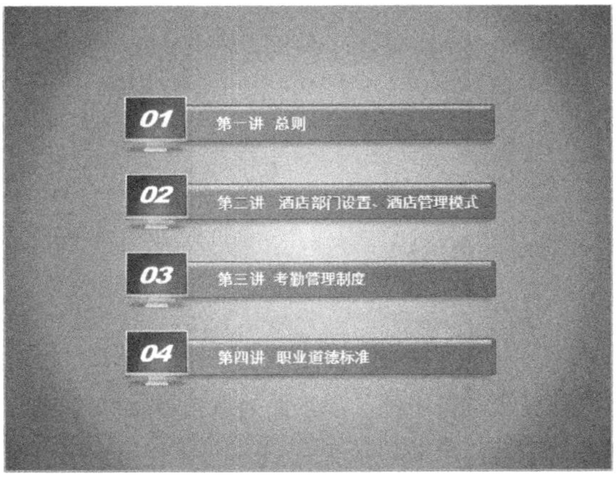

图 5-24　幻灯片隐藏背景图形的效果

项目任务 5-3　应用母版设置幻灯片

母版可以控制演示文稿的外观，包括在幻灯片上所输入的标题和文本的格式与类型、颜色、放置位置、图形、背景等，在母版上进行的设置将应用到基于它的所有幻灯片。但是改动母版的文本内容不会影响基于该母版的幻灯片的相应文本内容，仅仅是影响其外观和格式而已。

母版分为 3 种：幻灯片母版、讲义母版、备注母版。

应用幻灯片母版设置幻灯片的具体操作步骤如下：

Step 01　在视图选项卡下的母板视图组中单击幻灯片母版，进入幻灯片母版视图，如图 5-25 所示。

Step 02　在左侧的母版列表中将鼠标指向第 2 套幻灯片母版中的第 3 张，此时显示“标题和内容版式；由幻灯片 4–25 使用”，单击该母版将其切换到当前视图，如图 5-26 所示。

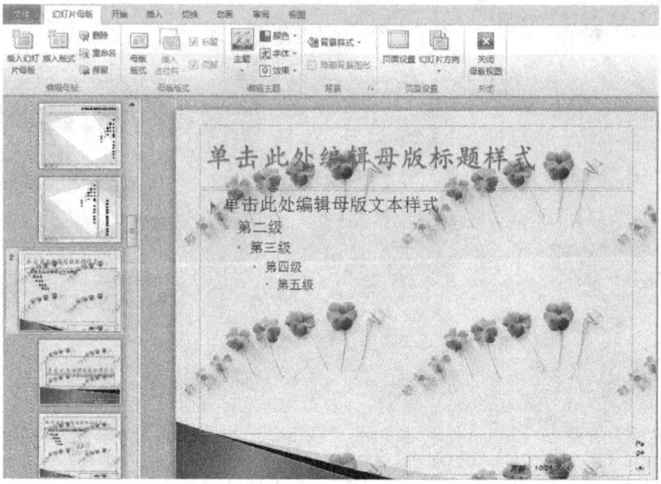

图 5-25　幻灯片母版视图

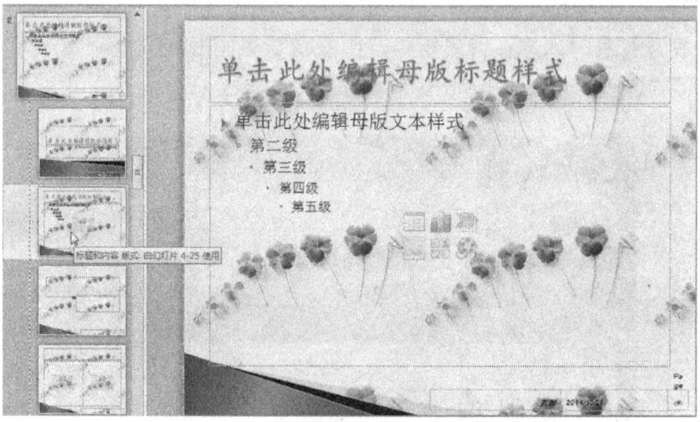

图 5-26　选择幻灯片母版

Step 03　利用鼠标拖动选中标题占位符中的“单击此处编辑母版标题样式”文本，切换到开始选项卡，在字体组的字体下拉列表中选择隶书。

Step 04　在左侧的母版列表中将鼠标指向第 2 套幻灯片母版中的第 1 张，此时显示“幻灯片母版：由幻灯片 1，4-26 使用”，单击该母版将其切换到当前视图。

Step 05　切换到插入选项卡，单击图像组中的图片按钮，打开插入图片对话框。在对话框中选中案例与素材\模块 05\素材文件夹中的“图片 2”文件，单击插入按钮，将图片插入到母版中。

Step 06　利用鼠标拖动图片适当调整图片的大小和位置，效果如图 5-27 所示。

Step 07　在左侧的母版列表中将鼠标指向第 3 套幻灯片母版中的第 1 张，此时显示“幻灯片母版：由幻灯片 2-3 使用”，单击该母版将其切换到当前视图。

Step 08　切换到插入选项卡，单击图像组中的图片按钮，打开插入图片对话框。在对话框中选中案例与素材\模块 05\素材文件夹中的“图片 2”文件，单击插入按钮，将图片插入到母版中。利用鼠标拖动适当调整图片的大小和位置，效果如图 5-28 所示。

Step 09　在左侧的母版列表中将鼠标指向第 2 套幻灯片母版中的第 2 张，此时显示“标题幻灯片版式：由幻灯片 1，26 使用”，单击该母版将其切换到当前视图。

Step10 在页脚区域输入网址 http://www.yinhai.com，切换到开始选项卡，在字体组的字号下拉列表中选择 12，在字体颜色下拉列表中选择黑色，如图 5-29 所示。

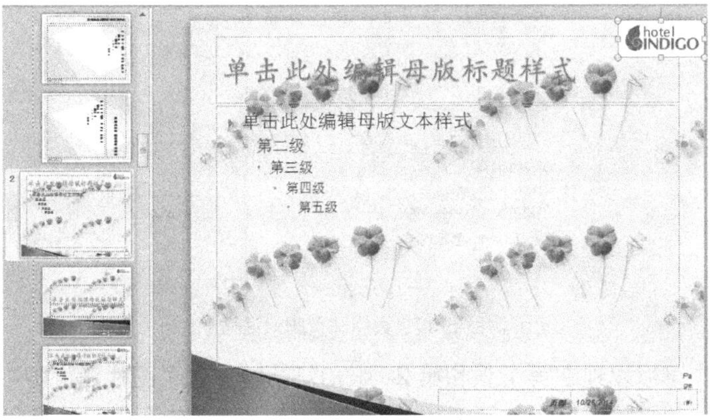

图 5-27 在第 2 套母版中插入图片

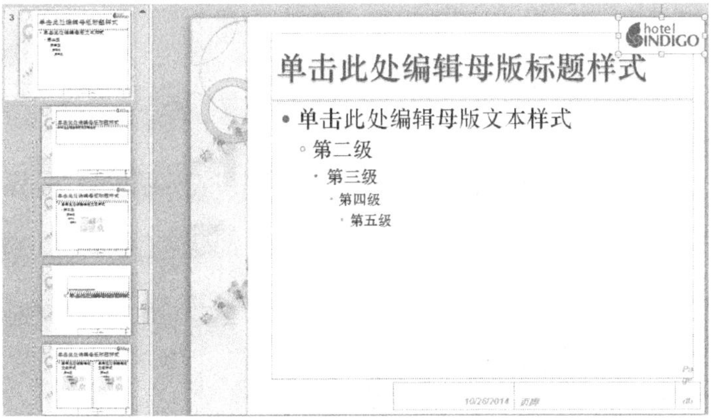

图 5-28 在第 3 套母版中插入图片

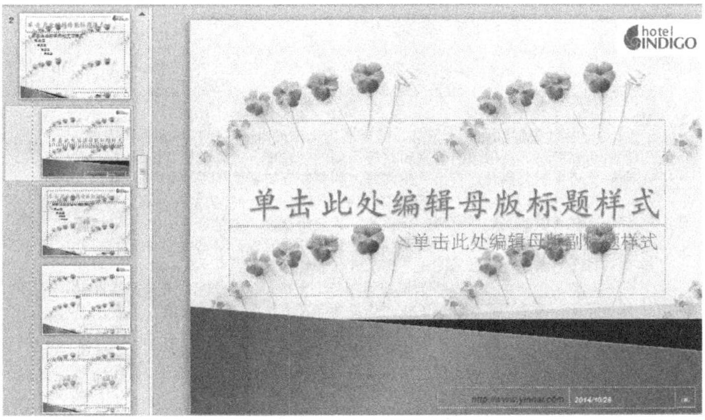

图 5-29 在标题幻灯片母版中输入网址

Step11 切换到插入选项卡，在文本组中单击页眉和页脚按钮，打开页眉和页脚对话框，如图 5-30 所示。在对话框中选中页脚复选框，单击应用按钮。

Step12 切换到幻灯片母版选项卡，在关闭组中单击关闭母版视图按钮，返回普通视图。

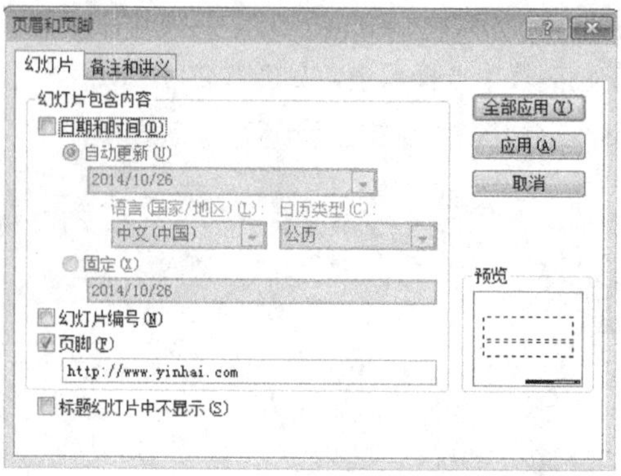

图 5-30　页眉和页脚对话框

在普通视图中可以发现在第 1 张和第 26 张幻灯片中添加了图片及页脚，如图 5-31 所示。在第 2 张和第 3 张幻灯片中只添加了图片，如图 5-32 所示。在第 4 张至第 25 张幻灯片中添加了图片，而且标题的字体被设置为隶书，如图 5-33 所示。

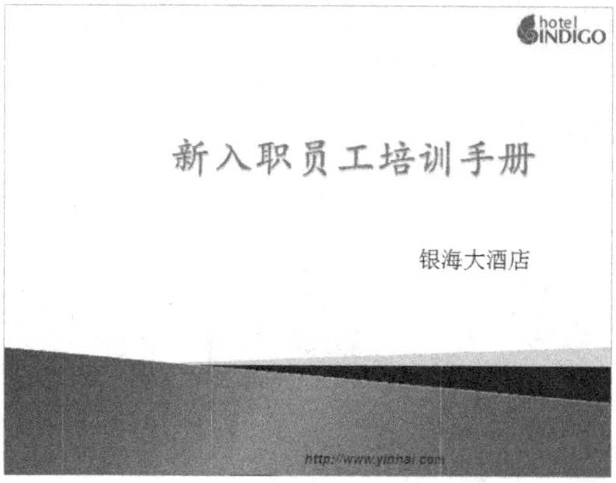

图 5-31　利用母版设置第 1 张幻灯片的效果

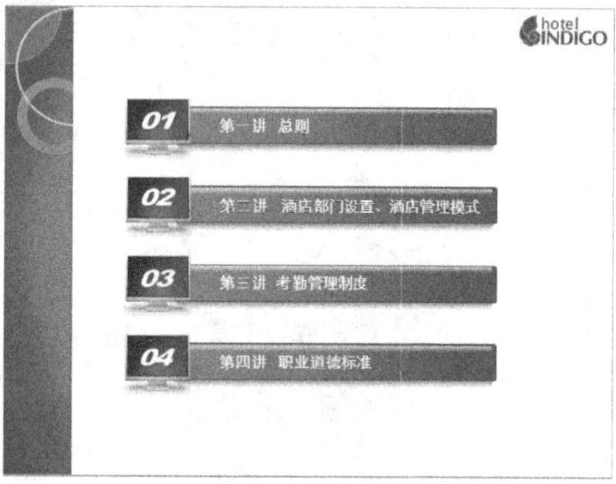

图 5-32　利用母版设置第 2 张幻灯片的效果

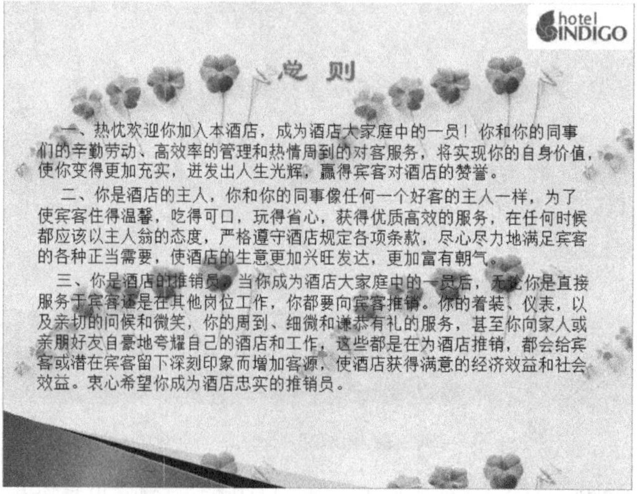

图 5-33　利用母版设置第 4 张幻灯片的效果

项目拓展——婚庆策划演示文稿

婚庆策划是指为客人量身打造具有个性的婚礼，它涵盖各种婚礼形式或是各种婚礼形式的组合体，它根据每位新人的不同爱好、追求或诉求点而为不同新人量身定做的。

如图 5-34 所示就是利用 PowerPoint 2010 制作的婚庆策划演示文稿。

图 5-34　婚庆策划演示文稿

设计思路

在婚庆策划演示文稿制作过程中，用户可以首先将一个演示文稿中的主题进行保存，然后再利用大纲和其他演示文稿中的幻灯片制作演示文稿。制作婚庆策划演示文稿的基本步骤可分解为：

Step01　保存主题。

Step02　利用大纲创建演示文稿。

Step03　重用幻灯片。

动手做 1　保存主题

用户可以对现有主题的颜色、字体或者线条与填充效果做出更改，以便可以将该主题应用到其他文档或演示文稿。保存主题的具体步骤如下：

Step01　打开案例与素材\模块 05\素材文件夹中演示文稿“方案”。

Step02　切换到设计选项卡，在主题组中单击主题列表右侧的下三角箭头，打开主题列表，在列表中有保存当前主题选项，如图 5-35 所示。

Step03　在主题列表中单击保存当前主题选项，打开保存当前主题对话框，如图 5-36 所示。

Step04　在对话框中选择案例与素材\模块 05\素材文件夹，在文件名文本框中输入主题，单击保存按钮，则当前主题被保存。

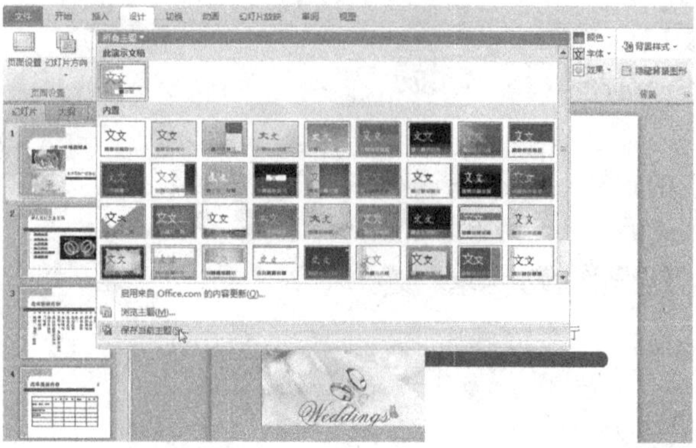

图 5-35　保存当前主题选项

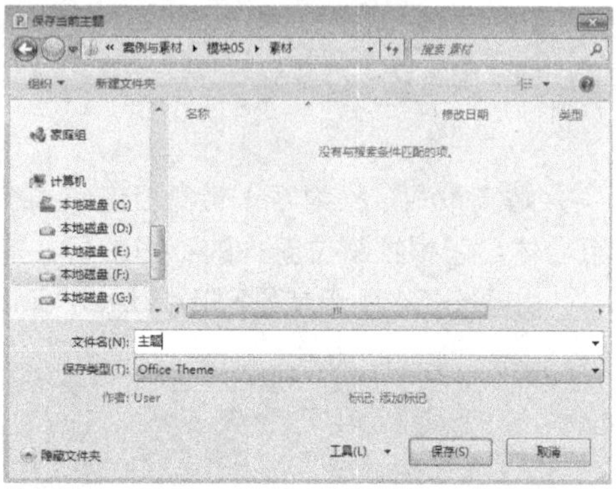

图 5-36　保存当前主题对话框

教你一招

默认情况下主题会保存在本地驱动器上的 Document Themes 文件夹中，保存为 .thmx 文件，并将其自动添加到设计选项卡的主题组中的自定义主题列表中。

动手做 2　利用大纲创建幻灯片

用户可以利用 Word 2010 中应用了标题形式的大纲文档作为 PowerPoint 的大纲直接创建演示文稿。

利用 Word 2010 大纲文件创建演示文稿的具体操作步骤如下：

Step 01　创建一个空白的演示文稿，命名为“婚礼策划方案”，并将其保存在“案例与素材\模块 05\源文件”文件夹中。

Step 02　切换到开始选项卡，在幻灯片组中单击新建幻灯片选项右下角的三角箭头，打开一个列表，如图 5-37 所示。

图 5-37　新建幻灯片列表

Step 03　在列表中单击幻灯片（从大纲）选项，打开插入大纲对话框，如图 5-38 所示。

Step 04 在文件列表中选择“案例与素材\模块 05\素材”文件夹中的“幻灯片大纲”文件，单击插入按钮，则大纲文件中的大纲作为幻灯片的大纲创建了一系列幻灯片，如图 5-39 所示。

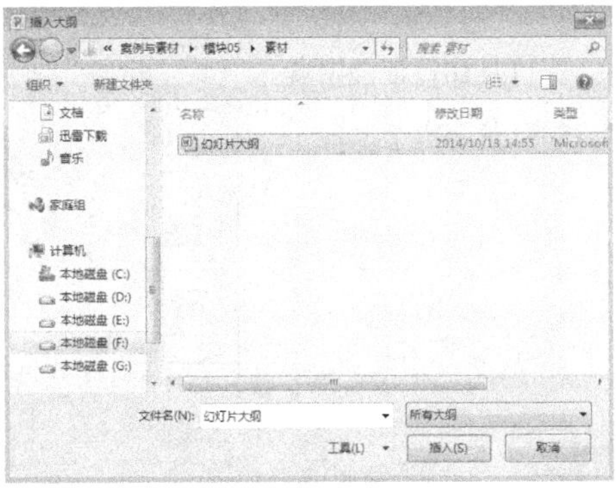

图 5-38 插入大纲对话框

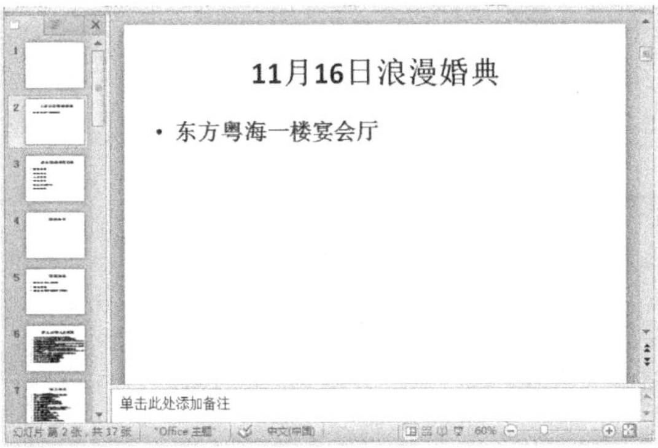

图 5-39 利用大纲文件创建的幻灯片

教你一招

在大纲文档中只有采用了标题样式的文本才能进入到 PowerPoint 中，其他文本将被忽略。PowerPoint 2010 将依据 Word 文档中的标题层次决定其在 PowerPoint 大纲文件中的地位。

动手做 3 重用幻灯片

在演示文稿中用户可以将其他演示文稿中的幻灯片插入到当前演示文稿中，而且还可以将其他演示文稿中的主题应用到当前演示文稿中。

插入其他演示文稿中幻灯片的具体操作步骤如下：

Step 01 切换到开始选项卡，在幻灯片组中单击新建幻灯片选项右下角的三角箭头，打开一个列表。

Step 02 在列表中选择重用幻灯片选项，则打开重用幻灯片任务窗格，如图 5-40 所示。

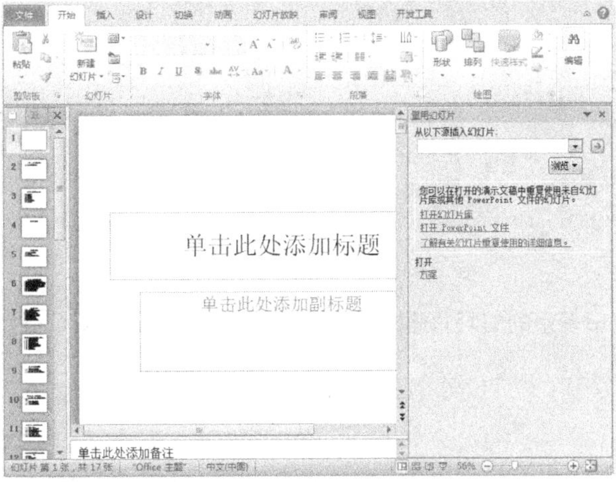

图 5-40 重用幻灯片任务窗格

Step 03 在重用幻灯片任务窗格中单击打开 PowerPoint 文件选项，打开浏览对话框，如图 5-41 所示。

Step 04 在文件列表中选择“案例与素材\模块 05\素材”文件夹中的“方案”文件，单击打开按钮，则“方案”演示文稿中的幻灯片显示在重用幻灯片任务窗格中，如图 5-42 所示。

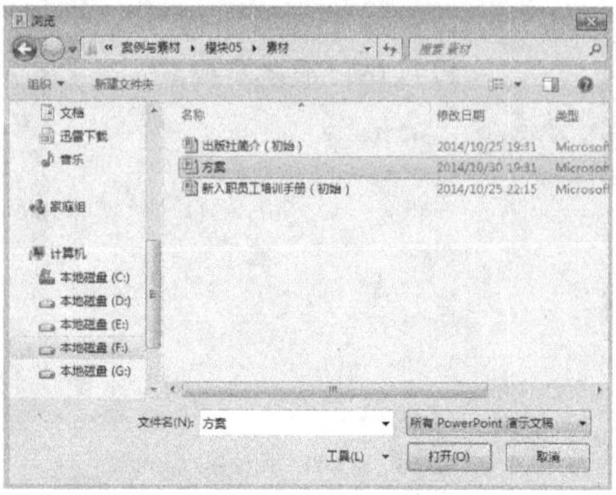

图 5-41 浏览对话框

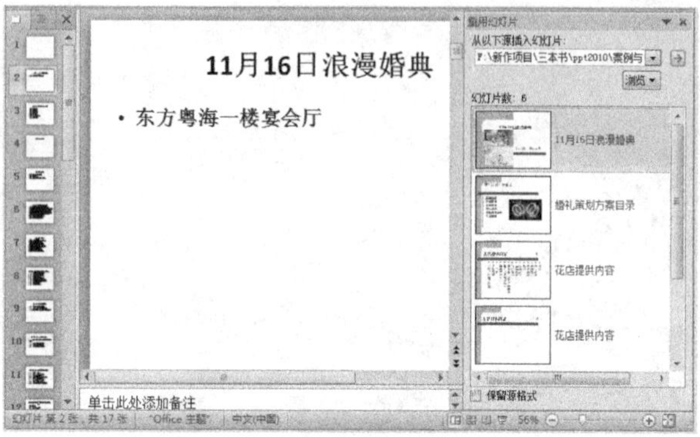

图 5-42 在重用幻灯片任务窗格中显示幻灯片列表

Step 05 在左侧的列表中选中第一张幻灯片，然后在重用幻灯片任务窗格中单击“11 月 16 日浪漫婚典”幻灯片，则“11 月 16 日浪漫婚典”幻灯片插入到选中幻灯片的下方，继续在重用幻灯片任务窗格中单击“婚礼策划方案目录”幻灯片将其插入在“11 月 16 日浪漫婚典”幻灯片的下方。按照相同的方法将重用幻灯片任务窗格中剩余的 4 张幻灯片插入到当前演示文稿的最后。

Step 06 在插入幻灯片后，用户会发现插入的幻灯片采用的是当前演示文稿的主题，而没有保留原来演示文稿的主题。在重用幻灯片任务窗格中幻灯片列表的第 1 张标题幻灯片上单击鼠标右键，打开一个快捷菜单，如图 5-43 所示。

Step 07 在快捷菜单中选择将主题应用于所有幻灯片选项，则原演示文稿的主题被应用到了当前演示文稿中，如图 5-43 所示。

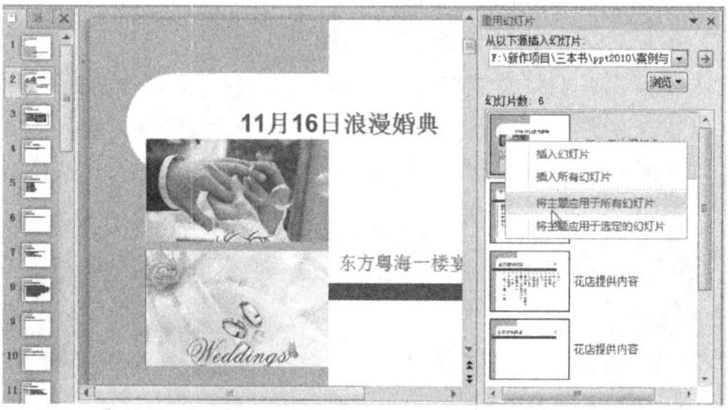

图 5-43 应用其他演示文稿的主题

Step 08 将新演示文稿中多余的幻灯片删除，并对幻灯片进行编辑，即可得到一个完整的演示文稿。

教你一招

如果在重用幻灯片任务窗格中选中保留源格式复选框，则插入到当前演示文稿中的幻灯片保留原来的格式。

知识拓展

通过前面的任务主要学习了统一演示文稿风格的方法，另外还有一些基本操作在前面的任务中没有运用到，下面就介绍一下。

动手做 1　更改主题效果

主题效果是应用于文件中元素的视觉属性的集合。主题效果、主题颜色和主题字体三者构成一个主题。

主题效果指定如何将效果应用于图表、SmartArt 图形、形状、图片、表格、艺术字和文本。用户可以更改当前主题的主题效果来快速更改幻灯片中对象的外观。

切换到设计选项卡，在主题组中单击效果按钮，打开效果列表。在列表中可以选择一种主题效果，如图 5-44 所示。

图 5-44　效果列表

动手做 2　新建主题颜色

在主题颜色库中显示了内置主题中的所有颜色组，用户还可以创建自己的自定义主题颜色。新建主题颜色的具体操作方法如下：

Step 01　在设计选项卡的主题组中，单击颜色按钮，在列表中单击新建主题颜色选项，打开新建主题颜色对话框，如图 5-45 所示。

Step 02　在主题颜色列表中，单击要更改的主题颜色元素名称旁的按钮，然后从颜色列表中选择一种颜色。

Step 03　在名称框中，为新主题颜色输入适当的名称。

Step 04　单击保存按钮。

动手做 3　新建主题字体

在主题字体库中显示了内置主题中的所有字体色组，用户还可以创建自己的自定义主题字体，新建主题字体的具体操作方法如下：

Step 01　在设计选项卡的主题组中，单击字体按钮，在列表中单击新建主题字体选项，打开新建主题字体对话框，如图 5-46 所示。

Step 02　在标题字体列表中选择一种字体应用于标题字体；在正文字体列表中选择一种字体应用于正文字体。

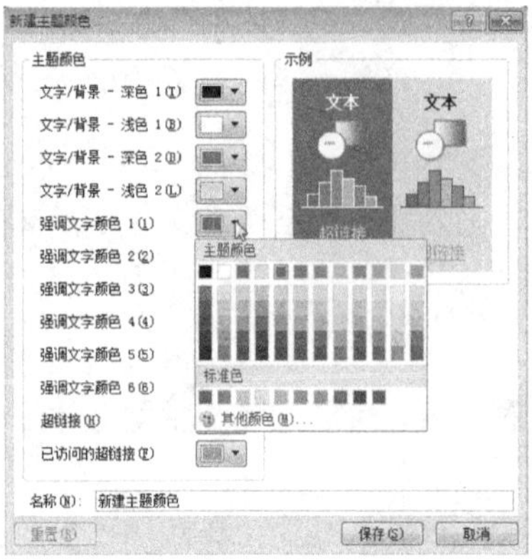

图 5-45　新建主题颜色对话框

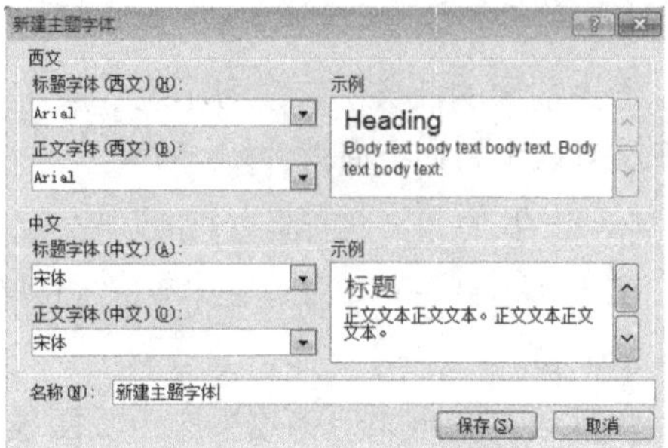

图 5-46　新建主题字体对话框

Step 03　在名称框中，为新主题字体输入适当的名称。

Step 04　单击保存按钮。

动手做 4　应用自定义主题

在幻灯片中应用自定义主题的具体操作步骤如下：

Step 01　打开演示文稿。

Step 02　切换到设计选项卡，在主题组中单击主题列表右侧的下三角箭头，打开主题列表。在列表中有浏览主题选项，如图 5-47 所示。

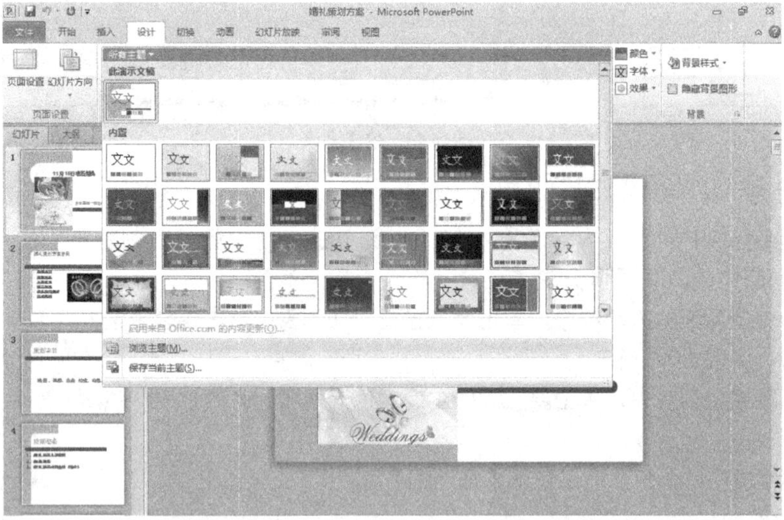

图 5-47　浏览主题

Step 03　在列表中选择浏览主题命令，打开选择主题或主题文档对话框，如图 5-48 所示。

Step 04　在对话框中选择相应的主题，单击应用按钮，则主题被应用到了演示文稿中。

动手做 5　保存背景图片

如果幻灯片的背景是图片，可以将该图片进行保存，具体操作步骤如下：

Step 01　在有图片背景的幻灯片上单击鼠标右键，打开一个快捷菜单，如图 5-49 所示。

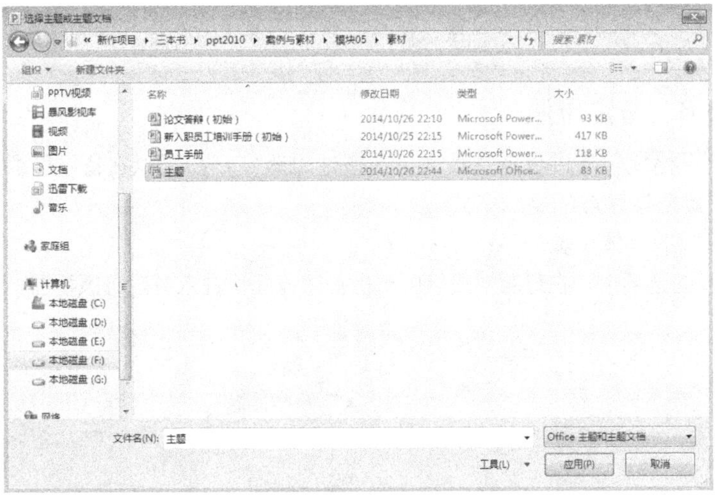

图 5-48　选择主题或主题文档对话框

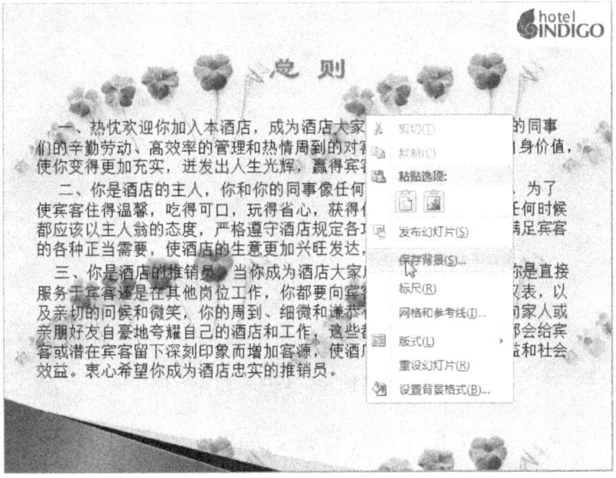

图 5-49　右键快捷菜单

Step02　在快捷菜单中选择保存背景命令，打开保存背景对话框，如图 5-50 所示。

图 5-50　保存背景对话框

Step03 在对话框中选择图片的保存位置，在文件名文本框中输入图片的名称，在保存类型列表中选择图片的保存类型。

动手做 6 备注母版

备注母版用于格式化演讲者备注页面，在备注母版中用户可以在备注区添加图形项目和文字，并且可以设置备注区域的文本格式。

设置备注母版的具体步骤如下：

Step01 切换到视图选项卡，在母版视图组中单击备注母版，进入备注母版视图，如图 5-51 所示。

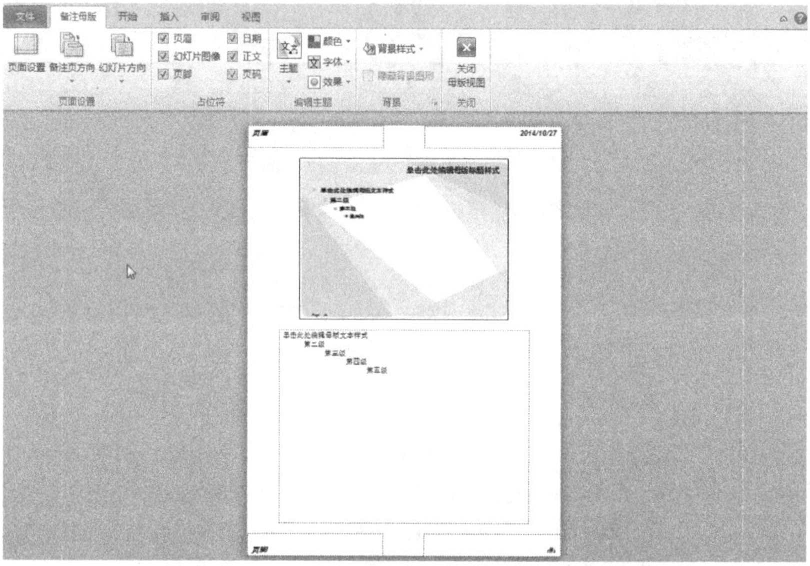

图 5-51 备注母版视图

Step02 在备注母版视图中可以编辑 5 个占位符：页眉区、日期区、页脚区、数字区及文本区，这些内容将显示在每一个备注页中。

Step03 设置完毕，在备注母版选项卡中单击关闭备注母版视图按钮。

动手做 7 讲义母版

讲义母版用于格式化讲义，切换到视图选项卡，在母版视图组中单击讲义母版，进入讲义母版视图，如图 5-52 所示。

用户可以在页面设置组中单击每页幻灯片数量按钮，然后选择一种讲义版式，不同的版式在每页将包含不同的幻灯片数目。在讲义母版视图中可以编辑 4 个占位符：页眉区、日期区、页脚区、数字区，对于幻灯片或大纲区不能移动也不能调整大小。

动手做 8 设置幻灯片大小、页面方向和起始幻灯片编号

用户可以对幻灯片的大小和页面方向进行设置，具体操作步骤如下：

Step01 在设计选项卡的页面设置组中，单击页面设置选项，打开页面设置对话框，如图 5-53 所示。

Step02 在幻灯片大小列表中可以选择打印的纸张的大小，如果选择自定义，则在宽度和高度框中输入或选择所需的尺寸。

Step03 如果用户要为幻灯片设置页面方向，可在方向区域的幻灯片组中选择横向或纵向。

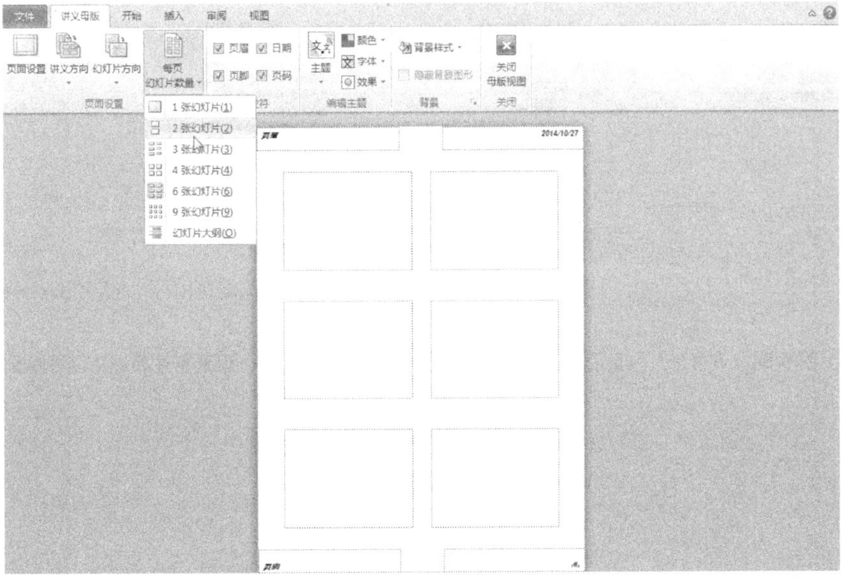

图 5-52　讲义母版视图

Step04　在幻灯片编号起始值文本框中，输入要在第 1 张幻灯片或讲义上打印的编号，随后的幻灯片编号会在此编号上递增。

Step05　设置完毕，单击确定按钮。

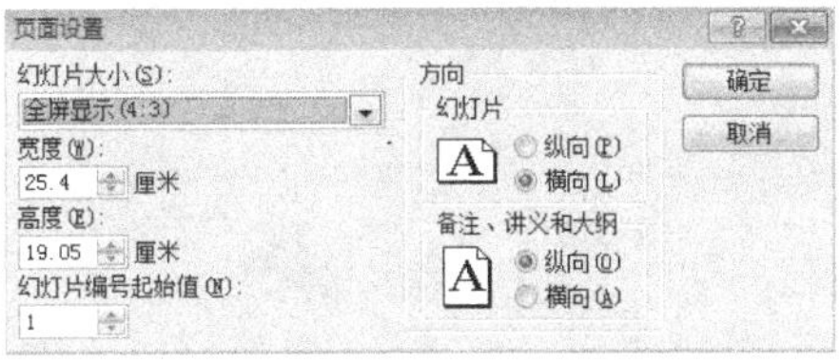

图 5-53　页面设置对话框

动手做 9　设置页眉页脚

在打印幻灯片时用户可以为要打印的幻灯片设置页眉和页脚，具体操作步骤如下：

Step01　切换到插入选项卡，在文本组中单击页眉和页脚命令打开页眉和页角对话框，单击幻灯片选项卡，如图 5-54 所示。

Step02　在对话框中如果选择日期和时间复选框，可以对要显示的日期和时间进行两种设置。选择自动更新单选选项可以利用系统时间作为当前时间，时间和日期区域的时间随着系统时间的更新而自动更新。选择固定单选选项可以在文本框中输入要在幻灯片中出现的指定日期和时间。

Step03　选择幻灯片编号复选框，则系统会按幻灯片顺序对幻灯片进行编号。

Step04　选择页脚复选框，在文本框中输入要在页脚中显示的内容。

Step05　选择标题幻灯片不显示复选框，则以上设置对标题幻灯片无效。

Step06　单击应用按钮则将该设置应用到当前幻灯片中，单击全部应用按钮则将该设置应用到所有的幻灯片中。

在页眉和页角对话框中单击备注和讲义选项卡，在对话框中可以对备注和讲义的页眉和页脚进行设置，如图 5-55 所示。

动手做 10　打印幻灯片或讲义

打印幻灯片或讲义的具体操作步骤如下：

Step01　单击文件选项卡，选择打印选项，如图 5-56 所示。

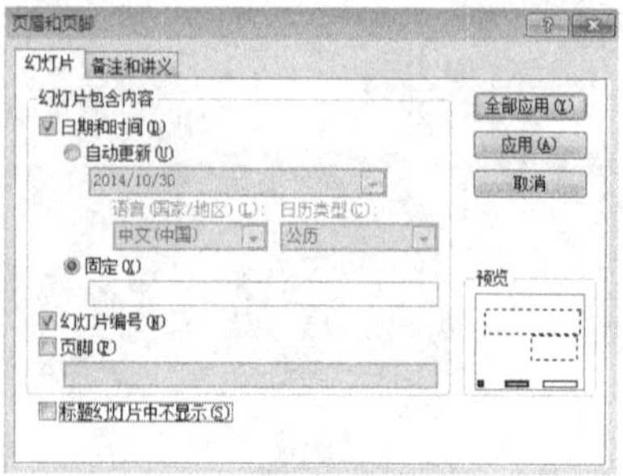

图 5-54　设置幻灯片页眉和页脚

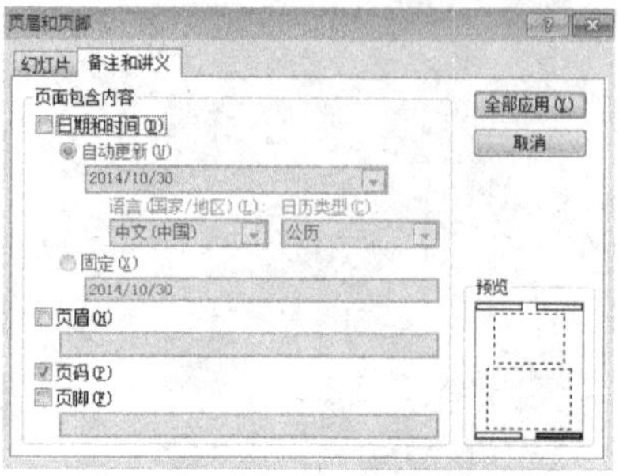

图 5-55　设置备注和讲义页眉页脚

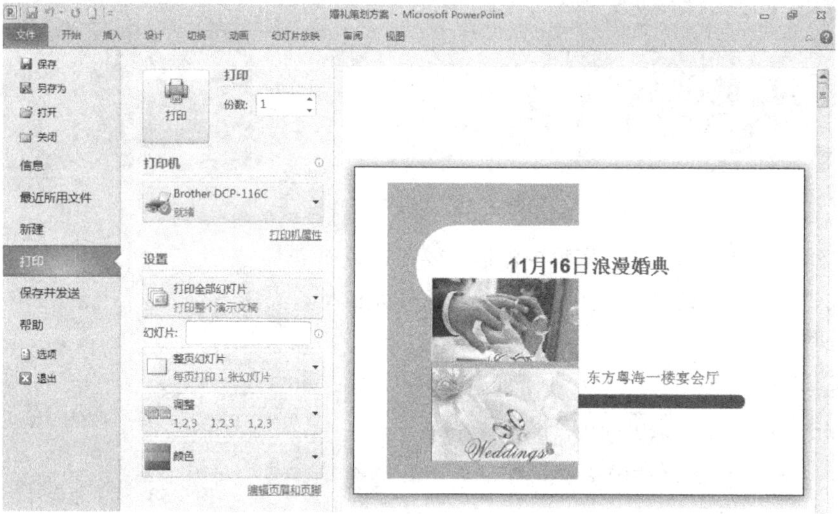

图 5-56　设置打印选项

Step 02　在打印区域的份数文本框中，输入要打印的份数。

Step 03　在打印机列表中选择要使用的打印机。

Step 04　用户可以在设置区域选择打印的范围：

- 如果要打印所有幻灯片，用户可以在列表中选择打印全部幻灯片。
- 如果要打印所选的一张或多张幻灯片，用户可以在列表中选择打印所选幻灯片，如图 5-57 所示。
- 如果仅打印当前显示的幻灯片，用户可以在列表中选择当前幻灯片。
- 如果要按编号打印特定幻灯片，用户可以选择幻灯片的自定义范围，然后输入各幻灯片的列表或范围。请使用无空格的逗号将各个编号隔开。例如，1,3,5-12。

Step 05　单击整页幻灯片右侧的下三角箭头，打开一个列表，如图 5-58 所示。在列表中用户可以进行如下选择：

- 若要在一整页上打印一张幻灯片，用户应在打印版式区域选择整页幻灯片。
- 如果要以讲义格式在一页上打印一张或多张幻灯片，用户应在讲义区域单击每页所需幻灯片数，以及希望按垂直还是水平顺序显示这些幻灯片。
- 如果要在幻灯片周围打印一个细边框，用户应选择幻灯片加框选项。
- 如果要在为打印机选择的纸张上打印幻灯片，用户应选择根据纸张调整大小选项。

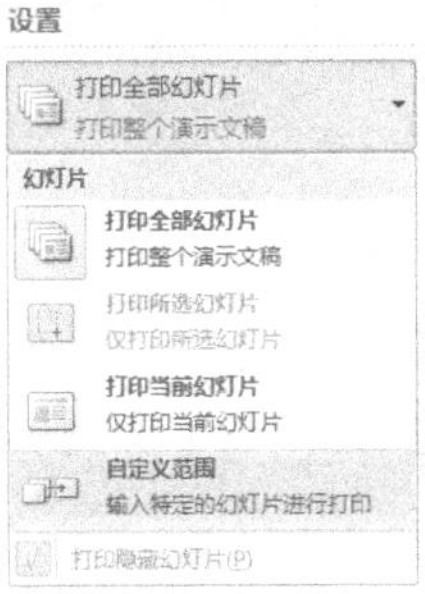

图 5-57 设置打印选项

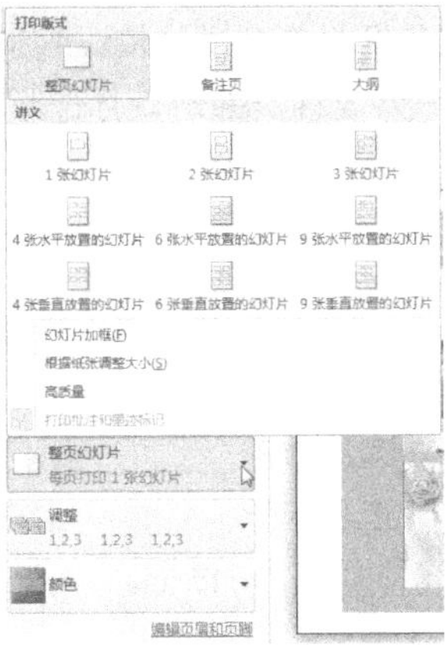

图 5-58 设置打印版式

- 如果要增大分辨率、混合透明图形以及在打印作业上打印柔和阴影，用户应选择高质量选项。

Step06 单击颜色列表，然后选择下列颜色之一：

- 颜色：使用此选项在彩色打印机上以彩色打印。
- 灰度：此选项打印的图像包含介于黑色和白色之间的各种灰色色调。背景填充的打印颜色为白色，从而使文本更加清晰（有时灰度的显示效果与“纯黑白”一样）。
- 纯黑白：此选项打印不带灰填充色的讲义。

Step07 如果要包括或更改页眉和页脚，用户应单击编辑页眉和页脚选项，然后在打开的页眉和页脚对话框中进行设置。

Step08 设置完毕，单击打印按钮。

课后练习与指导

一、选择题

1. 关于幻灯片的主题，下列说法正确的是（　　）。
   A. 幻灯片的主题与幻灯片的模板没有什么分别
   B. 幻灯片的主题包含幻灯片的版式，以及幻灯片中的具体文本
   C. 幻灯片的主题包含幻灯片的背景外观
   D. 在演示文稿中应用了一种主题后将无法再设置幻灯片的字体格式
2. 关于幻灯片的主题颜色，下列说法正确的是（　　）。
   A. 幻灯片的主题颜色包含 8 种颜色
   B. 在一个演示文稿中只能应用一种主题颜色
   C. 在幻灯片主题颜色中强调文字颜色共有 6 种
   D. 用户可以自定义主题颜色
3. 关于幻灯片背景下列说法正确的是（　　）。
   A. 在演示文稿中不同的幻灯片可以应用不同的背景
   B. 在一张幻灯片中用户可以应用多个背景
   C. 幻灯片的背景可以是纯色，也可以是图片或纹理
   D. 用户可以将幻灯片的背景保存为图片的格式

4．关于幻灯片母版下列说法错误的是（　　）。

A．母版分为 3 种，即幻灯片母版、讲义母版和备注母版

B．改动母版的文本内容也会影响基于该母版的幻灯片的相应文本内容

C．在幻灯片母版中用户也可以设置主题

D．在一个演示文稿中可以应用多个母版

二、填空题

1．在________选项卡的________组中用户可以对演示文稿设置主题。

2．在________选项卡下________组中单击________按钮，在下拉列表中选择“设置背景格式”命令，打开________对话框。

3．母版分为 3 种：________、________、________。

4．在________选项卡下的________组中单击________，进入幻灯片母版视图。

三、简答题

1．如何保存自定义的主题？

2．如何将图片设置为幻灯片的背景？

3．如何自定义主题颜色？

4．如何在幻灯片中应用主题？

5．幻灯片母版可以控制幻灯片的哪些内容？

6．如何更改主题颜色？

四、实践题

按下述要求完成全部操作，效果如图 5-59 所示。

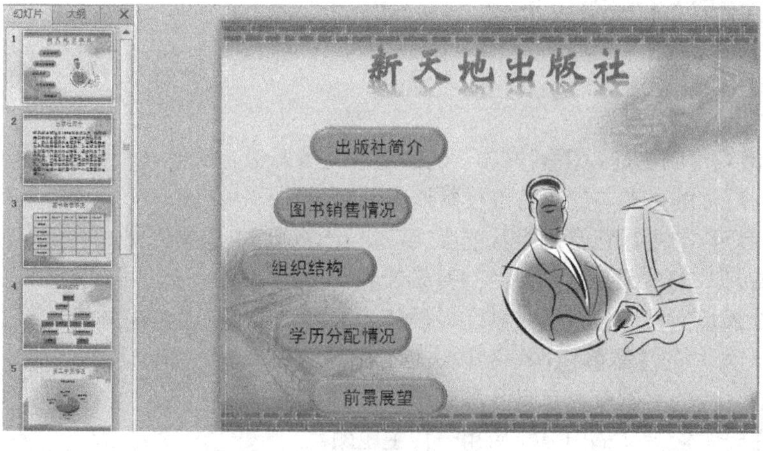

图 5-59　幻灯片应用主题的效果

1．在演示文稿中应用“案例与素材\模块 05\素材”文件夹中的“主题 1”。

2．更改演示文稿的主题颜色。

素材位置：案例与素材\模块 05\素材\出版社简介（初始）

效果位置：案例与素材\模块 05\源文件\出版社简介

模块 06 添加动画和交互效果制作产品展示幻灯片

你知道吗？

幻灯片中内容的出现会有一定的顺序，有些内容需要先出现，有些内容需要后出现，怎样才能方便地控制幻灯片中内容的出现顺序呢？通过动画效果的设置可以很简单地实现此目的。

应用场景

有些幻灯片在放映时带有动画效果，如高分子化学教学课件，如图 6-1 所示，这些都可以利用 PowerPoint 2010 软件来制作。

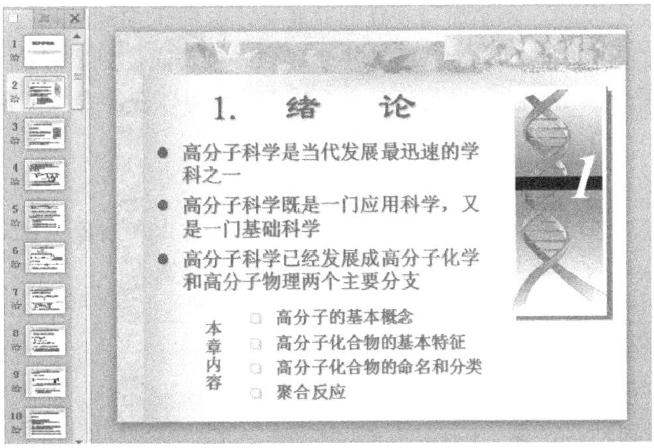

图 6-1 高分子化学教学课件

要让顾客认识你的产品，就必须把产品的优点展示在顾客面前，让顾客亲自体会到你的产品是如何好。任何新产品，要想被消费者接纳，首先必须取得消费者的了解和信任。因此，“新产品演示”十分必要。它不仅可以达到促销的目的，而且可以就新产品打入市场的前景作一个比较准确的预测与估计，以便及时制定与修改产品策略，适应市场需求。

如图 6-2 所示，就是利用 PowerPoint 2010 制作的产品展示幻灯片，请读者根据本模块所介绍的知识和技能，完成这一工作任务。

图 6-2 产品介绍幻灯片

相关文件模板

利用 PowerPoint 2010 软件的基本功能，还可以完成二次函数教学课件、高等结构分析教学课件、高分子化学教学课件、九寨旅游、马尔科夫预测法、人际沟通与礼仪等工作任务。

为方便读者，本书在配套的资料包中提供了部分常用的文件模板，具体文件路径如图 6-3 所示。

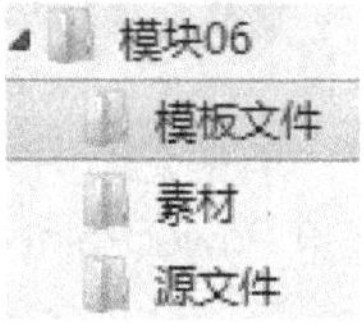

图 6-3 应用文件模板

背景知识

制作产品展示幻灯片时，为了吸引观众的注意力，在 PPT 中动画和交互效果是必不可少的。在制作动画时，无论一个动作多么普通，只要能给予它前因后果的关系，然后对这一场景进行必要的修饰就可以获得令人印象深刻的效果。

设计思路

在产品展示幻灯片制作过程中，首先要为幻灯片中的文本和对象设置动画效果，然后再设置幻灯片的切换效果，制作产品展示幻灯片的基本步骤可分解为：

Step 01 设置文本动画效果。

Step 02 设置对象动画效果。

Step 03 设置动作路径效果。

Step 04 在母版中设置动画效果。

Step 05 多对象动画效果的控制。

Step 06 设置幻灯片的切换效果。

项目任务 6-1 设置文本动画效果

用户可以对幻灯片中的文本信息按定义好的纲目结构设置段落级别动画，包括进入、强调和退出等动画效果。

动手做 1 设置文本强调动画效果

强调动画效果可以突出幻灯片中的某部分内容，设置放映时的特殊效果。例如，为第 1 张幻灯片的文本设置强调动画效果，具体操作步骤如下：

Step01 切换第 1 张幻灯片为当前幻灯片，选中标题文本“三一小型挖掘机产品介绍”，或将鼠标定位在标题占位符中。

Step02 切换到动画选项卡，单击动画组中的动画效果列表右侧的下三角箭头，打开动画效果列表，在列表中选择强调中的陀螺转选项，如图 6-4 所示。

Step03 在动画组中单击效果选项按钮，在列表中的方向区域选择顺时针，在数量区域选择旋转两周选项。在计时组中的开始列表中选择单击时，在持续时间文本框中选择 03.00，如图 6-5 所示。

图 6-4 动画效果列表

图 6-5 设置效果选项

Step04 选中副标题文本“三一重机有限公司”，或将鼠标定位在副标题占位符中。

Step05 切换到动画选项卡，单击动画组中的动画效果列表右侧的下三角箭头，打开动画效果列表，在列表中选择更多强调效果选项，打开更改强调效果对话框，如图 6-6 所示。

Step06 在温和型区域选择彩色脉冲选项，然后单击确定按钮返回到幻灯片中。

Step07 设置动画效果后，在设置动画效果的对象前面会显示出动画编号。单击动画选项卡下预览组中的预览按钮，可以对设置后的动画进行预览。单击动画选项卡下高级动画组中的动画窗格按钮，打开动画窗格窗口，单击其中的播放按钮，也可进行效果预览。

Step08 在动画效果列表中选中第一个动画效果，在该效果的右端将会出现一个下三角箭头，单击该箭头会出现一个下拉列表，如图 6-7 所示。

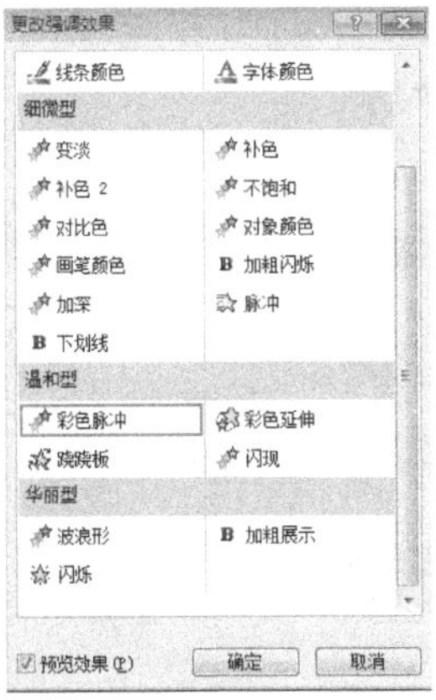

图 6-6 更改强调效果对话框

图 6-7 动画窗格

Step 09 在下拉列表中选择效果选项命令，打开陀螺旋对话框，如 6-8 所示。

Step 10 在效果选项卡的动画文本下拉列表中有 3 种选择：

- 整批发送：文本框中的文本以段落作为一个整体。
- 按字词：如果文本框中是英文则按单个的词延伸，如果是中文则按字或词延伸。
- 按字母：如果文本框中是英文则按字母延伸，如果是中文则按字延伸。

这里设置动画文本的效果为按字母，并设置 10%字母之间延迟，单击确定按钮。

Step 11 在动画效果列表中选中第二个动画效果，在该效果的右端单击箭头，然后在列表中选择效果选项命令，打开彩色脉冲对话框，效果如 6-9 所示。

图 6-8 陀螺旋对话框

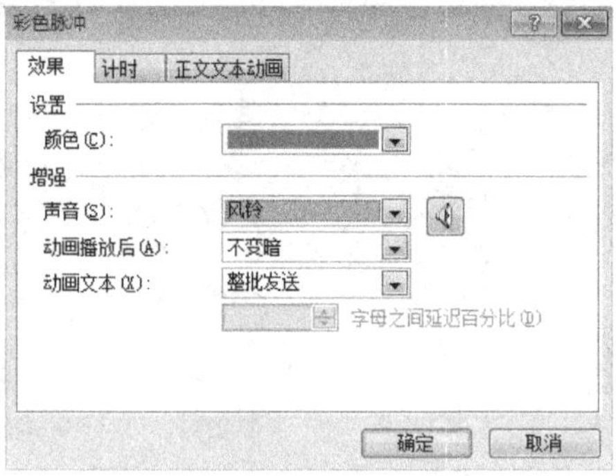

图 6-9 彩色脉冲对话框

Step 12 在设置区域的颜色列表中选择红色，在增强区域的声音下拉列表中可以选择动画效果的伴随声音，这里设置为风铃。

Step 13 切换到计时选项卡，在开始列表中选择单击时，在期间列表中选择快速（1 秒），在重复列表中选择 2，如图 6-10 所示。

Step 14 设置完毕，单击确定按钮。

在动画窗格窗口中单击播放按钮，用户可以预览到标题文本首先以逐字陀螺转的方式展示，而副标题文本则以红色脉冲的形式重复展示两次，如图 6-11 所示。

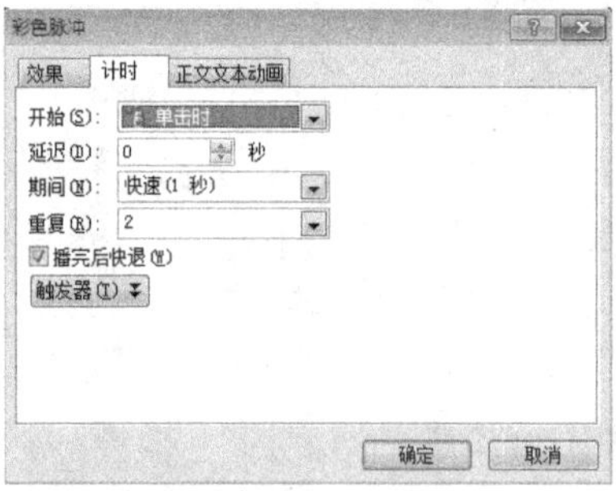

图 6-10 计时选项

图 6-11 文字的强调效果

动手做 2 设置文本进入动画效果

进入动画效果可以让文本或对象以某种效果进入幻灯片放映演示文稿，它具有多种特殊的动画效果。设置文本进入动画效果的具体操作步骤如下：

Step01 切换第 8 张幻灯片为当前幻灯片，选中“技术保证”后面文本框中的文本，或将鼠标定位在文本框中。

Step02 切换到动画选项卡，单击动画组中的动画效果列表右侧的下三角箭头，打开动画效果列表，在列表中选择进入中的飞入选项。

Step03 在动画组中单击效果选项按钮，在列表中的方向区域选择自右侧。

Step04 在动画效果列表中选中动画效果，在该效果的右端单击箭头，然后在列表中选择效果选项命令，打开飞入对话框。

Step05 切换到正文文本动画选项卡，在组合文本列表中选择按第二段落，选中每隔复选框，在后面的文本框中选择 1 秒，如图 6-12 所示。

Step06 设置完毕，单击确定按钮。

Step07 切换到第 2 张幻灯片为当前幻灯片，选中“小型挖掘机”文本，或将鼠标定位在文本框中。

Step08 单击动画组中的动画效果列表右侧的下三角箭头，打开动画效果列表，在列表中选择更多进入效果选项，打开更改进入效果对话框，如图 6-13 所示。

图 6-12 飞入对话框

图 6-13 更改进入效果对话框

Step09 在对话框的温和型区域选择下浮，单击确定按钮。

Step10 在计时组中的开始列表中选择上一动画之后。

Step11 双击高级动画组中的动画刷按钮，然后切换到第 4 张幻灯片，用鼠标在“整机性能参数”文本上单击以复制设置的动画。继续分别切换到第 7～10 张幻灯片上，然后用鼠标分别单击“速度快”等相应文本复制动画。

Step12 复制动画完毕，在动画刷按钮上再次单击鼠标。

提示

只有分为不同的大纲级别的文本对象，才可在组合文本下拉列表框中选择文本框中文本出现的段落级别。如果选择按第一级段落，则文本在出现时第一级段落中的文本和第一级下所有级别的文本同时出现。如果选择按第二级段落，则文本在出现时第一级段落中的文本首先出现，然后第二级文本和第二级下所有级别的文本同时出现。选中“相反顺序”复选框可以让段落按照从后向前的顺序播放。

项目任务 6-2 设置对象动画效果

在幻灯片中用户不但可以为文本设置动画效果，还可以为图形、图像等各种对象设置动画效果。

动手做 1 设置图形对象的动画效果

这里为第 2 张幻灯片中的图形对象设置动画效果，具体操作步骤如下：

Step 01 切换第 2 张幻灯片为当前幻灯片，选中第 2 张幻灯片中的红色箭头形状。

Step 02 单击动画组中的动画效果列表右侧的下三角箭头，打开动画效果列表，在列表中选择进入中的浮入选项。

Step 03 在动画组中单击效果选项按钮，在列表中的方向区域选择下浮。在计时组中开始列表中选择上一动画之后，在持续时间文本框中选择 01.00。

Step 04 双击高级动画组中的动画刷按钮，然后切换到第 3 张幻灯片，用鼠标在第 3 张幻灯片的红色箭头上单击以复制设置的动画，按照相同的方法将动画效果复制到其他幻灯片中的红色箭头上。

Step 05 选中第 2 张幻灯片中的灰色矩形。

Step 06 单击动画组中的动画效果列表右侧的下三角箭头，打开动画效果列表，在列表中选择更多进入效果选项，打开更改进入效果对话框。

Step 07 在基本型区域选择百叶窗选项，然后单击确定按钮返回到幻灯片中。

Step 08 在动画效果列表中选中该动画效果，在该效果的右端单击三角箭头，在下拉列表中选择效果选项命令，打开百叶窗对话框，如 6-14 所示。

Step 09 切换到效果选项卡，在设置区域的方向列表中选择水平，在增强的声音列表中选择风声。

Step 10 切换到计时选项卡，在开始列表中选择上一动画之后，在期间列表中选择快速（1 秒），在重复列表中选择 2，如图 6-15 所示。

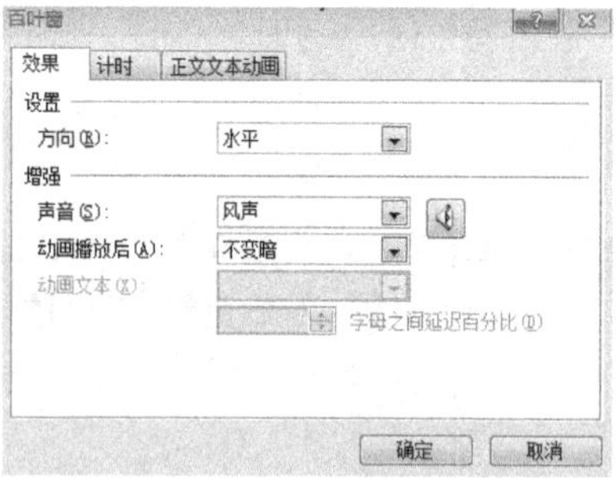

图 6-14 百叶窗对话框

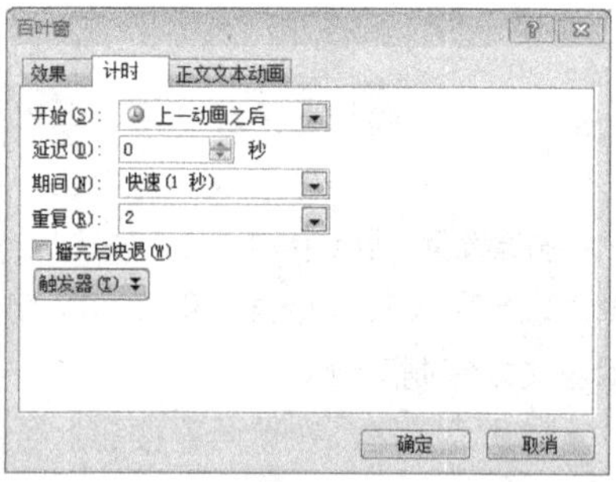

图 6-15 百叶窗计时选项卡

Step 11 设置完毕，单击确定按钮。

Step 12 双击高级动画组中的动画刷按钮，然后切换到第 3 张幻灯片，用鼠标在第 3 张幻灯片上的灰色矩形上单击以复制设置的动画，按照相同的方法将动画效果复制到其他幻灯片中的灰色矩形上。

动手做 2 设置图片的动画效果

这里为第 2 张幻灯片中的图形对象设置动画效果，具体操作步骤如下：

Step 01 切换第 2 张幻灯片为当前幻灯片，选中挖掘机图片。

Step02 单击动画组中的动画效果列表右侧的下三角箭头，打开动画效果列表，在列表中选择更多进入效果选项，打开更改进入效果对话框。

Step03 在细微型区域选择缩放，单击确定按钮，返回幻灯片。

Step04 在动画组中单击效果选项按钮，在列表中的消失点区域选择幻灯片中心。在计时组中的开始列表中选择上一动画之后，在持续时间文本框中选择 00.50。

在动画窗格窗口中单击播放按钮，用户可以预览到挖掘机图片从幻灯片的中间位置开始放大出现，如图 6-16 所示。

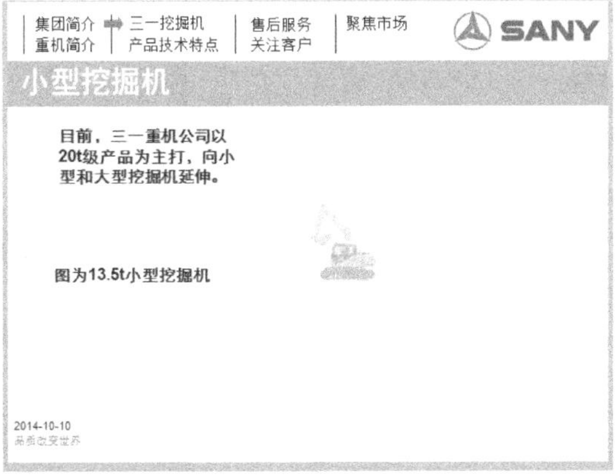

图 6-16 图片的缩放动画效果

项目任务 6-3 设置动画路径效果

动画路径功能可以指定对象或文本按照一条设置的路线运动，它是幻灯片动画序列的一部分。PowerPoint 2010 不仅提供了大量预设的路径效果，还可以自定义路径、更改路径等，并且还可以对各种路径进行编辑。

动手做 1 设置动作路径

PowerPoint 2010 提供的路径可以针对幻灯片中的任意元素设置，如文本、各种对象等。例如，要为第 1 张幻灯片中的图片对象设置动作路径，具体操作步骤如下：

Step01 切换第 1 张幻灯片为当前幻灯片，选中幻灯片中的图片，利用鼠标将图片拖到幻灯片的左边外部区域。

Step02 切换到动画选项卡，单击动画组中的动画效果列表右侧的下三角箭头，打开动画效果列表，在列表中选择其他动作路径选项，打开更改动作路径对话框，如图 6-17 所示。

Step03 在直线和曲线区域选择 S 形曲线 1，单击确定按钮，返回幻灯片。

Step04 在路径上单击鼠标选中路径，此时在路径上会出现 8 个控制点，如图 6-18 所示。

Step05 将鼠标指向左边红色三角上的控制点，当鼠标变为双向箭头时向右拖动鼠标，将红色三角拖到原来放置图片的位置。

Step06 将鼠标指向上面中部的控制点上，当鼠标变为双向箭头时向上拖动鼠标调整路径；将鼠标指向下面中部的控制点上，当鼠标变为双向箭头时向下拖动鼠标调整路径。

图 6-17　更改动作路径对话框

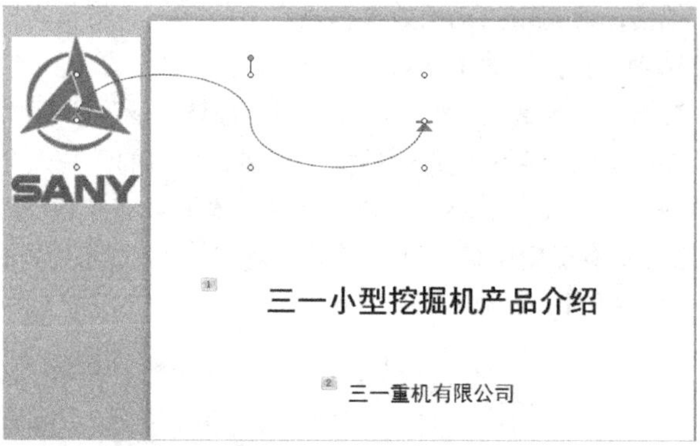

图 6-18　调整路径

动手做 2　自定义动作路径

在 PowerPoint 2010 中用户可以自定义动作路径，例如要为第 3 张幻灯片中挖掘机图片对象设置动作路径，具体操作步骤如下：

Step 01　切换第 3 张幻灯片为当前幻灯片，利用 Tab 键选中幻灯片中的挖掘机图片，然后利用鼠标将图片拖动到幻灯片的左侧外部。

Step 02　切换到动画选项卡，单击动画组中的动画效果列表右侧的下三角箭头，打开动画效果列表，在动作路径区域选中自定义动作路径选项，此时鼠标变为十字形状。

Step 03　拖动十字形状的鼠标从图片的新位置绘制一个弯曲的路径到图片的原来位置，双击图标结束绘制，如图 6-19 所示。

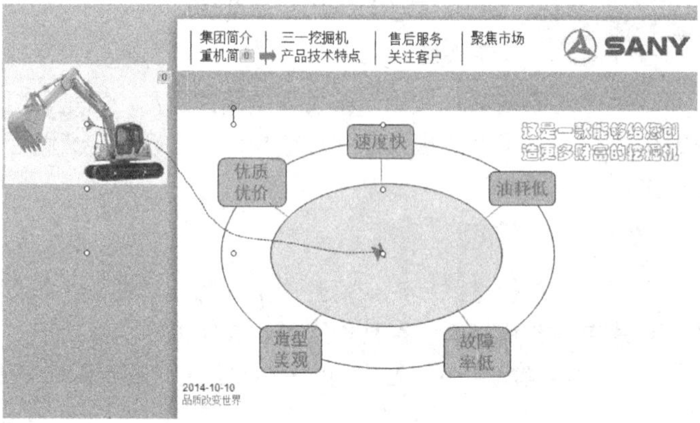

图 6-19　绘制路径

Step 04　在动画组中单击效果选项按钮，在列表中的类型区域选择曲线。在计时组开始列表中选择上一动画之后，在持续时间文本框中选择 02.00。

动手做 3　编辑路径

如果用户使用的动作路径不符合自己的要求，则可以对动作路径进行编辑。编辑动作路径的具体操作步骤如下：

Step 01　按住 Ctrl 键，分别选中第 3 张幻灯片中的两个椭圆形、椭圆形上的文本及椭圆形中间的红色直线。

Step 02　单击动画组中的动画效果列表右侧的下三角箭头，打开动画效果列表，在列表中选择进入中的淡出选项。

Step03 在计时组中的开始列表中选择上一动画之前，在持续时间文本框中选择 00.50，设置多个对象动画的效果，如图 6-20 所示。

Step04 选中“油耗低”文本，利用鼠标将其拖到“速度快”文本的上面。

Step05 在高级动画组中单击添加动画按钮，在列表中选择动作路径区域中的形状选项，此时在“油耗低”文本上会显示一个圆形动作路径，如图 6-21 所示。

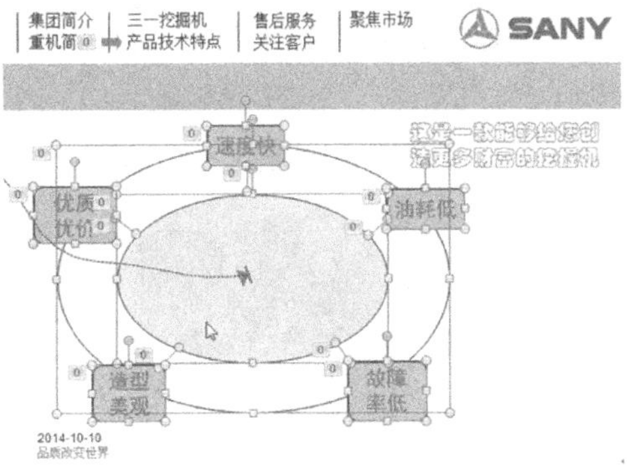

图 6-20 同时为多个对象设置动画效果

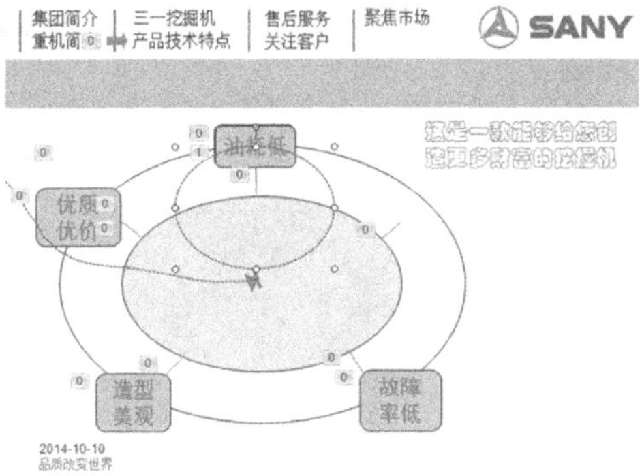

图 6-21 添加“形状”动作路径

Step06 在计时组中的开始列表中选择上一动画之前。

Step07 利用鼠标拖动左侧、右侧和下侧的控制点，使圆形动作路径与最外面的椭圆形基本相符，如图 6-22 所示。

Step08 在圆形路径上单击鼠标右键，打开一个右键快捷菜单，如图 6-23 所示。在快捷菜单中选择开放路径选项。

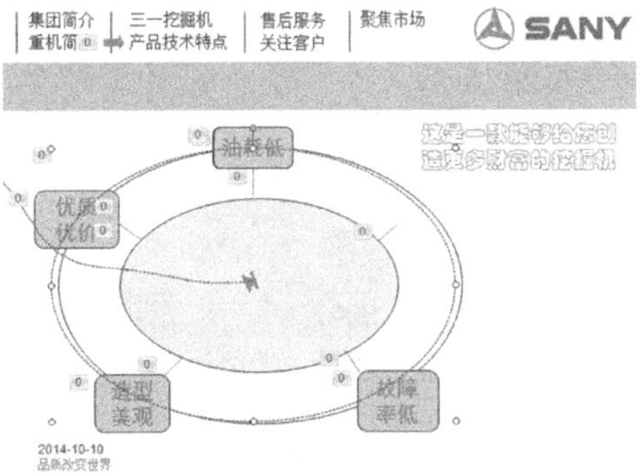

图 6-22 调整动作路径大小与形状的效果

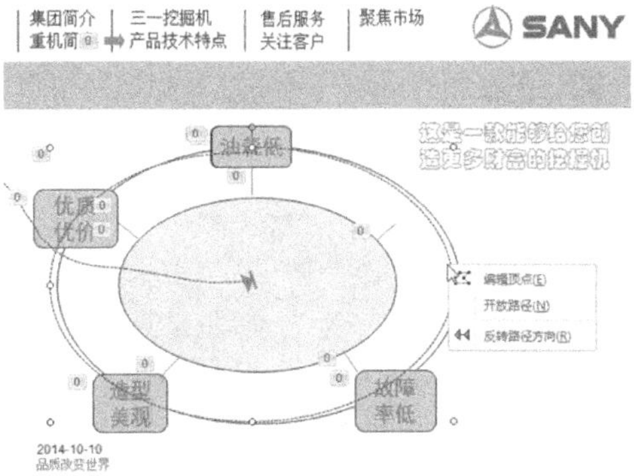

图 6-23 动作路径右键菜单

Step09 继续在快捷菜单中选择编辑顶点选项，此时动作路径的顶点变为实心黑点。

Step10 在红色的结束路径顶点上单击鼠标右键，在快捷菜单中选择删除顶点选项，则选中的顶点被删除，左侧的编辑点变为结束点；在新的顶点上单击鼠标右键，在快捷菜单中选择删除顶点选项，下侧的编辑点变为结束点；在新的顶点上单击鼠标右键，在快捷菜单中选择删除顶点选项，右侧的编辑点变为结束点。

Step11 在文本“油耗低”的原位置处单击鼠标右键，在快捷菜单中选择添加定点选项，则在鼠标位置处添加了一个顶点。在红色的结束路径顶点上单击鼠标右键，在快捷菜单中选择删除顶点选项，则选中的顶点被删除，新添加的顶点被作为结束点。

Step12 用鼠标拖动结束点与第一个编辑点中间的圆弧，使圆弧与外面的椭圆形基本重合，在动作路径之外单击鼠标结束编辑，编辑动作路径的效果如图 6-24 所示。

Step 13　按照相同的方法为椭圆上的其他文本添加圆形动作路径，并对路径进行编辑，从而使各个文本的结束点对应在文本的原来位置处，然后在计时组中的开始列表中选择上一动画之前。

单击预览组中的预览按钮，可以预览到刚才设置动画的文本会在椭圆上自右侧沿圆弧滑动到它们各自的位置，如图 6-25 所示。

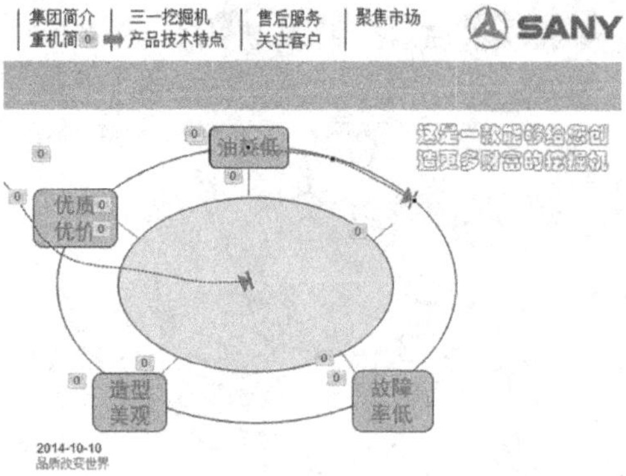

图 6-24　编辑动作路径的效果

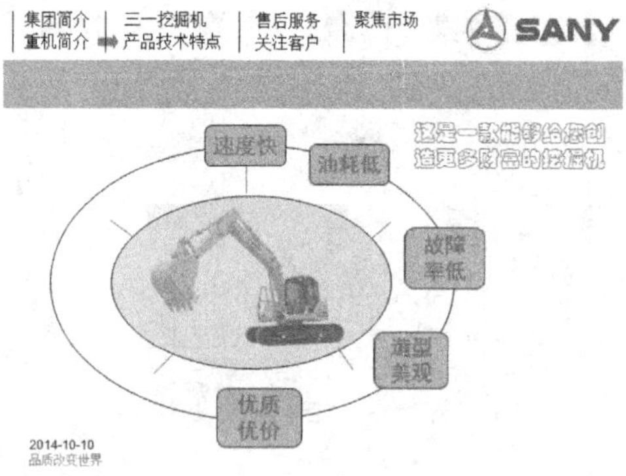

图 6-25　设置动作路径的文本动画效果

项目任务 6-4　在母版中设置动画效果

用户可以利用母版为幻灯片中的共同元素设置动画效果。利用母版设置动画效果的具体操作步骤如下：

Step 01　切换到视图选项卡，在母版视图组中单击幻灯片母版选项，进入幻灯片母版视图。

Step 02　在左侧的母版列表中选择标题和内容版式，如图 6-26 所示。

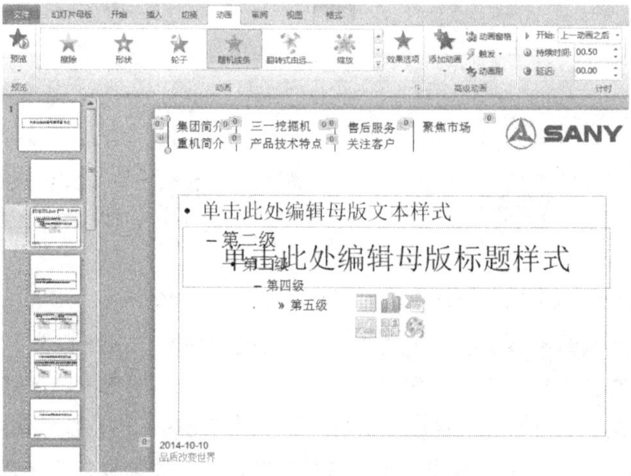

图 6-26　在幻灯片母版中设置动画

Step 03　切换到动画选项卡，选中幻灯片中的第一条竖线。单击动画组中的动画效果列表右侧的下三角箭头，打开动画效果列表，在列表中选择进入区域的随机线条选项。

Step 04　在动画组中单击效果选项按钮，在列表中的方向区域选择水平。在计时组中的开始列表中选择上一动画之后，在持续时间文本框中选择 00.50。

Step 05 将鼠标定位在“集团简介”文本框中，单击动画组中的动画效果列表右侧的下三角箭头，打开动画效果列表，在列表中选择进入区域的旋转选项。

Step 06 在计时组中的开始列表中选择上一动画之后，在持续时间文本框中选择 02.00。

Step 07 单击高级动画组中的动画刷按钮，然后用鼠标在“重机简介”文本上单击以复制设置的动画。

Step 08 选中竖线，单击高级动画组中的动画刷按钮，然后用鼠标在第二条竖线上单击以复制设置的动画。

Step 09 按照相同的方法分别复制文本上的动画到母版中的其他文本上，竖线上的动画到母版中的其他竖线上。

Step 10 选中图标图片，单击动画组中的动画效果列表右侧的下三角箭头，打开动画效果列表，在列表中选择进入区域的飞入选项。

Step 11 在动画组中单击效果选项按钮，在列表中的方向区域选择自右侧。在计时组中的开始列表中选择上一动画之后，在持续时间文本框中选择 00.50。

Step 12 将鼠标定位在“品质改变世界”文本框中，单击动画组中的动画效果列表右侧的下三角箭头，打开动画效果列表，在列表中选择进入区域的飞入选项。

Step 13 在动画组中单击效果选项按钮，在列表中的方向区域选择自下侧。在计时组中的开始列表中选择上一动画之后，在持续时间文本框中选择 00.50。

Step 14 切换到视图选项卡，在演示文稿视图组中单击普通视图选项进入普通视图视图。

Step 15 选中第 2 张幻灯片，切换到动画选项卡，此时在母版中设置的动画对象则不显示编号。

Step 16 单击高级动画组中的动画窗格选项，在动画窗格列表中也不显示在母版中设置的动画。单击播放按钮，此时在动画窗格列表中将会显示出幻灯片中所有的动画效果，播放动画时先播放在母版中设置的动画，然后再播放在幻灯片中设置的动画，如图 6-27 所示。

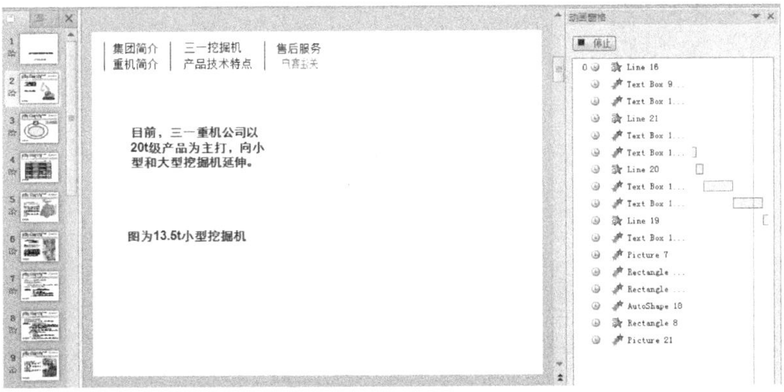

图 6-27 播放母版中设置的动画效果

项目任务 6-5 多对象动画效果的控制

演示文稿在设置动画时要从观众的角度考虑，合理安排各动画播放的顺序，便于观众理解和接受。如果动画效果设置得不太合适，用户还可以对动画进行编辑与修改。

动手做 1 设置多动画的顺序

在 PowerPoint 2010 中，为幻灯片中的各个元素设置动画时，系统会按照动画设置的前后次序，依次为各动画项编号。在动画窗格中有该幻灯片中的所有动画效果列表，按照时间顺序排列并有标号，左边幻灯片视图中有对应的标号与之对应，位置在该效果起作用的对象的左上方。

动画效果的编号是以设置“单击时开始”开始时间的动画效果为界限的，如果在幻灯片中设置了多个“单击时开始”开始时间的动画效果，则它们会根据用户设置的先后顺序进行编号，如果在某一动画效果后设置了“上一动画之后”开始时间的动画效果，它的编号将和上一编号相同，如果在某一动画效果前设置了“与上一动画同时”开始时间的动画效果，它的编号也将和上一编号相同。

幻灯片中各对象的动画效果会根据编号依次进行展示，如果用户认为动画效果的先后次序不合理，则可以使用动画窗格列表下面的上移箭头 或下移箭头 改变动画效果的先后顺序。动画效果的顺序改变后，它的效果标号也跟着改变。

例如，为第 1 张幻灯片在设置动画效果时是先设置的标题文本和副标题文本，最后设置的图片，此时用户可以调整动画顺序，将图片的动画效果第一个播放，具体操作步骤如下：

Step01 切换第 1 张幻灯片为当前幻灯片。

Step02 切换到动画选项卡，在高级动画组中单击动画窗格选项显示动画窗格。

Step03 将鼠标移动到窗格列表中，当鼠标变为双向箭头状时，单击鼠标选中第 3 个动画效果。

Step04 单击动画效果列表下面的上移按钮两次，将其调整为第 1 个动画项，如图 6-28 所示。单击播放按钮，此时则先播放图片的路径效果。

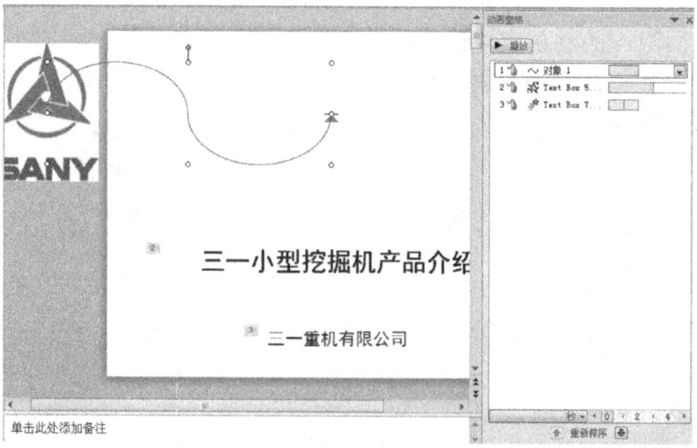

图 6-28　调整动画顺序

用户可以按照相同的方法为其他幻灯片中的文本或对象设置动画效果，并调整动画效果的播放顺序。

动手做 2　为一个对象设置多个动画

在 PowerPoint 2010 中可以为一个对象设置多个动画效果。例如，在前面为第 3 张幻灯片中的“优质优价”文本设置动画效果时就是为它们首先设置了淡出的动画效果，然后又为它们设置了路径效果。

例如，这里为了强调第 5 张幻灯片中“性能稳定”文本的效果，用户可以首先为其设置进入的动画效果，然后设置退出的动画效果，最后再设置进入的动画效果。具体操作步骤如下：

Step01 切换到第 5 张幻灯片，选中“性能稳定”文本。

Step02 切换到动画选项卡，单击动画组中的动画效果列表右侧的下三角箭头，打开动画效果列表，在列表中选择进入区域中的劈裂选项。

Step03 在动画组中单击效果选项按钮，在列表中的方向区域选择中央向左右展开。在计时组中的开始列表中选择上一动画之后，在持续时间文本框中选择 00.50。

Step04 在高级动画组中单击添加动画按钮，在列表中选择更多退出效果选项，打开添加退出效果对话框，如图 6-29 所示。

Step05 在基本型区域选中百叶窗选项，单击确定按钮，返回幻灯片。

Step06 在动画组中单击效果选项按钮，在列表中的方向区域选择垂直。在计时组中的开始列表中选择上一动画之后，在持续时间文本框中选择 00.50。

Step07 在高级动画组中单击添加动画按钮，在列表中选择更多进入效果选项打开添加进入效果对话框，如图 6-30 所示。

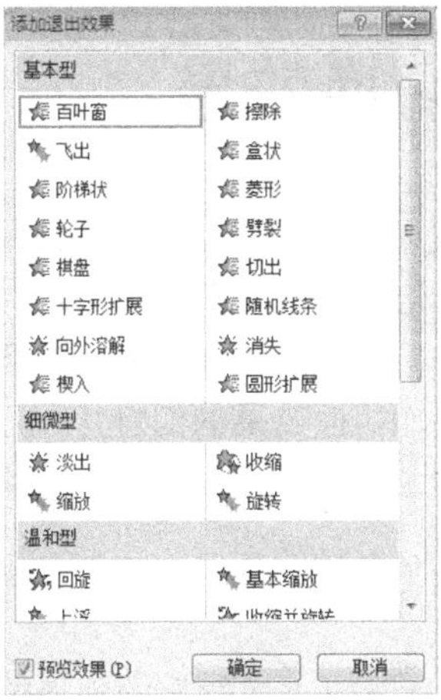

图 6-29 添加退出效果对话框

图 6-30 添加进入效果对话框

Step08 在温和型区域选中基本缩放选项，单击确定按钮，返回幻灯片。

Step09 在动画组中单击效果选项按钮，在列表中的方向区域选择从屏幕底部缩小。在计时组中的开始列表中选择上一动画之后，在持续时间文本框中选择 00.50。

动手做 3 修改动画效果

用户可以对任意动画效果进行修改，使动画效果更加符合放映的要求。例如，修改第 5 张幻灯片中灰色矩形的动画效果，具体操作步骤如下：

Step01 切换到第 5 张幻灯片，切换到动画选项卡，选中灰色矩形或在动画窗格列表中选中该动画项。

Step02 单击动画组中的动画效果列表右侧的下三角箭头，打开动画效果列表，在列表中选择进入区域中的浮入选项。

Step03 在动画组中单击效果选项按钮，在列表中的方向区域选择下浮。在计时组中的开始列表中选择上一动画之后，在持续时间文本框中选择 01.00。

Step04 单击播放按钮，用户可以预览动画修改效果。

动手做 4 动画的定时播放

在放映幻灯片时可以设置定时播放效果，如设置在单击时开始放映，另外用户还可以设置在上一事件结束多长时间后放映动画。例如，设置第 2 张幻灯片中“小型挖掘机”文本的动画效果在上一动画播放后 2 秒后开始播放，具体操作步骤如下：

Step01 切换到第 2 张幻灯片，切换到动画选项卡，选中“小型挖掘机”文本或在动画窗格列表中选中该动画项。

Step02 在计时组中的延迟列表中选择或输入“02.00”，如图 6-31 所示。

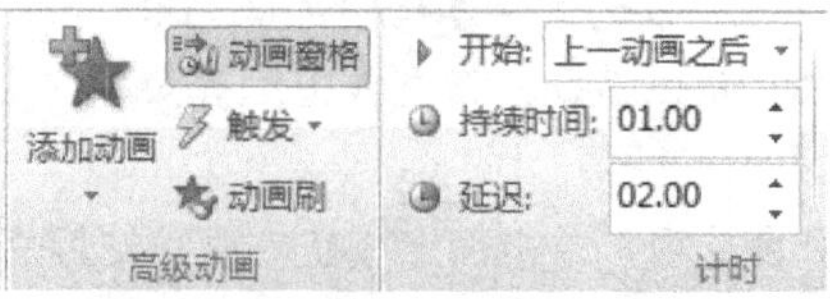

图 6-31 设置延迟时间

Step03 单击播放按钮，用户可以预览到在灰色矩形动画效果结束后将暂停 2 秒，然后开始播放“小型挖掘机”动画。

项目任务 6-6 设置幻灯片的切换效果

幻灯片切换效果是加在连续的幻灯片之间的特殊效果。在幻灯片放映的过程中，一张幻灯片切换到另一张幻灯片时，可采用不同的技巧将下一张幻灯片显示到屏幕上。

为幻灯片添加切换效果最好在幻灯片浏览视图中进行，因为在浏览视图中用户可以看到演示文稿中所有的幻灯片，并且可以非常方便地选择要添加切换效果的幻灯片。

动手做 1 设置单张幻灯片切换效果

为幻灯片设置切换效果时，用户可以为演示文稿中的每张幻灯片设置不同的切换效果或者为所有的幻灯片设置同样的切换效果。

例如，为“产品展示”演示文稿中的第 1 张幻灯片设置“溶解”的切换效果，具体步骤如下：

Step01 单击视图选项卡下演示文稿视图组中的幻灯片浏览按钮，切换到幻灯片浏览视图。

Step02 单击第 1 张幻灯片。

Step03 在切换选项卡下切换到此幻灯片组中单击切换效果右侧的下三角箭头，在下拉列表中选择合适的切换效果，这里选择华丽区域的溶解，如图 6-32 所示。

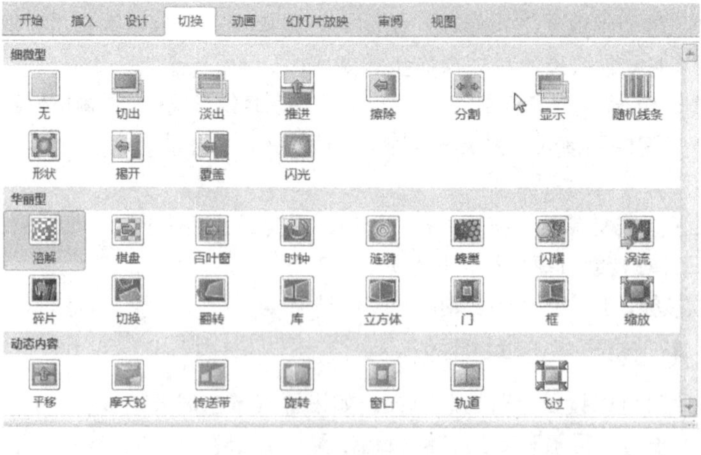

图 6-32 设置第 1 张幻灯片切换方式

Step04 在计时组中声音下拉列表中选择风铃选项，在持续时间文本框中选择 00.50，在换片方式区域选中单击鼠标时。

动手做 2 设置多张幻灯片切换效果

为幻灯片设置切换效果时，用户还可以为演示文稿中的多张幻灯片设置相同的切换效果。例如，用户要为演示文稿“产品展示”中的偶数幻灯片设置“棋盘”的切换效果，为除第 1 张幻灯片以外奇数幻灯片设置“涟漪”的切换效果，具体步骤如下：

Step01 单击视图选项卡下演示文稿视图组中的幻灯片浏览按钮，切换到幻灯片浏览视图中。

Step02 按下 Ctrl 键的同时单击偶数页幻灯片将其选中。

Step03 在切换选项卡下切换到此幻灯片组中的切换效果列表中选择棋盘式。

Step04 单击切换到此幻灯片组中的效果选项，在列表中选择自顶部，在计时组中声音下拉列表中选择风声选项，在持续时间文本框中选择 0.50；在换片方式区域选中单击鼠标时，如图 6-33 所示。

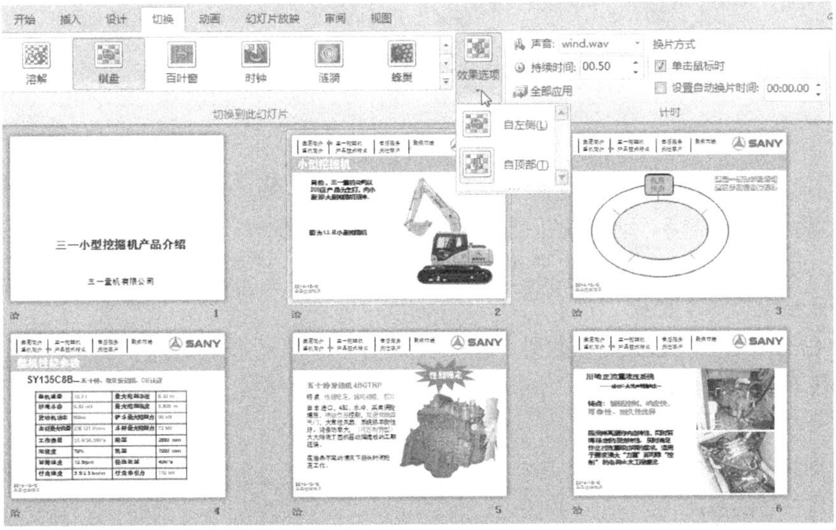

图 6-33 设置切换效果选项

Step05 先按下 Ctrl 键然，后单击除第 1 张以外的奇数页幻灯片将其选中。

Step06 在切换选项卡下切换到此幻灯片组中的切换效果列表中选择涟漪。

Step07 在计时组中声音下拉列表中选择风声选项，在切换选项卡下计时组中持续时间文本框中选择 0.50；在换片方式区域选中单击鼠标时。

教你一招

如果用户要为演示文稿中的全部幻灯片设置切换效果，可以在选中一种效果后，单击计时组中的全部应用按钮。

项目拓展——制作公司简介演示文稿

公司简介是介绍公司基本情况、对外宣传的基本资料，因此公司简介的语言应简洁、明了、华丽但不夸张。如果对公司简介幻灯片的外观进行合理设计，则更能体现出公司的内涵。如图 6-34 所示就是利用 PowerPoint 2010 制作的新天地出版社的简介。

图 6-34　公司简介

设计思路

在公司简介演示文稿的制作过程中，用户可以对表格、SmartArt 图形以及图表对象设置动画效果，然后再利用链接、动作按钮创建交互式的演示文稿。

制作公司简介演示文稿的基本步骤可分解为：

Step01　为表格设置动画效果

Step02　为 SmartArt 图形设置动画效果

Step03　为图表设置动画效果

Step04　为文字创建链接

Step05　为图片创建链接

Step06　动作按钮的应用

动手做 1　为表格设置动画效果

表格作为对象的一种，可以像其他对象一样设置进入、强调、退出和动作路径等动画。例如，为第 3 张幻灯片中的表格设置动画效果，具体步骤如下：

Step01　切换第 3 张幻灯片为当前幻灯片，选中幻灯片中的表格对象。

Step02　切换到动画选项卡，单击动画组中的动画效果列表右侧的下三角箭头，打开动画效果列表，在列表中选择进入中的轮子选项。

Step03　在动画组中单击效果选项按钮，在列表中的轮辐图案区域选择 4 轮辐图案。

Step04　单击高级动画组中的动画窗格选项，打开动画窗格，在动画效果列表中选中该动画效果，在该效果的右端单击箭头，然后在列表中选择计时命令，打开轮子对话框。

Step05　在计时选项卡的开始列表中选择上一动画之后，在期间列表中选择快速（1 秒），在重复列表中选中 2，如图 6-35 所示。

Step06　设置完毕，单击确定按钮，返回幻灯片。

动手做 2　为 SmartArt 图形设置动画效果

SmartArt 图形作为对象的一种，可以像其他对象一样设置进入、强调、退出和动作路径等动画，并且还可以设置按级别或分支依次显示动画。例如，为第 4 张幻灯片中的 SmartArt 图形设置动画效果，具体步骤如下：

Step01　切换第 4 张幻灯片为当前幻灯片，选中幻灯片中的 SmartArt 图形对象。

Step 02 切换到动画选项卡，单击动画组中的动画效果列表右侧的下三角箭头，打开动画效果列表，在列表中选择进入中的飞入选项。

Step 03 在动画组中单击效果选项按钮，在列表中的方向区域选择自左下部。

Step 04 在动画窗格的动画效果列表中选中该动画效果，在该效果的右端单击箭头，然后在列表中选择从上一项之后开始命令，继续在列表中选择效果选项选项，打开飞入对话框。

Step 05 切换到 SmartArt 动画选项卡，在组合图形列表中选择逐个按分支选项，如图 6-36 所示。

Step 06 设置完毕，单击确定按钮，返回幻灯片。

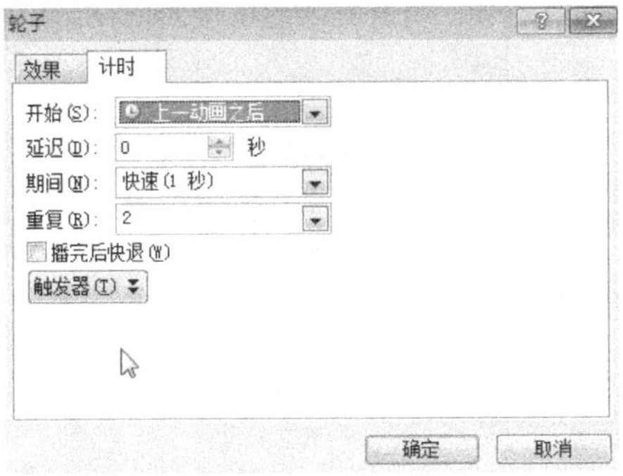

图 6-35 轮子对话框

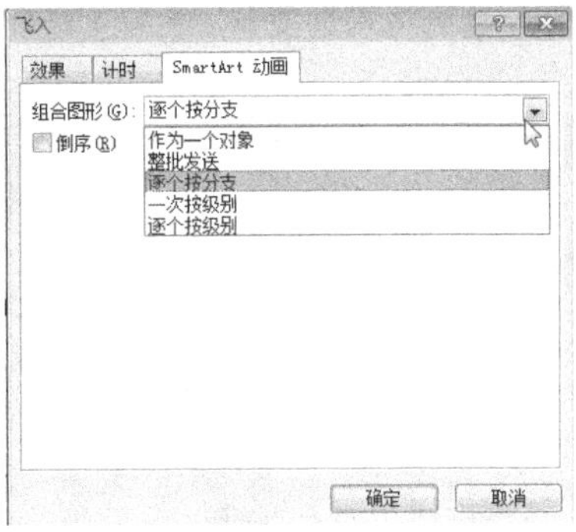

图 6-36 设置 SmartArt 动画效果

单击播放按钮，用户可以预览到 SmartArt 形状将按分支逐个飞入。

动手做 3 为图表设置动画效果

图表作为对象的一种，也可以像其他对象一样设置进入、强调、退出和动作路径等动画，并且还可以设置按序列或类别依次显示动画。例如，为第 5 张幻灯片中图表设置动画效果，具体步骤如下：

Step 01 切换第 5 张幻灯片为当前幻灯片，选中幻灯片中的图表对象。

Step 02 切换到动画选项卡，单击动画组中的动画效果列表右侧的下三角箭头，打开动画效果列表，在列表中选择进入中的反转式由远及近选项。

Step 03 在动画组中单击效果选项按钮，在列表中的序列区域选择按类别。

单击播放按钮，用户可以预览到图表将按类别逐个飞入。

提示

在动画效果列表中选中图表的动画效果，在该效果的右端单击箭头，然后在列表中选择效果选项命令，在打开的对话框中选择图表动画选项卡，如图 6-37 所示。在对话框中的组合图表列表中如果选择按分类，若选中通过图表背景启动动画效果选项，则图表的背景也启用该动画效果，如果取消通过图表背景启动动画效果选项的选中状态，则只有图表的分类启用动画效果，图表背景没有动画效果。

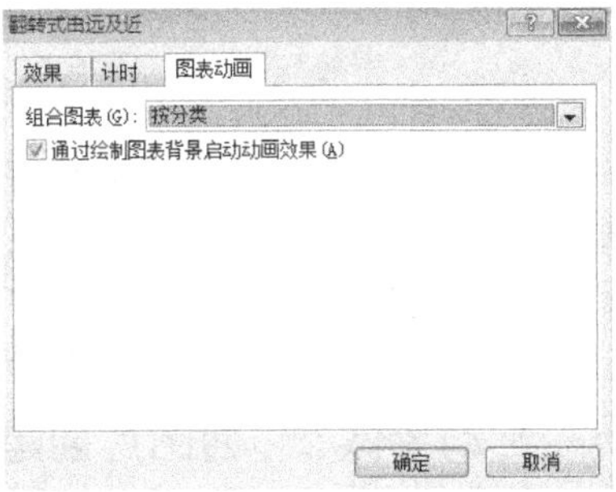

图 6-37 设置图表的动画效果

动手做 4　为文字创建链接

在 PowerPoint 2010 中用户可以为文字设置超链接，在放映时单击该文字则会跳至相应的链接。

这里为第 1 张幻灯片的文字“出版社简介”设置与“出版社简介”幻灯片进行链接，具体操作步骤如下：

Step 01　切换第 1 张幻灯片为当前幻灯片。

Step 02　在幻灯片中选中文本“出版社简介”。

Step 03　切换到插入选项卡，在链接选项组中单击超链接选项，打开插入超链接对话框，如图 6-38 所示。

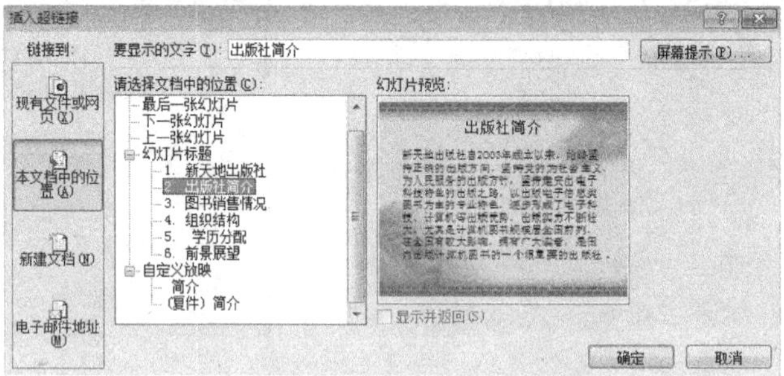

图 6-38　插入超链接对话框

Step 04　在链接到列表中选择本文档中的位置选项，在请选中文档中的位置下，单击要用作超链接目标出版社简介。

Step 05　单击确定按钮，设置超链接后的效果如图 6-39 所示。

图 6-39　为文本设置链接的效果

在图中可以发现设置完超级链接的文字不仅自动添加了下划线，而且超链接的文字颜色也发生了相应的变化。设置好超级链接后，在放映幻灯片时将鼠标指针移动到超级链接文本上，鼠标将变为“手”状，单击该处即可跳转到相应的幻灯片中。

按照相同的方法设置“出版社简介”下面的文本链接到相应的幻灯片中。

动手做 5　为图片创建链接

在幻灯片中图片和文字一样也可以设置超链接，在为图片和文本设置超链接时还可以利用动作设置对话框来设置超链接。例如，这里为第 1 张幻灯片中的图片设置起链接到“出版社简介”幻灯片，具体操作步骤如下：

Step 01 切换第 1 张幻灯片为当前幻灯片。

Step 02 在幻灯片中选中图片。

Step 03 切换到插入选项卡，在链接选项组中单击动作选项，打开动作设置对话框，如图 6-40 所示。

Step 04 在单击鼠标选项卡的单击鼠标时的动作区域选择链接到选项，在下面的列表中选择出版社简介幻灯片。

Step 05 单击确定按钮。

动手做 6 动作按钮的应用

用户可以将某个动作按钮添加到演示文稿中，然后定义如何在放映幻灯片时使用该按钮。

例如，为演示文稿“公司简介”中的第 2 张幻灯片中添加两个动作按钮，分别链接到前面一张幻灯片和后面一张幻灯片中，具体操作步骤如下：

Step 01 选择第 2 张幻灯片为当前幻灯片。

Step 02 切换到插入选项，在插图选项组中单击形状按钮，打开一个下拉列表，如图 6-41 所示。

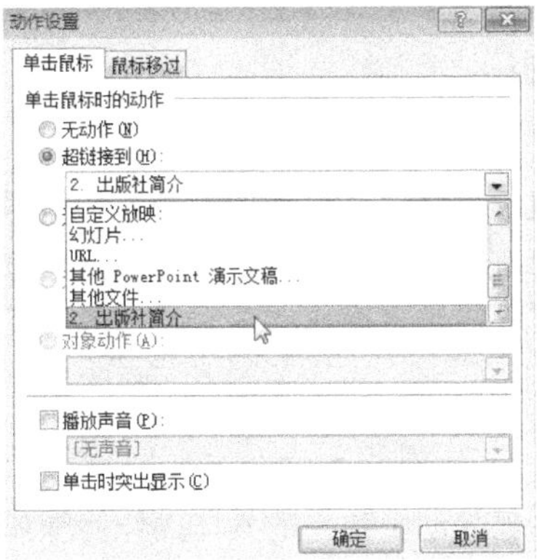

图 6-40 动作设置对话框

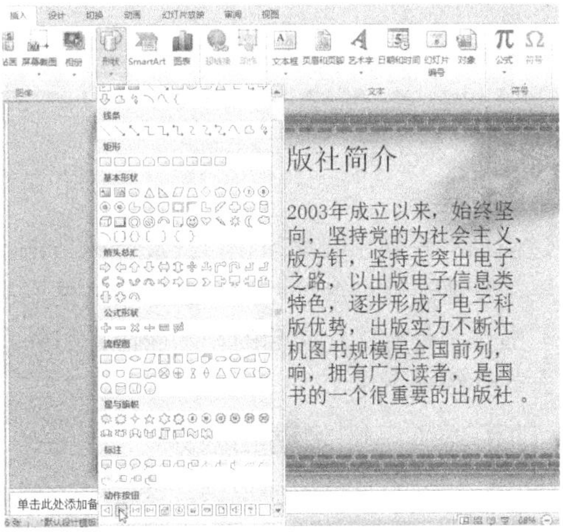

图 6-41 形状下拉列表

Step 03 在动作按钮区域单击要添加的按钮前进或下一项按钮。

Step 04 在幻灯片上通过拖动鼠标为该按钮绘制形状，绘制结束后会自动打开动作设置对话框。

Step 05 在动作设置对话框中，选择单击鼠标选项卡，选中超链接到选项，然后将超链接的目标设置为下一张幻灯片，单击确定按钮。

Step 06 用同样的方法添加上一项按钮，效果如图 6-42 所示。

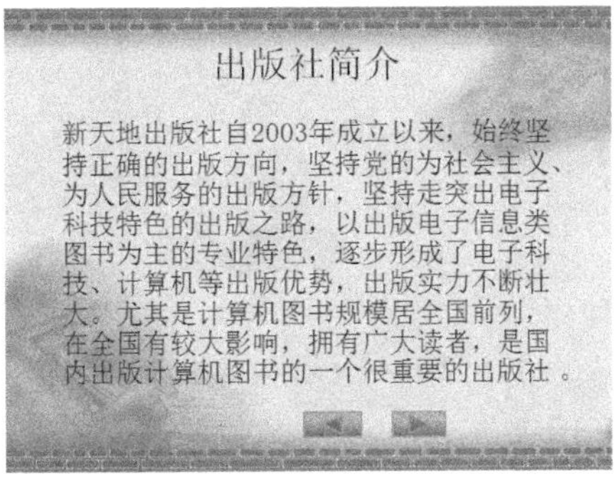

图 6-42 设置动作按钮效果

设置好动作按钮后，在放映幻灯片时将鼠标指针移动到按钮上，鼠标将变为“手”的形状，此时单击即可跳转到相应的幻灯片中。

提示

在动作设置对话框中如果选择鼠标移过选项，如图 6-43 所示。在对话框中用户可以设置鼠标移过对象时发生的动作效果。另外，动作按钮也是一种图形，用户可以选中动作按钮后切换到格式选项卡对动作按钮进行设置。

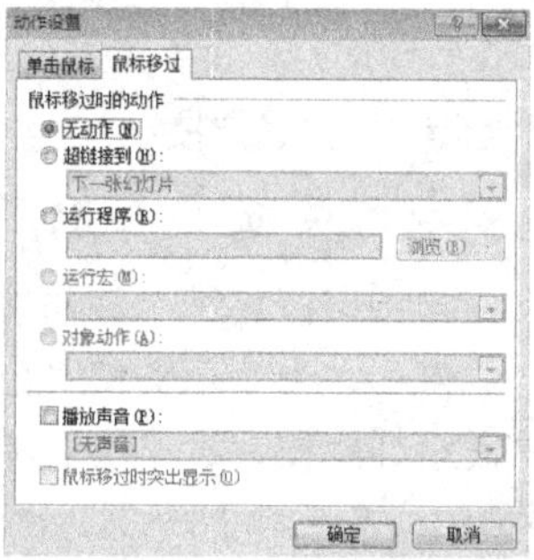

图 6-43 设置鼠标移过的效果

知识拓展

通过前面的任务主要学习了打开文档的方法，设置段落格式，设置项目符号和编号，设置字符效果，设置边框和底纹，打印文档，格式刷的使用，制表位的应用，以及换行与分页的设置。这些操作都是格式化文档的基本操作。另外，还有一些基本操作在前面的任务中没有运用到，下面就介绍一下。

动手做 1 删除动画效果

用户为幻灯片设置动画效果后，还可以将其删除。删除动画效果的具体操作步骤如下：

Step01 切换到动画选项卡，在高级动画组中单击动画窗格选项显示动画窗格。

Step02 将鼠标移到动画窗格列表中，当鼠标变为双向箭头状时，单击鼠标选中要删除的动画效果。

Step03 单击动画效果右端的箭头，打开一个下拉列表，在列表中选择删除命令即可将选中的动画效果删除，如图 6-44 所示。

图 6-44 删除动画效果

动手做 2 高级日程表

在高级日程表中可以精细地设置每项效果的开始和结束时间，应用高级日程表设置动画放映时间的具体操作步骤如下：

Step01 切换到动画选项卡，在高级动画组中单击动画窗格选项显示动画窗格。

Step02 将鼠标移动到窗格列表中，当鼠标变为双向箭头状时，单击鼠标选中某一个动画效果。

Step03 单击动画效果右端的箭头，打开一个下拉列表，在列表中选择显示高级日程表命令，可以显示如图 6-45 所示的高级日程表。

图 6-45 显示高级日程表

Step04 用鼠标指向时间方块的两端，当鼠标显示为 ◀||▶ 状时拖动鼠标可以设置放映时间。用鼠标拖动方块的中间可以保持项目的时间长度不变以改变项目的开始时间。

如果在列表中选择隐藏高级日程表命令，则隐藏高级日程表。

动手做 3 设置触发效果

用户可以为某些动画效果设置触发效果，具体操作步骤如下：

Step01 切换到动画选项卡，在高级动画组中单击动画窗格选项显示动画窗格。

Step02 将鼠标移动到窗格列表中，当鼠标变为双向箭头状时，单击鼠标选中某一个动画效果。

Step03 单击动画效果右端的箭头，打开一个下拉列表，在列表中选择计时命令，打开如图 6-45 所示对话框。

Step04 单击触发器按钮，选中单击下列对象时启动效果单选按钮，在右侧的下拉列表中选择单击的对象，如图 6-46 所示。

Step05 单击确定按钮，此时该动画效果的前面显示为手状。

在放映幻灯片时，只有单击了设置的对象，动画效果才会放映出来。如果单击了标题对象外的地方，那么将跳过该动画效果的播放。该功能可以用来让演讲者在放映时决定是否放映某一对象。

另外，用户在选中动画效果后，也可以在高级动画组中单击触发按钮，在列表中选择触发效果，如图 6-47 所示。

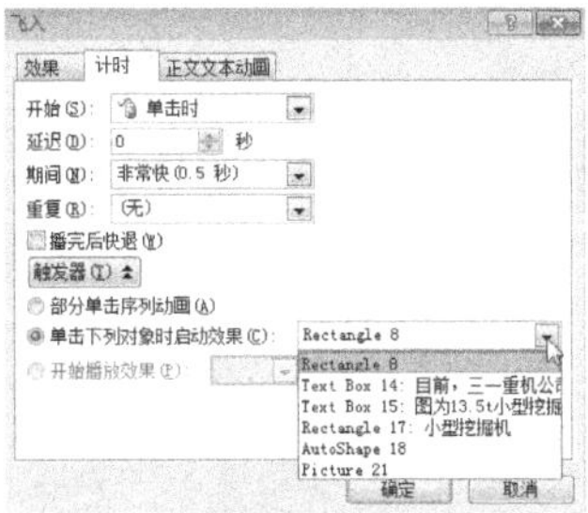

图 6-46 设置触发效果

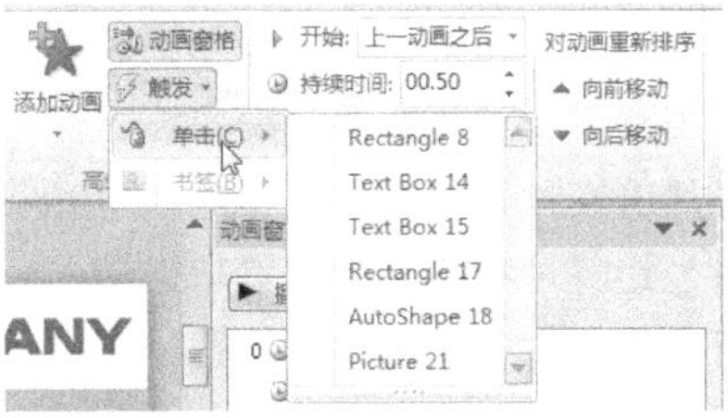

图 6-47 在触发列表中选择触发效果

课后练习与指导

一、选择题

1．关于在幻灯片中设置动画效果的说法正确的是（　　）。

A．应用系统提供的路径动画后，用户无法对路径进行编辑

B．在设置动画效果时，无论是文本还是对象，同一种动画类型具有相同的设置方法

C．设置动画效果的选项只能在对话框中进行设置

D．在使用自定义动作路径动画时用户可以自由绘制动画的路径

2．关于在幻灯片中设置多动画效果的说法错误的是（　　）。

A．在设置了动画效果后，用户可以对该动画效果进行修改

B．在同一个幻灯片中设置了多个动画效果后，用户可以调整动画的播放顺序

C．在设置多个动画效果时用户可以设置动画定时播放

D．用户可以为同一个对像设置多个动画效果，但不能设置相同的动画效果

3．关于设置幻灯片切换效果的说法错误的是（　　）。

A．用户可以为一张幻灯片设置多个切换效果

B．用户可以在演示文稿中为不同的幻灯片设置不同的切换效果

C．在设置切换效果时用户可以设置切换效果的伴随声音

D．幻灯片切换效果的持续时间可以与自动换片时间相同

4．下列说法正确的是（　　）。

A．在幻灯片中用户可以为文本设置链接，但无法为图片设置链接

B．SmartArt 图形动画效果的效果设置与其他图形对象有所不同

C．动作按钮无法设置动画效果

D．在幻灯片中设置的超链接只有单击鼠标时才会链接到目标位置

二、填空题

1．陀螺转属于________动画效果，飞入属于________动画效果。

2．文本的动画效果有________、________和________3 种发送方式。

3．在________选项卡的________组中单击________按钮，在列表中用户可以设置动画的效果选项。

4．在________选项卡的________组中单击________按钮，在列表中用户可以为同一个对像设置不同的动画效果。

三、简答题

1．文本对象与图片对象在设置动画效果的动画选项时最大的区别是什么？

2．如何调整多个动画的播放顺序？

3．幻灯片的换片方式有哪几种？

4．如何为幻灯片中的文本设置超链接？

5．如何在幻灯片中使用动作按钮？

6．如何删除动画效果？

四、实践题

按下述要求完成全部操作，结果如图 6-48 所示。

1．为第 2 张幻灯片中的文本“职业型消费”、“月光型消费”、“调查结果”设置链接，链接目标分别为第 3、4、5 张幻灯片。

2．设置幻灯片的切换效果为“垂直方向的百叶窗”，声音为“风铃”，持续时间为“01.00”，换片方式为“单击鼠标时”。

3．利用幻灯片母版设置幻灯片标题的动画效果为自顶部飞入的效果，单击鼠标启动动画效果。

4．设置第 2 张幻灯片中“职业型消费”图形的动画效果为旋转的效果，单击鼠标启动动画效果；设置其他两个图形的动画效果为旋转效果，上一动画之后启动动画效果。

5．设置第 5 张幻灯片中图表的动画效果为自底部飞入的效果，图表动画效果为按分类并通过图表背景启动动画效果，单击鼠标启动动画效果。

6．为幻灯片添加上一项和下一项的动作按钮，分别链接到上一张和下一张幻灯片。

素材位置：案例与素材\模块十二\素材\白领消费调查（初始）

效果位置：案例与素材\模块十二\源文件\白领消费调查

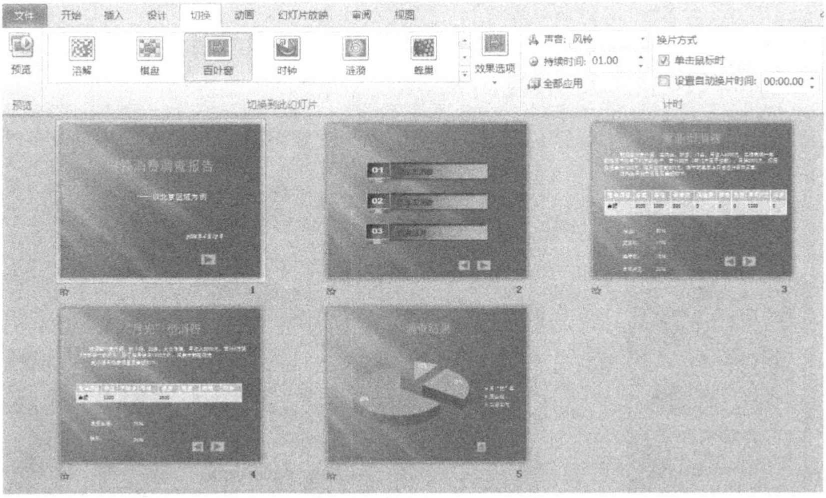

图 6-48　白领消费调查

模块 07 在演示文稿中添加多媒体资源——制作新年团拜会幻灯片

你知道吗？

在幻灯片中用户不但可以插入图片、图形等普通对象，还可以插入声音、视频等多媒体对象制作出声色俱佳的幻灯片。

应用场景

有些幻灯片包含声音与视频，如图 7-1 所示的闪电演示文稿就包含了视频，此演示文稿就是利用 PowerPoint 2010 软件来制作的。

图 7-1　闪电演示文稿

团拜会是“团体拜年会”的意思，是一种集体祝贺节日的礼仪形式。在我国，党政机关、企事业单位和社会团体通常在农历正月初一（春节）前夕举行团拜会。团拜会是大家欢聚一堂、互相祝贺的一种会议形式，既体现民族风俗，又益于融洽群体内部关系，进行“团拜”就相当于大家都拜过年了。

如图 7-2 所示，就是利用 PowerPoint 2010 制作的团拜会演示文稿，请读者根据本模块所介绍的知识和技能，完成这一工作任务。

相关文件模板

利用 PowerPoint 2010 软件的基本功能，还可以完成闪电演示文稿、带声音的模板等工作任务。

为方便读者，本书在配套的资料包中提供了部分常用的文件模板，具体文件路径如图 7-3 所示。

图 7-2 团拜会演示文稿

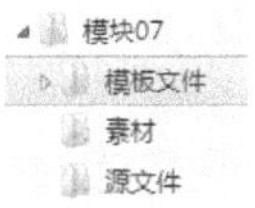

图 7-3 应用文件模板

背景知识

中国人有过年相互庆贺祝福的习惯，上下级之间更是如此，毛主席为了杜绝下属向领导送礼拜年影响工作，就在年前把同志们召集在礼堂中，人手一碗清茶，进行“团拜”，如此一来，就相当于大家都拜过年了。

设计思路

在团拜会演示文稿制作过程中，主要是为幻灯片添加声音与视频效果。制作团拜会幻灯片的基本步骤可分解为：

Step 01 在幻灯片中插入声音。

Step 02 在幻灯片中插入视频。

项目任务 7-1 在幻灯片中使用声音

为了突出重点，用户可以在幻灯片中添加音频，如音乐、旁白、原声摘要等。

在幻灯片上插入音频剪辑时，将显示一个表示音频文件的喇叭图标。在进行演讲时，用户可以将音频剪辑设置为“在显示幻灯片时自动开始播放”、“在单击鼠标时开始播放”或“播放演示文稿中的所有幻灯片”，甚至可以循环连续播放直至停止播放。

动手做 1 在幻灯片中插入音频文件

在 PowerPoint 2010 中可以直接插入 WAV、MID 和 MP3 格式声音的文件，也可以直接插入 CD 格式的文件、录制对白。

例如，在第 8 张幻灯片中插入声音文件，具体操作步骤如下：

Step 01 切换第 8 张幻灯片为当前幻灯片。

Step 02 切换到插入选项卡，在媒体组中单击音频按钮打开一个下拉列表，如图 7-4 所示。

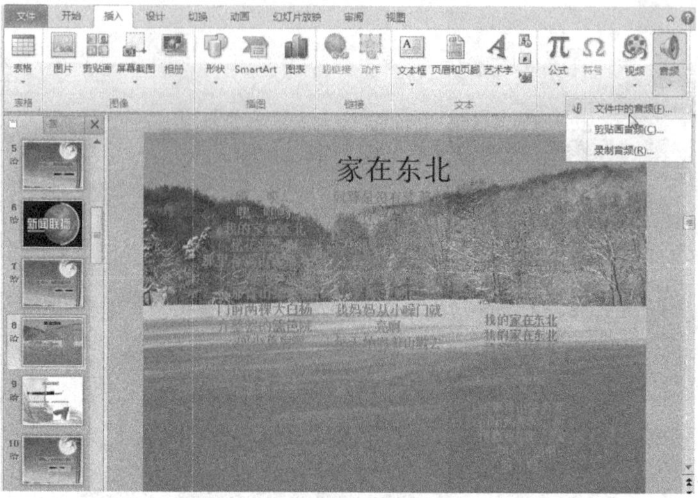

图 7-4　音频下拉列表

Step03　在下拉列表中选择文件中的音频，打开插入音频对话框，如图 7-5 所示。

Step04　选择音频文件的位置，在文件列表中选中要插入的声音文件，单击插入按钮，即可插入音频。用鼠标拖动调整插入的音频对象的位置，在幻灯片中插入音频文件的效果如图 7-6 所示。

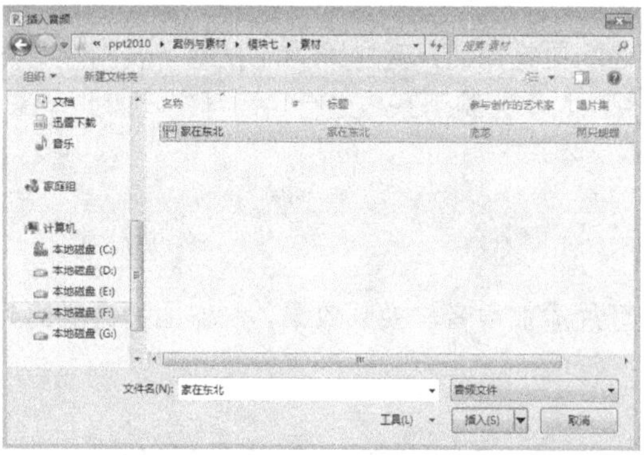

图 7-5　插入音频对话框

图 7-6　插入音频文件的效果

动手做 2　预览音频文件

在插入音频文件后，用户可以对音频文件进行试听。在插入音频后会在音频图标的下方出现一个工具条（如果不显示工具条，则选中音频图标后会显示），单击工具条上的播放按钮，用户可以试听音频。单击工具条上的喇叭图标，用户可以调整音频音量的大小，如图 7-7 所示。如果用户单击暂停按钮，则停止音频的播放。

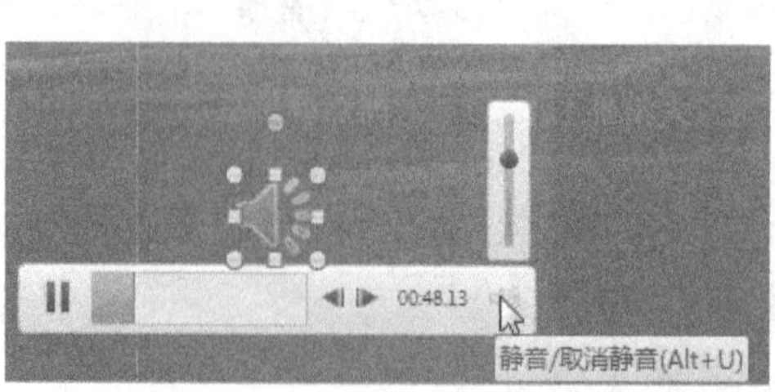

图 7-7　预览音频文件

动手做 3 设置音频剪辑的播放效果

在幻灯片中插入音频剪辑后还可以对音频剪辑的播放效果进行设置。设置音频剪辑的具体操作步骤如下：

Step01 在第 8 张幻灯片上选中音频剪辑图标。

Step02 切换到播放选项卡，如图 7-8 所示。

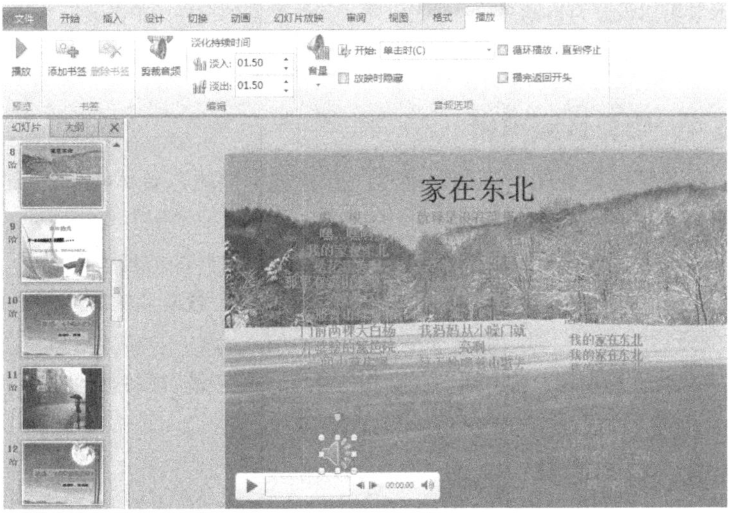

图 7-8 播放选项卡

Step03 如果用户需要连续播放音频剪辑直至幻灯片停止播放，则可在音频选项组中选中循环播放，直到停止复选框。循环播放时，声音将连续播放，直到转到下一张幻灯片为止。

Step04 如果用户在放映该幻灯片时需要自动开始播放音频剪辑，则可在音频选项组中的开始列表中选择自动。

Step05 如果要通过在幻灯片上单击音频剪辑来手动播放，则可在音频选项组中的开始列表中选择单击时。

Step06 如果要在演示文稿中单击切换到下一张幻灯片时播放音频剪辑，则可在音频选项组中的开始列表中选择跨幻灯片播放。

Step07 如果在音频选项组中选中放映时隐藏选项，则在放映时隐藏音频剪辑图标。

Step08 在音频选项组中单击音量选项，可以打开一个设置音量大小的下拉列表，在此列表中可以设置音量的中、低、高和静音。

Step09 切换到动画选项卡，在高级动画组中单击动画窗格按钮，打开动画窗格。在动画窗格的动画列表中选中音频图标的动画效果。单击该效果右侧的下三角箭头，在列表中选择效果选项，打开播放音频对话框，如图 7-9 所示。

Step10 在对话框的效果选项卡中可以设置声音播放的开始与结束时间。在开始播放区域可以设置是从头开始，还是从上一位置开始或者自己设置开始时间。

Step11 在停止播放区域，用户可以设置单击时停止播放，也可以设置在当前幻灯片之后停止播放。 如果用户选择了在并且在后面的文本框中设置了数字（这里设置为 3），此时如果音频足

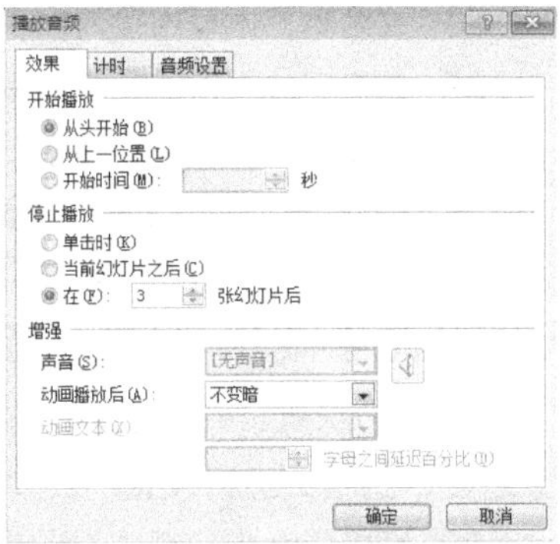

图 7-9 播放音频对话框

够长或者设置了循环播放，则将在当前幻灯片之后的第 2 张幻灯片（从当前幻灯片算起第 3 张）播放结束后音频停止播放。

Step 12 设置完毕，单击确定按钮。

提示

只有将音频剪辑设置为自动播放，或者创建了其他类型的控件（单击该控件可播放剪辑，如触发器）时，才可使用放映时隐藏音频剪辑图标选项。

动手做 4 修剪音频剪辑

用户还可以对音频进行剪辑，例如对插入的音频进行剪辑，具体操作步骤如下：

Step 01 在第 8 张幻灯片中选中音频剪辑。

Step 02 切换到播放选项卡，在编辑组中单击裁剪音频选项，打开裁剪音频对话框，如图 7-10 所示。

Step 03 如果要修剪剪辑的开头，则可以将鼠标指向起点（图中最左侧的绿色标记），当显示双向箭头时，将箭头拖到所需的音频剪辑起始位置。

Step 04 如果要修剪剪辑的末尾，则可以将鼠标指向终点（图中最右侧的红色标记），当显示双向箭头时，将箭头拖到所需的音频剪辑结束位置。

动手做 5 录制声音

在演示文稿中用户还可以自己录制声音，例如，在第 2 张幻灯片中录制声音，具体操作步骤如下：

Step 01 切换第 2 张幻灯片为当前幻灯片。

Step 02 切换到插入选项卡，在媒体组中单击音频按钮打开一个下拉列表，在下拉列表中选择录制音频选项，打开录音对话框，如图 7-11 所示。

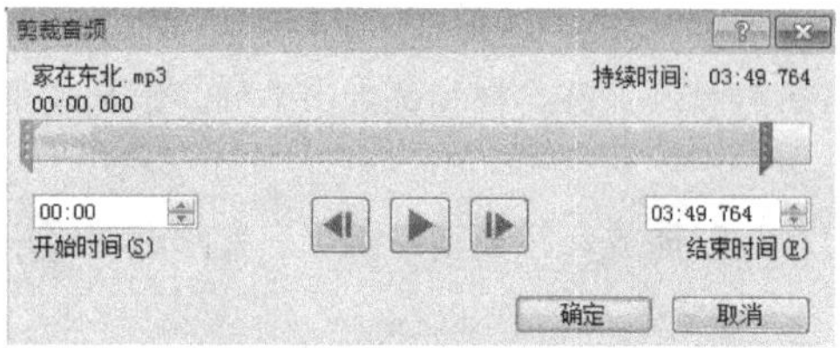

图 7-10 裁剪音频对话框

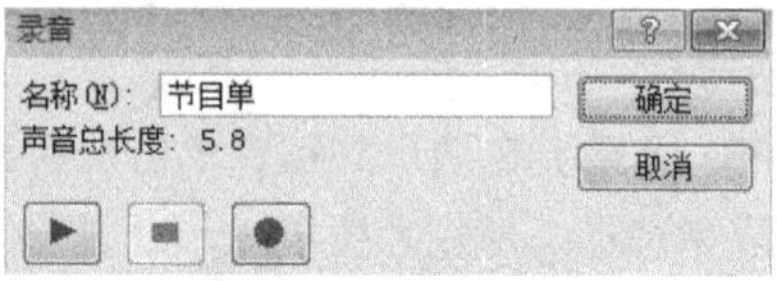

图 7-11 录音对话框

Step 03 在名称文本框中输入本次录音的名称，单击红色录音按钮开始录音。

Step 04 录制完成单击蓝色停止按钮，完成声音的录制工作。

Step 05 如果用户想试听录音的效果，可以单击三角形的播放按钮试听。如果对录制的声音满意，可以单击确定按钮，否则单击取消按钮，重新进行操作。

Step 06 单击确定按钮后，返回幻灯片中，用户可以看到幻灯片中出现了声音图标。

动手做 6 设置声音图标的格式

声音图标也是一种对象，用户可以对声音图标的格式进行设置。例如，对第 8 张幻灯片中声音图标的格式进行设置，具体操作步骤如下：

Step 01 切换第 8 张幻灯片为当前幻灯片，选中声音图标。

Step 02 切换到格式选项卡，在调整组中单击颜色按钮打开一个列表，如图 7-12 所示。

Step 03 在列表中选择其他变体中的红色，此时声音图标变为红色，如图 7-13 所示。

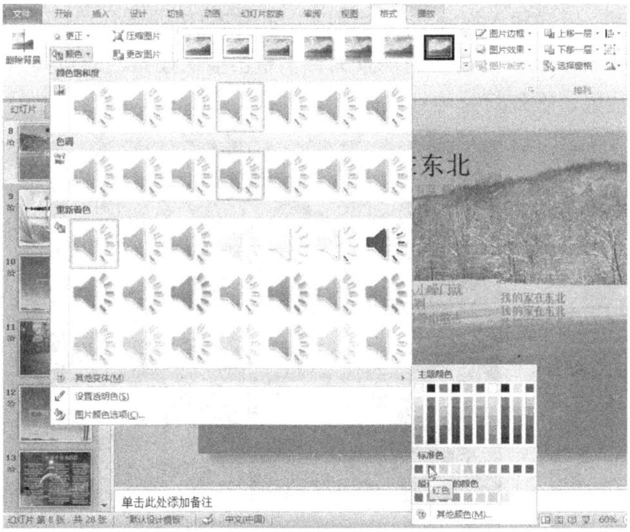

图 7-12　颜色列表

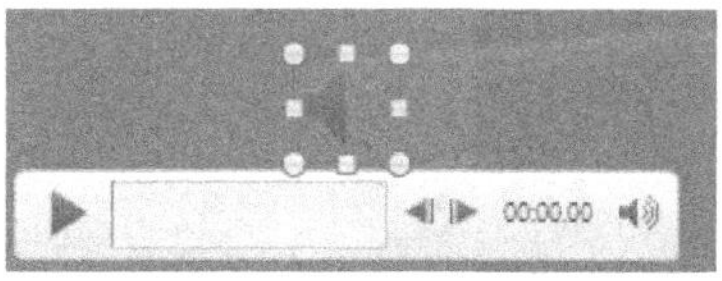

图 7-13　改变声音图标颜色的效果

提示

用户可以在声音图标上单击鼠标右键，在快捷菜单中选择设置音频格式选项，打开设置音频格式对话框，如图 7-14 所示。在对话框中可以对声音图标进行各种格式的设置。

图 7-14　设置音频格式对话框

项目任务 7-2　在幻灯片中使用视频

用户可以从 PowerPoint 演示文稿嵌入视频或链接到视频。嵌入视频时，不必担心在传递演示文稿时会丢失文件，因为所有文件都各就各位。如果要限制演示文稿的大小，可以链接到本地驱动器上的视频文件或上载到网站的视频文件。

动手做 1　在幻灯片中嵌入文件中的视频

用户可以在幻灯片中嵌入外部文件中的视频，也可嵌入剪贴画库的动态 GIF。例如，要在新年团拜会演示文稿的第 4 张幻灯片中嵌入外部文件中的视频，具体操作步骤如下：

Step 01　切换第 4 张幻灯片为当前幻灯片。

Step 02　切换到插入选项卡，在媒体组中单击视频按钮打开一个下拉列表。

Step 03 在下拉列表中选择文件中的视频，打开插入视频文件对话框，如图 7-15 所示。

Step 04 选择视频文件的位置，在文件列表中选中要插入的视频文件，单击插入按钮，即可插入视频。用鼠标拖动调整插入的视频对象的位置。在幻灯片中插入视频文件的效果如图 7-16 所示。

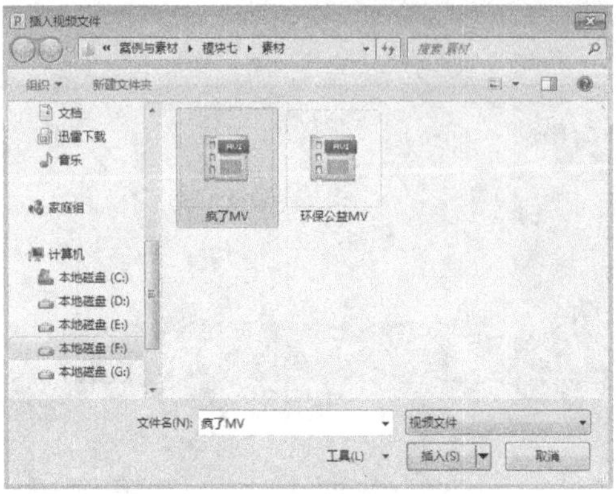

图 7-15　插入视频文件对话框

图 7-16　插入视频文件的效果

动手做 2　预览视频文件

在插入视频文件后，用户可以对视频文件进行预览。在插入视频后会在视频图标的下方出现一个工具条（如果不显示工具条，选中视频图标后会显示），单击工具条上的播放按钮，用户可以预览视频。单击工具条上的喇叭图标，则用户可以调整音频音量的大小，如图 7-17 所示。

图 7-17　预览视频

动手做 3　设置视频剪辑的播放效果

在幻灯片中插入视频剪辑后还可以对视频的播放效果进行设置。设置视频剪辑的具体操作步骤如下：

Step 01 在第 4 张幻灯片上选中视频剪辑。

Step 02 切换到播放选项卡，如图 7-18 所示。

图 7-18　播放选项卡

Step03　如果用户要在演示期间持续重复播放视频，则可以使用循环播放功能。在视频选项组中选中循环播放，直到停止复选框。循环播放时，视频将连续播放，直到转到下一张幻灯片为止。

Step04　如果用户在放映该幻灯片时需要自动开始播放视频剪辑，则可在视频选项组中的开始列表中选择自动。

Step05　如果要通过在幻灯片上单击视频剪辑来手动播放，则可在视频选项组中的开始列表中选择单击时。

Step06　如果要全屏播放视频，则可在视频选项组中选中全屏播放复选框。

Step07　如果在视频选项组中选中未播放时隐藏选项，则在放映时可以先隐藏视频，直至用户做好播放准备。

Step08　在音频选项组中单击音量选项，可以打开一个设置音量大小的下拉列表，在此列表中可以设置音量的中、低、高和静音。

提示

只有将视频剪辑设置为自动播放，或者创建了其他类型的控件（单击该控件可播放视频剪辑，如触发器）时，才可使用播放时隐藏选项。

教你一招

视频图像在放大后可能会出现失真，这取决于原始视频文件的分辨率。在将视频添加到演示文稿之前，一定要对视频进行预览，这样如果视频出现失真或模糊，则可以撤销全屏选项。如果将视频设置为全屏显示并自动启动，则可以将视频从幻灯片上拖到灰色区域中，这样在视频全屏播放之前，它将不会显示在幻灯片上或出现短暂的闪烁。

动手做 4　修剪视频剪辑

在观看完视频剪辑后，用户可能会发现每段剪辑开头和末尾的摄像机画面在不断抖动，或者可能需要删除与视频主旨无关的部分内容。此时用户可以借助“剪裁视频”功能将视频剪辑的开头和末尾剪裁掉，从而来修复这些问题。具体操作步骤如下：

Step 01 在第 4 张幻灯片中选中视频剪辑。

Step 02 切换到播放选项卡，在编辑组中单击剪裁视频选项，打开剪裁视频对话框，如图 7-19 所示。

Step 03 如果要修剪视频剪辑的开头，用户可以将鼠标指向起点（图中最左侧的绿色标记），当显示双向箭头时，将箭头拖到所需的视频剪辑起始位置。

Step 04 如果要修剪视频剪辑的末尾，用户可以将鼠标指向终点（图中最右侧的红色标记），当显示双向箭头时，将箭头拖到所需的视频剪辑结束位置。

图 7-19 剪裁视频对话框

动手做 5 调整视频框的大小

如果不想以视频的原始分辨率播放它，可以在幻灯片上调整视频框的大小。

用户可以拖动控点来增大或减小尺寸，将鼠标指向尺寸控点，当鼠标变为双向箭头时拖动可以调整视频框大小。

提示

如果要保持视频的中心处于同一位置，可在拖动鼠标时按住 Ctrl 键。默认情况下，会在拖动时保持视频的比例（锁定纵横比）。通常，分辨率为 640 像素 x 480 像素视频的纵横比一般为为 4：3，这也是大多数 PowerPoint 演示文稿的纵横比。如果演示文稿与视频的纵横比不同，则视频在播放时会出现变形。

用户还可以指定视频的准确高宽比，切换到格式选项卡，在大小组中可以分别输入所需的尺寸。

提示

如果要防止视频在播放时出现跳跃，在格式选项卡下单击大小组右下角的对话框启动器，打开设置视频格式对话框，在缩放比例区域选中幻灯片最佳比例复选框，如图 7-20 所示。

图 7-20 设置视频缩放比例

动手做 6　设置视频的淡入淡出效果

用户可以在视频开始或结束的几秒钟内使用淡入淡出效果。选中幻灯片中的视频，切换到播放选项卡，在编辑组中的淡化持续时间下执行下列一项或两项操作：

- 如果将计时淡化添加到视频开始处，在淡入文本框中单击向上或向下箭头以增加或减少淡入时间。
- 如果将计时淡化添加到视频结束处，在淡出文本框中单击向上或向下箭头以增加或减少淡出时间。

动手做 7　在形状中播放视频

用户可以设置视频在各种形状（如圆、箭头、星号等）中播放，具体操作步骤如下：

Step01　切换第 4 张幻灯片为当前幻灯片，选中视频剪辑。

Step02　切换到格式选项卡，在视频样式组中单击视频形状按钮打开一个列表，如图 7-21 所示。

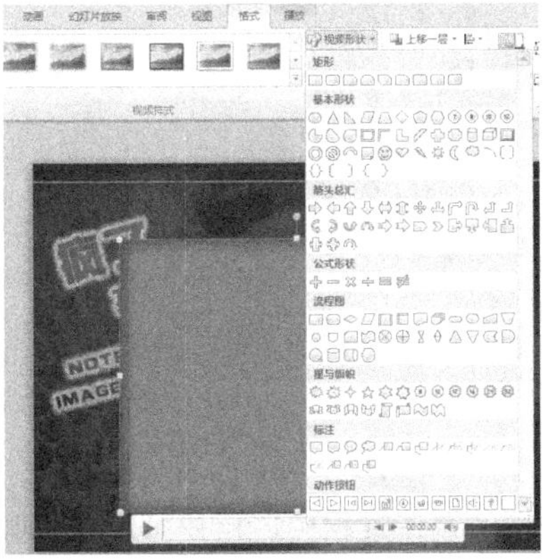

图 7-21　视频形状列表

Step03　在列表中选择一种形状即可。

提示

用户可以在视频剪辑上单击鼠标右键，在快捷菜单中选择设置视频格式选项，打开设置视频格式对话框，如图 7-22 所示。在对话框中可以对视频进行各种格式设置。

图 7-22　设置视频格式对话框

项目拓展——制作环境保护宣传片演示文稿

我们赖以生存的母亲——地球，由于人类的随意破坏，现在已经伤痕累累，让我们体会到生态灾难的危害，使我们意识到环境保护的燃眉之急，保护地球，人人有责！如图 7-23 所示就是利用 PowerPoint 2010 制作的环境保护宣传片。

图 7-23 环境保护宣传片

设计思路

在环境保护宣传片演示文稿的制作过程中，用户可以将声音图标隐藏并利用触发器来控制声音的播放，用户还可以利用控件来控制视频的播放。

制作环境保护宣传片演示文稿的基本步骤可分解为：

Step 01 利用触发器来控制声音的播放。

Step 02 利用控件来控制视频的播放。

动手做 1 利用触发器来控制声音的播放

用户可以利用触发器来控制声音的播放。例如，为环境保护宣传片演示文稿中第 1 张幻灯片中的声音设置触发器，具体步骤如下：

Step 01 切换第 1 张幻灯片为当前幻灯片，选中幻灯片中的声音图标。

Step 02 切换到播放选项卡，在音频选项组中选中放映时隐藏复选框，在开始列表中选择自动。

Step 03 切换到开始选项卡，在绘图组中单击形状按钮，在列表中选择等腰三角形，此时鼠标变成十字形状，按下鼠标左键在幻灯片中绘制一个适当大小的等腰三角形。

Step 04 在绘图组中单击排列按钮，在列表中选择旋转选项，在列表中向右旋转 90 度，使等腰三角形变成向右方的等腰三角形。

Step 05 选中三角形，切换到格式选项卡，在形状样式组中单击选择形状或线条的外观样式按钮，在列表中选择强烈效果-靛蓝，强调颜色 2 选项，如图 7-24 所示。

Step 06 按照相同的方法制作暂停和停止按钮，暂停按钮使用的是等于号形状，停止按钮使用的是矩形。

Step 07 按住 Ctrl 键，分别选中绘制的 3 个按钮，切换到动画选项卡，在动画组中选择飞入选项。

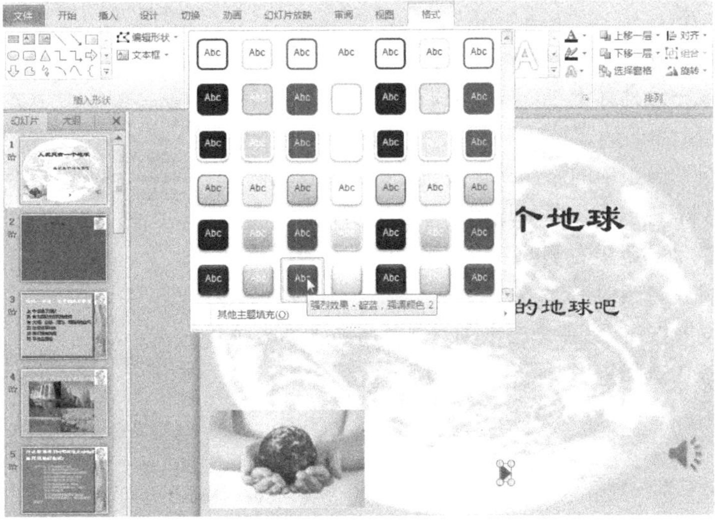

图 7-24　设置形状样式

Step08　在动画选项卡的高级动画组中单击动画窗格按钮，打开动画窗格。选中声音图标，单击计时组中的向后移动按钮，使声音图标的动画效果排在最后。

Step09　单击高级动画组中的添加动画按钮，打开添加动画列表，如图 7-25 所示。

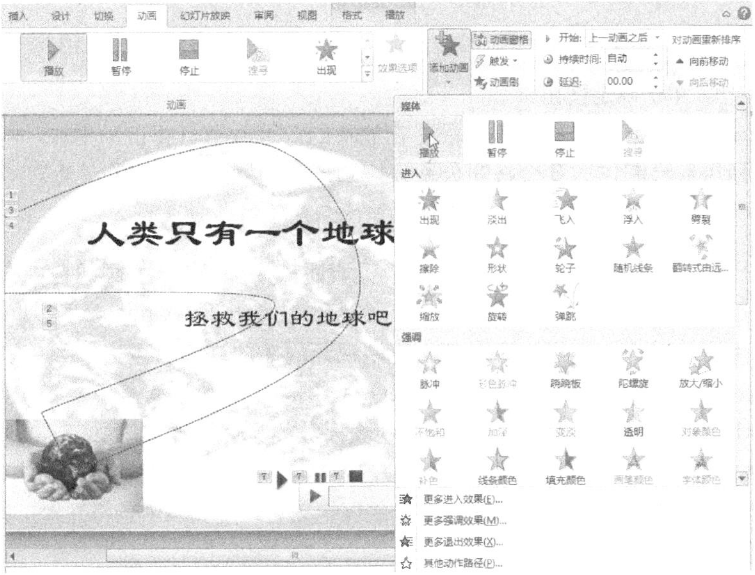

图 7-25　添加动画列表

Step10　在添加动画列表中选择媒体区域中的播放选项。单击新添加到动画列表中动画效果右侧的下三角箭头，在列表中选择计时选项，打开播放音频对话框。

Step11　单击触发器按钮，选中单击下列对象时启动效果选项，然后在后面的列表中选择等腰三角形，如图 7-26 所示。

Step12　设置完毕，单击确定按钮。

Step13　单击高级动画组中的添加动画按钮，打开添加动画列表。在添加动画列表中选择媒体区域中的暂停选项。单击新添加到动画列表中的动画效果右侧的下三角箭头，在列表中选择计时选项，打开暂停音频对话框。

Step 14 单击触发器按钮，选中单击下列对象时启动效果选项，然后在后面的列表中选择等于号，如图 7-27 所示。

Step 15 设置完毕，单击确定按钮。

Step 16 单击高级动画组中的添加动画按钮，打开添加动画列表。在添加动画列表中选择媒体区域中的停止选项。单击新添加到动画列表中的动画效果右侧的下三角箭头，在列表中选择计时选项，打开停止音频对话框。

Step 17 单击触发器按钮，选中单击下列对象时启动效果选项，然后在后面的列表中选择矩形，如图 7-28 所示。

图 7-26 播放音频对话框

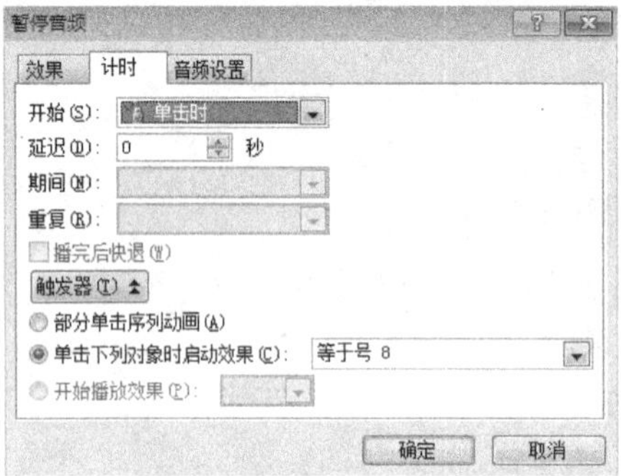

图 7-27 暂停音频对话框

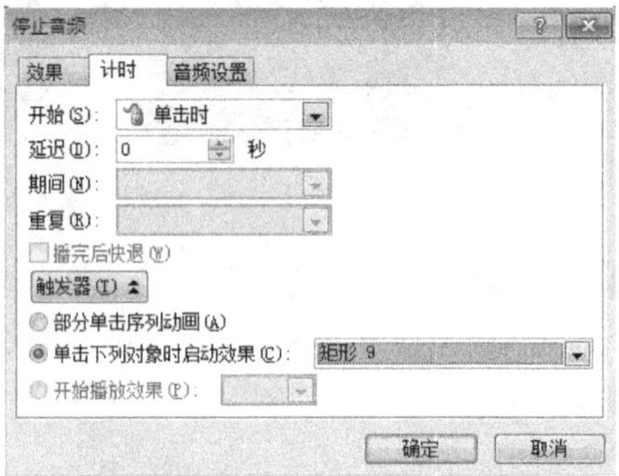

图 7-28 停止音频对话框

Step 18 设置完毕，单击确定按钮。

对第 1 张幻灯片的声音进行了设置后，在放映幻灯片时声音将自动播放，同时声音图标隐藏，用户可以利用自己制作的 3 个按钮分别来控制声音的播放、暂停和停止。

动手做 2 利用控件来控制视频的播放

在 PowerPoint 中插入视频后，视频的播放不能通过人工调节。如果想自由控制视频的播放进度，可以采用 Windows Media Player 控件，幻灯片中会出现 Windows Media Player 的简易播放界面，利用播放器的控制栏，可以自由控制视频的播放进度、声音的大小等，还可以自动切换到全屏播放状态，与利用 Windows Media Player 观看影片没有差别。

利用 Windows Media Player 控件来控制视频播放的具体操作步骤如下：

Step 01 切换到文件选项卡，单击选项选项，打开 PowerPoint 选项对话框，如图 7-29 所示。

Step 02 在左侧选中自定义功能区选项，在右侧的自定义功能区列表中选择开发工具选项，单击确定按钮。

Step 03 切换到开发工具选项卡，在控件组中单击其他控件按钮，打开其他控件对话框，如图 7-30 所示。

Step 04 在控件列表中选择 Windows Media Player 选项，单击确定按钮。此时鼠标变为十字状，在幻灯片上拖动鼠标绘制控件。释放鼠标后，Windows Media Player 播放界面则显示在幻灯片中，如图 7-31 所示。

Step 05 在 Windows Media Player 控件上单击鼠标右键，在快捷菜单中选择属性命令，打开属性对话框，如图 7-32 所示。

图 7-29 PowerPoint 选项对话框

图 7-30 其他控件对话框

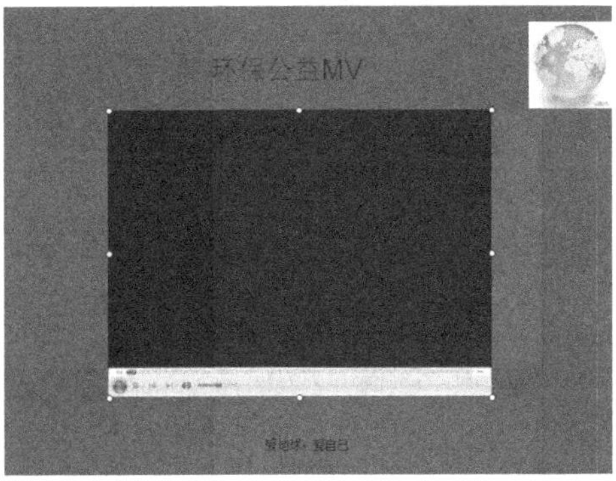

图 7-31 Windows Media Player 播放界面

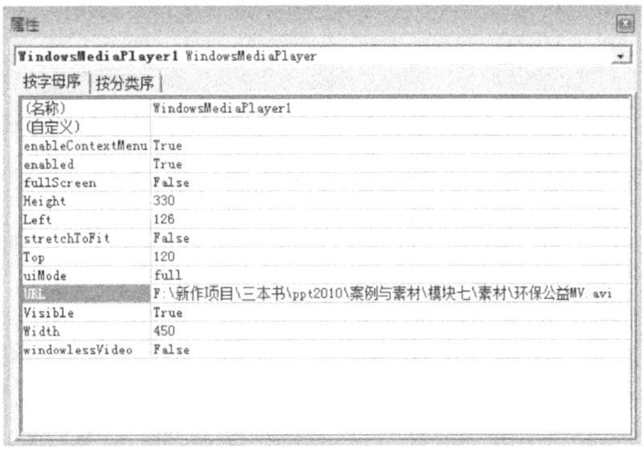

图 7-32 属性对话框

Step 06 在 URL 项中输入视频文件的路径和全称，设置完毕，单击右上角的关闭按钮关闭对话框。

Step 07 切换到幻灯片放映选项卡，在开始放映幻灯片组中单击从当前幻灯片开始选项，开始放映幻灯片，此时可以看到在控件的位置处自动开始播放影片，播放窗口可以控制影片的播放。

知识拓展

通过前面的任务主要学习了在幻灯片中使用声音和视频的基本方法，另外还有一些操作在前面的任务中没有运用到，下面就介绍一下。

动手做 1 从演示文稿链接到视频文件

用户可以从演示文稿 Microsoft PowerPoint 2010 链接外部视频文件或电影文件。通过链接视频，可以减小演示文稿的文件大小。

从演示文稿链接到视频文件的具体操作步骤如下：

Step 01 切换要添加视频的幻灯片为当前幻灯片。

Step 02 切换到插入选项卡，在媒体组中单击视频按钮打开一个下拉列表。

Step 03 在下拉列表中选择文件中的视频，打开插入视频文件对话框。

Step 04 选择视频文件的位置，在文件列表中选中要插入的视频文件，单击插入按钮右侧的下三角箭头，在列表中单击链接到文件，如图 7-33 所示。

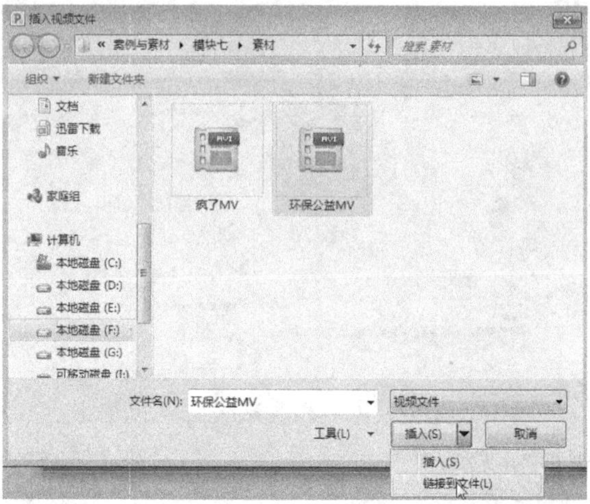

图 7-33　链接到文件

此时的本地视频文件就会被插入到 PowerPoint 中，其链接的效果看起来与插入的效果一样，但这只是一个链接，如果链接的文件不存在或路径发生了变化则无法观看视频。

提示

用户还可以利用相似的方法将声音链接到幻灯片中以减小演示文稿的大小。

动手做 2　在幻灯片中嵌入文件中的视频

用户不但可以在幻灯片中嵌入外部文件中的视频，也可以嵌入剪贴画库的动态 GIF，具体操作步骤如下：

Step01　在幻灯片中切换到插入选项卡，在媒体组中单击视频按钮打开一个下拉列表。

Step02　在下拉列表中选择剪切画视频，打开剪切画窗格，如图 7-34 所示。

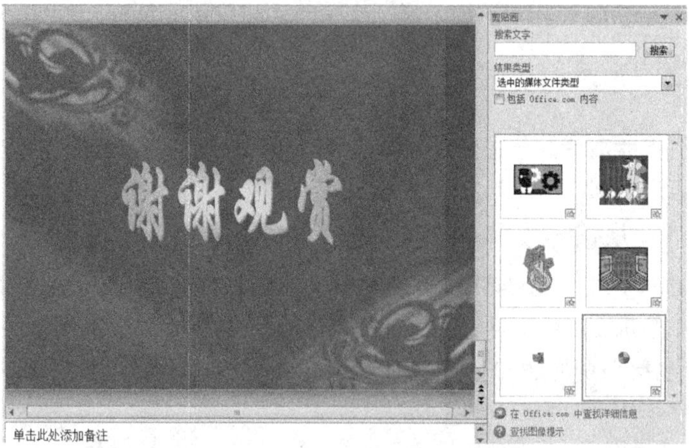

图 7-34　剪切画库

Step03　在搜索文本框中输入要插入视频的关键字，在结果类型中确保选中视频选项，单击搜索按钮。

Step04　在搜索列表中双击需要插入的动态 GIF 即可。

提示

用户还可以利用相似的方法将剪切画库中的声音插入到幻灯片中。

动手做 3 从演示文稿中删除视频或声音

在幻灯片中如果某一个视频或声音文件不再需要，用户可以将其删除，在幻灯片中选中视频或声音图标，然后按 Delete 键将其删除。

动手做 4 添加或删除视频和音频剪辑的书签

用户可以在视频或音频中添加书签来指示视频或音频剪辑中关注的时间点，使用书签可触发动画或跳转至视频中的特定位置。

在进行演示时，书签非常有用，用户可以利用书签来帮助快速查找视频（或声音剪辑）中的特定点。

添加视频剪辑书签的基本方法如下：

Step 01 在幻灯片中插入视频剪辑。

Step 02 切换到播放选项卡，在幻灯片中播放视频剪辑，当播放声音或视频时查找关注点。

Step 03 查找到关注点后，在书签组中单击添加书签按钮，如图 7-35 所示。

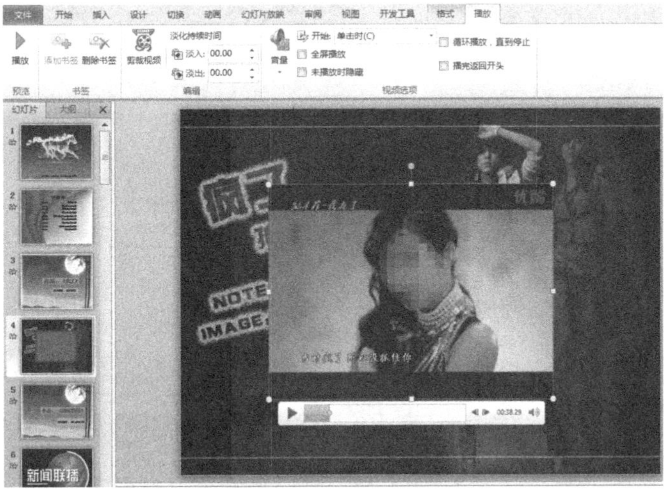

图 7-35 为视频添加书签

为视频添加了书签后，用户可以在播放视频时单击书签位置直接从关注点开始播放。

如果用户要删除书签，可以在视频播放控件的时间行进线上选中添加的书签，在播放选项卡的书签组中单击删除书签选项。

提示

用户还可以利用相似的方法在声音上添加书签，可以向视频剪辑中添加多个书签，但却只能向声音剪辑中添加一个书签。

动手做 5　在幻灯片中使用 Flash 文件

用户如果在 PowerPoint 2010 中安装了 QuickTime 和 Adobe Flash 播放器，则 PowerPoint 2010 将支持 QuickTime（.mov、.mp4）和 Adobe Flash (.swf) 文件。

在 PowerPoint 2010 中使用 Flash 存在一些限制，包括不能使用特殊效果（如阴影、反射、发光效果、柔化边缘、棱台和三维旋转）、淡出和剪裁功能，以及压缩这些文件以更加轻松地进行共享和分发。

PowerPoint 2010 的 64 位版本不兼容 32 位版本的 QuickTime 或 Flash，所以必须安装 64 位版本的 QuickTime 或 Flash，或者 32 位版本的 PowerPoint 2010。

另外，用户还可以使用 Shockwave Flash Oebject 控件来播放 Flash 文件。Shockwave Flash Object 控件的使用方法与前面的 Windows Media Player 控件相同。

动手做 6　将演示文稿转换为视频

在 PowerPoint 2010 中，用户可以将演示文稿另存为 Windows Media 视频（.wmv）文件，这样可以确信自己演示文稿中的动画、旁白和多媒体内容可以顺畅播放，分发时可更加放心。

将演示文稿转换为视频的具体操作步骤如下：

Step 01　切换到文件选项卡，单击保存并发送选项，在列表中单击创建视频选项，如图 7-36 所示。

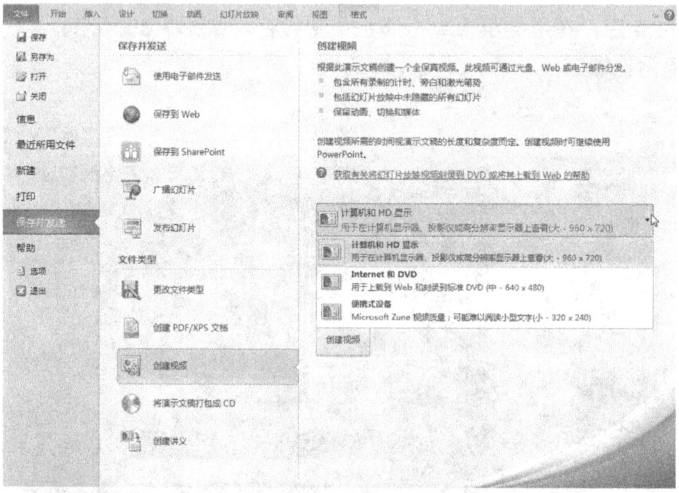

图 7-36　创建视频

Step 02　如果要显示所有视频质量和大小选项，在右边的窗格中单击计算机和 HD 显示下箭头，在列表中用户可以进行选择：

- 如果要创建质量很高的视频（文件会比较大），可以选择计算机和 HD 显示。
- 如果要创建具有中等文件大小和中等质量的视频，可以选择 Internet 和 DVD。
- 如果要创建文件最小的视频（质量低），可以选择便携式设备。

Step 03　在右边的窗格中单击不要使用录制的计时和旁白下箭头，在列表中可以进行选择：

- 如果用户没有录制语音旁白和激光笔运动轨迹并对其进行计时，可以选择不要使用录制的计时和旁白。
- 如果用户录制了旁白和激光笔运动轨迹并对其进行了计时，可以选择使用录制的计时和旁白。

Step 04　单击创建视频选项，打开另存为对话框，如图 7-37 所示。

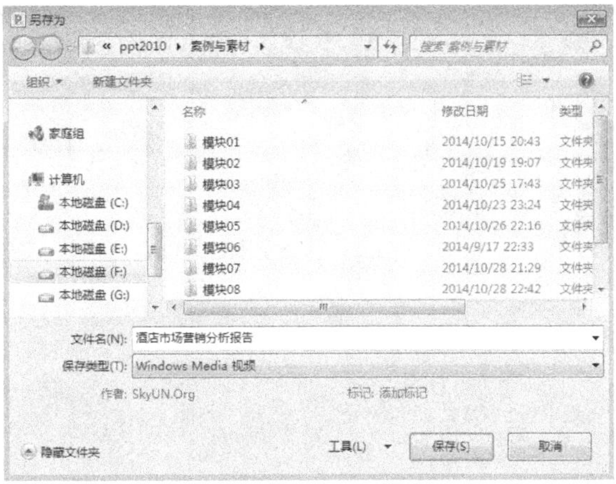

图 7-37　另存为对话框

Step 05　选择视频的保存位置，在文件名文本框中为该视频输入一个文件名。

Step 06　单击保存按钮，可以通过查看屏幕底部的状态栏来跟踪视频创建过程。创建视频可能需要几个小时，具体取决于视频长度和演示文稿的复杂程度。

如果要播放新创建的视频，则在文件夹中找到该视频，然后双击该文件即可。

课后练习与指导

一、填空题

1．切换到“插入”选项卡，在________组中单击________按钮打开一个下拉列表，在下拉列表中选择________，打开“插入音频”对话框。

2．插入音频后在________选项卡的________组中可以设置音频循环播放。

3．在________选项卡的________组中单击________选项，打开“裁剪音频”对话框。

4．切换到“插入”选项卡，在________组中单击________按钮打开一个下拉列表，在下拉列表中选择________，打开“插入音频”对话框。

5．切换到“插入”选项卡，在________组中单击________按钮打开一个下拉列表，在下拉列表中选择________，打开“插入视频文件”对话框。

6．在________选项卡的________组中用户可以设置视频的淡入淡出效果。

二、简答题

1．如何修改视频剪辑？

2．如何在换片中录制声音？

3．对音频剪辑可以设置哪些播放效果？

4．对视频剪辑可以设置哪些播放效果？

5．简要介绍一下利用触发器控制声音播放的方法。

6．简要介绍一下利用控件控制视频播放的方法。

模块 08 幻灯片的放映——制作大学生手机消费调查演示文稿

你知道吗？

制作演示文稿的最终目的是把它展示给观众，为了能够充分展示演示文稿的效果，用户可以在放映前对它进行有关放映的设置，如可以根据不同情况选择合适的演示方式，并在放映时进行控制。

应用场景

幻灯片制作好以后需要将它们进行放映，如图 8-1 所示的职位竞聘演示文稿就需要在职位竞聘时进行播放。

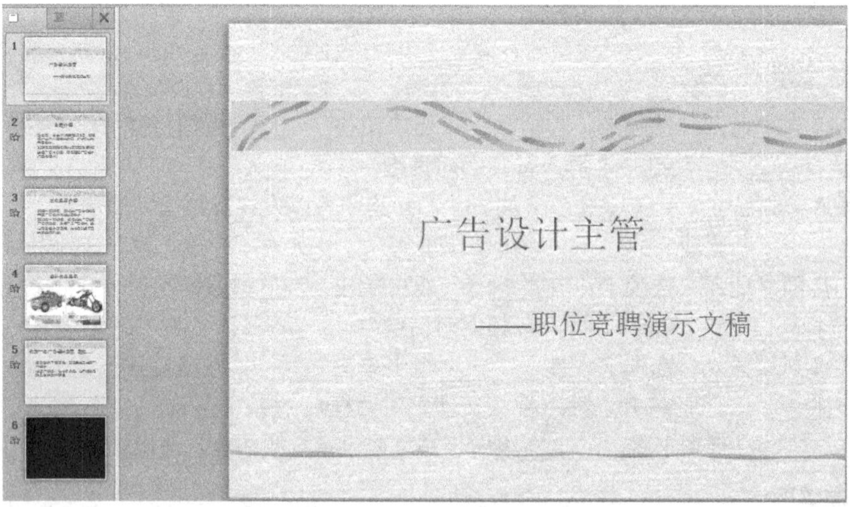

图 8-1　职位竞聘演示文稿

如图 8-2 所示，则是利用 PowerPoint 2010 制作的大学生手机消费调查演示文稿，通过对大学生手机消费情况的调查，探讨影响当代大学生购买决策的因素。请读者根据本模块所介绍的知识和技能，完成这一工作任务。

相关文件模板

利用 PowerPoint 2010 软件的基本功能，还可以完成职位竞聘演示报告、圣诞快乐、京东商城简介、教师培训大纲、黄山旅游计划等工作任务。

为方便读者，本书在配套的资料包中提供了部分常用的文件模板，具体文件路径如图 8-3 所示。

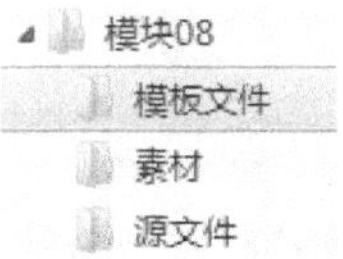

图 8-2 大学生手机消费调查演示文稿　　图 8-3 应用文件模板

背景知识

制作演示文稿，最终是要播放给观众看。通过幻灯放映，可以将精心创建的演示文稿展示给观众和客户，对演示文稿进行一定的设置，可以更准确表达自己想要说明的问题。

设计思路

在大学生手机消费调查演示文稿制作过程中，主要是为幻灯片设置放映方式并控制放映。制作大学生手机消费调查演示文稿的基本步骤可分解为：

Step 01 设置放映方式。
Step 02 控制演讲者放映。
Step 03 控制观众自行浏览放映。
Step 04 排练计时。
Step 05 录制旁白。
Step 06 在展台浏览放映。

项目任务 8-1 设置放映方式

制作演示文稿的最终目的是把它展示给观众，用户可以根据不同的需要采用不同的方式放映演示文稿。

PowerPoint 2010 提供了 3 种放映幻灯片的方法：演讲者放映、观众自行浏览、在展台浏览。3 种放映方式各有特点，可以满足不同环境、不同对象的需要。

切换到幻灯片放映选项卡，在设置组中单击设置幻灯片放映方式按钮，打开设置放映方式对话框。在放映类型区域可以对放映方式进行设置，如图 8-4 所示。

1．演讲者放映

演讲者放映方式是最常见的放映方式，采用全屏显示，通常用于演讲者亲自播放演示文稿。

使用这种方式，演讲者可控制演示节奏，具有放映的完全控制权。如可以采用自动或人工方式放映，可以将演示文稿暂停，添加会议细节或即席反应，可以在放映过程中录下旁白，还可以使用画笔。

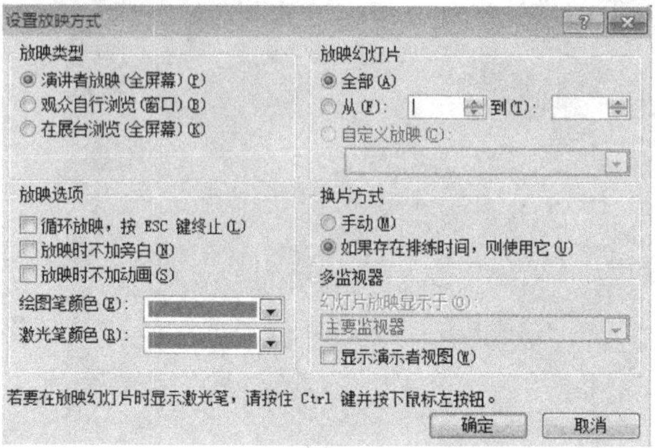

图 8-4　设置放映方式对话框

2．观众自行浏览

观众自行浏览放映方式以一种较小的规模运行放映。例如，个人通过某个局域网进行浏览。以这种方式放映演示文稿时，该演示文稿会出现在小型窗口内，并提供相应的操作命令，可以在放映时移动、编辑、复制和打印幻灯片。在这种方式中，可以使用鼠标或键盘从一张幻灯片移到另一张幻灯片。

3．在展台浏览

展台浏览放映方式可自动运行演示文稿。例如，在展览会场或会议等场合需要运行无人管理的幻灯片放映，可以将演示文稿设置为此种方式，运行时大多数的菜单和命令都不可用，并且在每次放映完毕后重新开始。在这种放映方式中鼠标变得几乎毫无用处，无论是单击左键还是单击右键，或者两键同时按下。在该放映方式中如果设置的是手动换片方式放映，那么将无法执行换片的操作，如果设置了“排练计时”，它会严格按照“排练计时”时设置的时间放映。按 Esc 键可退出放映。

项目任务 8-2　控制演讲者放映

“演讲者放映”方式是全屏放映，在该方式下演讲者可以对幻灯片进行自由的控制。例如，可以在放映幻灯片时定位幻灯片，可以使用画笔，等等。

动手做 1　启动演讲者放映

“演讲者放映”方式是系统默认的放映方式，在开始放映前首先应对放映方式进行设置，具体操作步骤如下：

Step 01　在大学生手机消费调查演示文稿中切换到幻灯片放映选项卡，在设置组中单击设置幻灯片放映方式按钮，打开设置放映方式对话框。

Step 02　在放映类型区域选中演讲者放映单选按钮；在绘图笔颜色下拉列表中选择一种颜色；在放映幻灯片区域中选择全部单选按钮，在换片方式区域中选择手动，如图 8-5 所示。

Step 03　设置完毕，单击确定按钮。

Step 04 使用下面的方法之一启动幻灯片的放映：

- 在幻灯片放映选项卡的开始放映幻灯片组中单击从头开始选项，幻灯片从第 1 张开始放映。
- 在幻灯片放映选项卡的开始放映幻灯片组中单击从当前幻灯片开始选项，幻灯片从当前幻灯片开始放映。
- 在状态栏上单击幻灯片放映按钮 ，幻灯片从当前幻灯片开始放映。
- 直接按 F5 键，可从第 1 张开始放映幻灯片。

Step 05 演讲者放映的屏幕显示方式如图 8-6 所示。如果幻灯片的动画启动方式是单击鼠标，则单击鼠标可以启动下一动画；如果幻灯片的动画启动方式是定时播放，则到相应的时间后，下一动画自动启动。

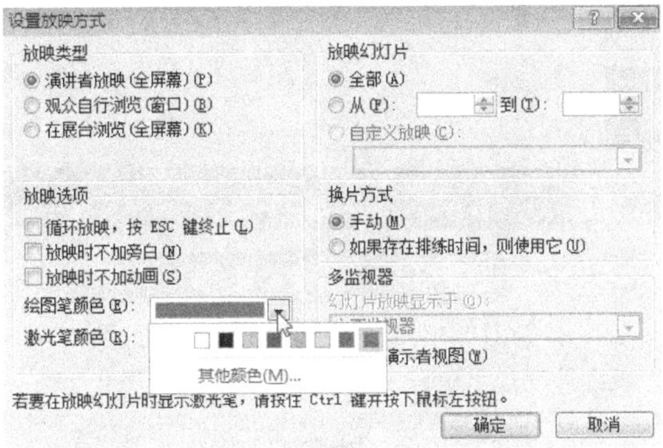

图 8-5 设置演讲者放映方式

图 8-6 演讲者放映的屏幕显示方式

动手做 2 定位幻灯片

使用定位功能可以在放映时快速切换到想要显示的幻灯片，而且可以显示隐藏的幻灯片。在幻灯片放映时单击鼠标右键，出现快捷菜单，如图 8-7 所示。在菜单中如果选择下一张或上一张按钮将会放映下一动画或上一动画。

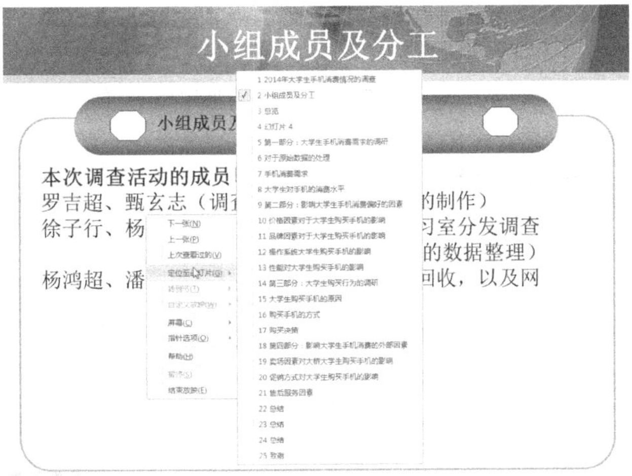

图 8-7 定位幻灯片

在快捷菜单上选择定位至幻灯片，出现一个子菜单，如图 8-7 所示。在子菜单中列出了该演示文稿中所有的幻灯片，选择一个幻灯片，系统将会播放此幻灯片，如果选择的是隐藏的幻灯片则也能被放映。

动手做 3　绘图笔的应用

绘图笔的作用类似于板书笔，放映幻灯片时，可以在幻灯片上书写或绘画，常用于强调或添加注释。在 PowerPoint 2010 中，可以改变绘图笔颜色、擦除绘制的笔迹等，如果需要还可以将墨迹保存。

例如，在放映大学生手机消费调查演示文稿时，要对第 2 张幻灯片中的某些内容进行强调，具体操作步骤如下：

Step 01　在放映到第 2 张幻灯片时，在屏幕上单击鼠标右键，出现快捷菜单。在快捷菜单中选择指针选项，出现一个子菜单，如图 8-8 所示。

Step 02　在子菜单中选择笔，此时鼠标将变为毡尖笔形状，拖动鼠标即可对重要内容进行圈点，如图 8-9 所示。

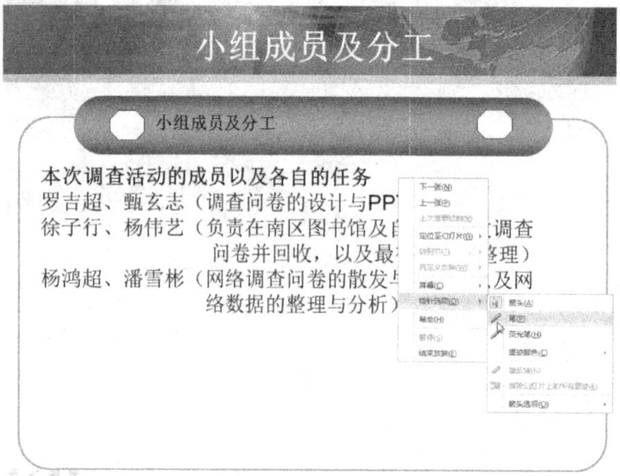

图 8-8　选择绘图笔

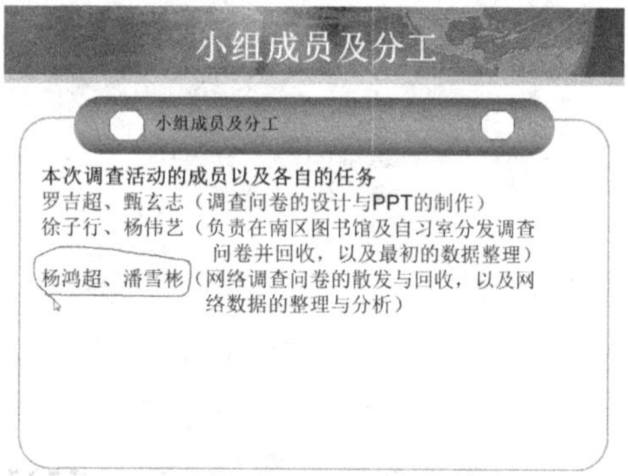

图 8-9　使用绘图笔

此时使用的绘图笔的颜色是在设置放映方式对话框中设置的颜色，在放映幻灯片的过程中如果感觉绘图笔的颜色不能够很好地配合幻灯片的背景，用户也可以更改绘图笔的颜色。

更改绘图笔颜色的具体操作步骤如下：

Step 01　在屏幕上单击鼠标右键，出现快捷菜单。在快捷菜单中选择指针选项的墨迹颜色命令，出现一个子菜单，如图 8-10 所示。

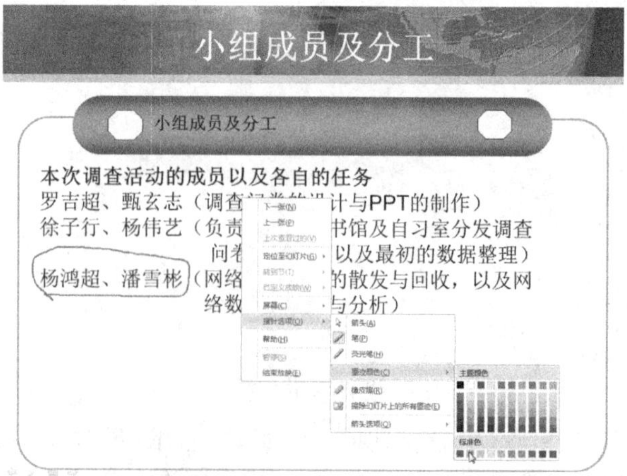

图 8-10　改变绘图笔的颜色

Step 02 在子菜单中选择一种颜色，此时再使用绘图笔时则绘图笔变为设置的颜色。

动手做 4 擦除墨迹

在放映演示文稿时用户可以随时将绘图笔的笔迹擦除，具体操作步骤如下：

Step 01 在屏幕上单击鼠标右键，出现快捷菜单，在快捷菜单中选择指针选项，出现一个子菜单，在子菜单中选择橡皮擦，则鼠标变为橡皮状。

Step 02 在笔迹上拖动橡皮状的鼠标，则笔迹被擦除。

Step 03 如果在指针选项子菜单中选择擦除幻灯片上的所有墨迹命令，则幻灯片中的所有墨迹被同时擦除。

动手做 5 保留墨迹

如果用户没有完全擦除幻灯片上的墨迹就退出幻灯片的放映，此时将会出现如图 8-11 所示的警告，如果单击保留按钮则墨迹将会保留在幻灯片中，如果单击放弃按钮则墨迹将自动清除。

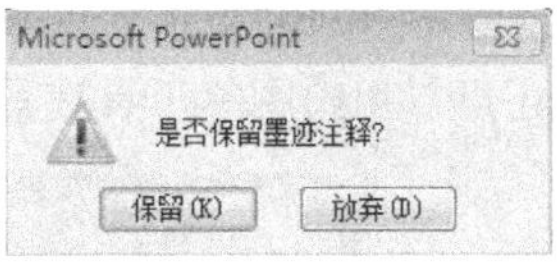

图 8-11 是否保留注释提示信息

保留墨迹后在演示文稿的页面视图中可以看到所保留的墨迹，如图 8-12 所示。如果再次返回放映视图则保留的墨迹不能被橡皮擦擦掉。

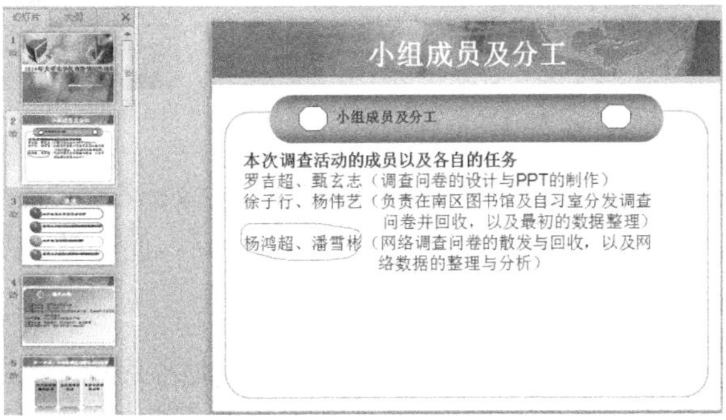

图 8-12 保留墨迹效果

在幻灯片放映视图中绘制的墨迹可以在页面视图中进行编辑。切换到页面视图，选中墨迹后，会显示墨迹书写工具动态选项，如图 8-13 所示。在墨迹书写工具下的笔选项卡的笔组中，用户可以利用颜色和粗细选项对原墨迹的颜色和粗细进行更改。

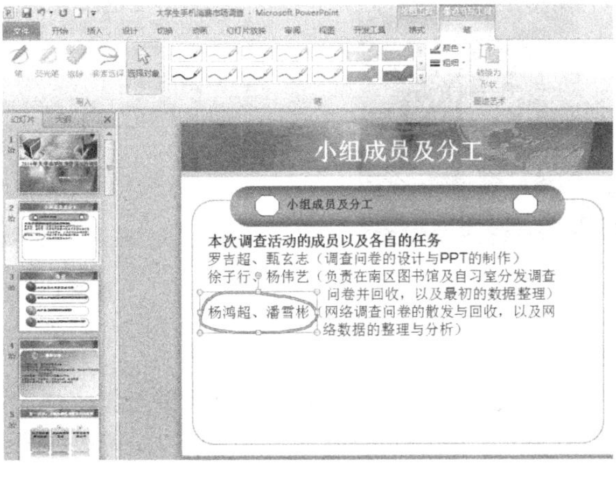

图 8-13 墨迹书写工具选项

在笔选项卡的笔组中还可以选择一种笔形，然后在幻灯片中绘制墨迹。在笔选项卡的写入组中单击选择对象按钮，此时可以利用鼠标选中绘制的墨迹。如果想删除墨迹，可以在选中墨迹后直接按 Delete 键删除。

动手做 6　使用黑屏/白屏

在放映演示文稿的过程中，会有观众与操作者进行交流，比如提问、回答等情况，这时将屏幕设置为黑屏/白屏会使听众的焦点集中到操作者身上。在放映幻灯片时，在屏幕上单击鼠标右键，在快捷菜单中选择屏幕命令，出现一个子菜单，如图 8-14 所示。

在图 8-14 所示的屏幕子菜单中选择黑屏/白屏命令，则可将屏幕设为黑屏/白屏，操作者还可以用绘图笔工具在黑屏/白屏上进行简单的画写，如图 8-15 所示。

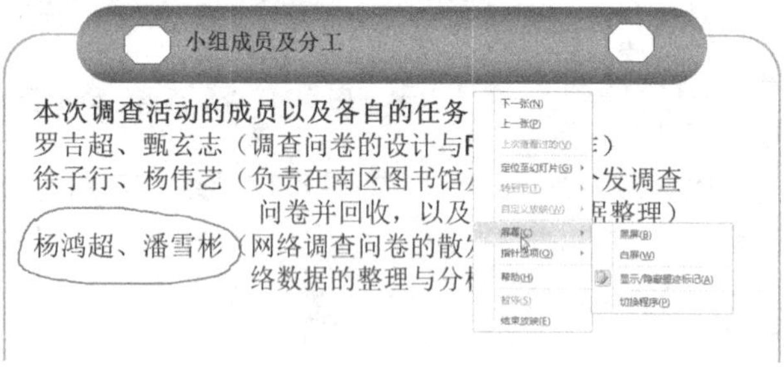

图 8-14　屏幕子菜单

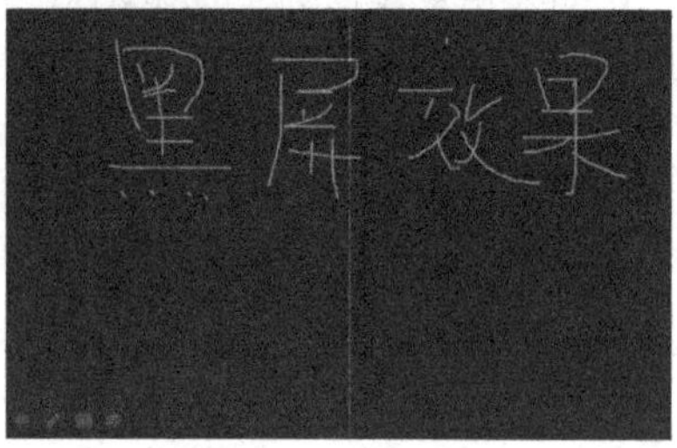

图 8-15　黑屏效果

如果要返回屏幕的正常显示状态，在黑屏/白屏上单击鼠标右键，在弹出的快捷菜单中选择屏幕子菜单中的屏幕还原（取消白屏）命令，如图 8-16 所示，此时可返回屏幕的正常显示状态。

动手做 7　切换程序

PowerPoint 2010 在全屏放映时可以方便地切换到其他程序中。在放映幻灯片时，在屏幕上单击鼠标右键，在快捷菜单中选择屏幕命令，出现一个子菜单。在屏幕子菜单中选择切换程序命令，则会显示出任务栏，如图 8-17 所示，在任务栏中用户可以进行程序的切换。

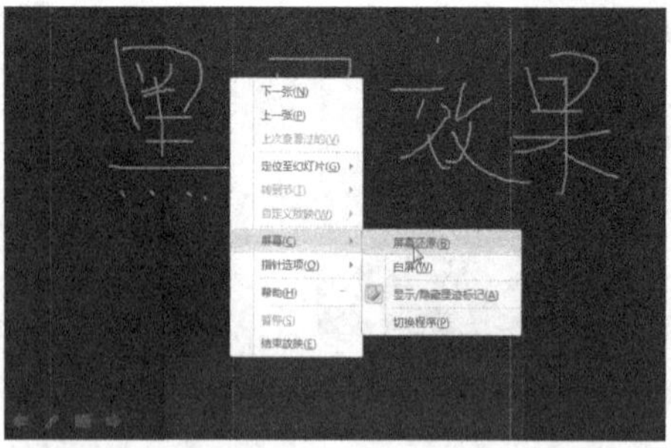

图 8-16　取消黑屏/白屏

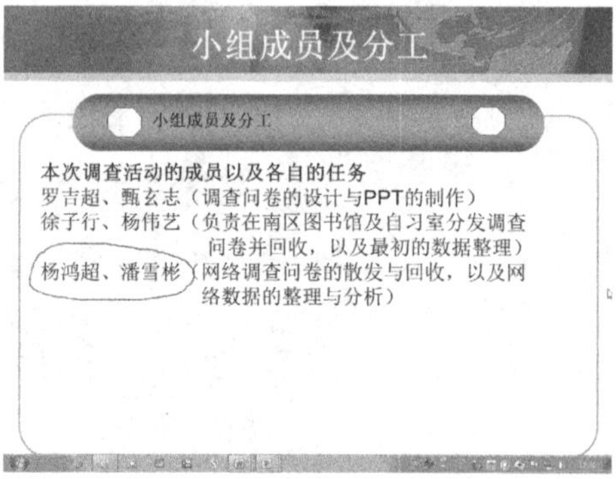

图 8-17　切换程序

动手做 8　结束放映

在演讲者放映结束后，会出现“放映结束，单击鼠标退出”字样，此时单击鼠标退出演讲者放映。在放映幻灯片的过程中如果用户想退出演讲者放映，可以按 Esc 键，或者单击鼠标右键，在快捷菜单中选择结束放映命令。

提示

如果用户在设置放映方式对话框的放映选项区域选中循环放映，按 Esc 键终止选项，则在幻灯片放映完毕后不会出现“放映结束，单击鼠标退出”字样，而是循环进行播放，此时用户可以按 Esc 键退出放映。

动手做 9 使用放映帮助

在进行演讲者放映时，使用快捷键可以方便地对演讲者放映进行控制。如果用户对放映中的快捷键不熟悉，则可以使用帮助进行查看。在放映幻灯片时，在屏幕上单击鼠标右键，在快捷菜单中选择帮助命令，打开幻灯片放映帮助对话框，在对话框中可以查看放映中常用的快捷方式，如图 8-18 所示。

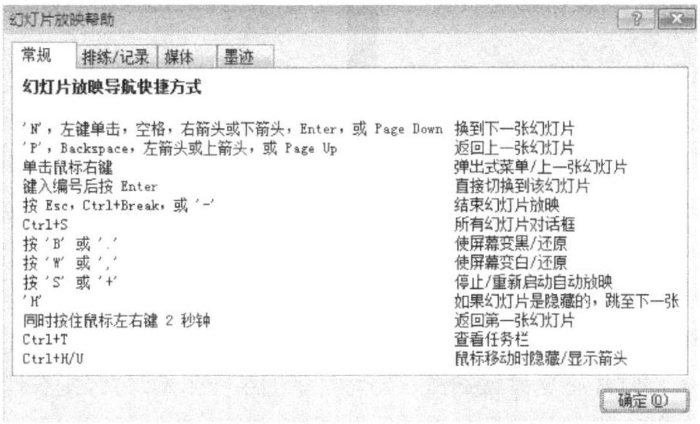

图 8-18 幻灯片放映帮助对话框

项目任务 8-3 控制观众自行浏览放映

观众自行浏览放映和演讲者放映的最大区别就是观众自行浏览放映不是全屏显示的，在放映时在屏幕上会出现菜单栏和状态栏。

动手做 1 启动观众自行浏览放映

在启动“观众自行浏览”的放映方式前用户首先应对放映方式进行设置。例如，这里利用观众自行浏览放映观看大学生手机消费调查演示文稿中的第 3 张至第 21 张幻灯片，具体操作步骤如下：

Step01 在大学生手机消费调查演示文稿中切换到幻灯片放映选项卡，在设置组中单击设置幻灯片放映方式按钮，打开设置放映方式对话框。

Step02 在放映类型区域选中观众自行浏览单选按钮；在放映幻灯片区域选择从…到单选按钮，然后在后面的下拉列表中选择 3 到 21，如图 8-19 所示。

Step03 设置完毕，单击确定按钮。

Step04 使用下面的方法之一启动幻灯片的放映：

- 在幻灯片放映选项卡的开始放映幻灯片组中单击从头开始选项，幻灯片从第 3 张开始放映。
- 在幻灯片放映选项卡的开始放映幻灯片组中单击从当前幻灯片开始选项，幻灯片从当前幻灯片开始放映。

- 在状态栏上单击幻灯片放映按钮 ，幻灯片从当前幻灯片开始放映。
- 直接按 F5 键，可从第 3 张开始放映幻灯片。

Step 05 观众自行浏览放映的屏幕显示方式如图 8-20 所示。如果幻灯片的动画启动方式是单击鼠标，则单击鼠标或在状态栏上单击下一张按钮可以启动下一动画；如果幻灯片的动画启动方式是定时播放，则到相应的时间后，下一动画自动启动。

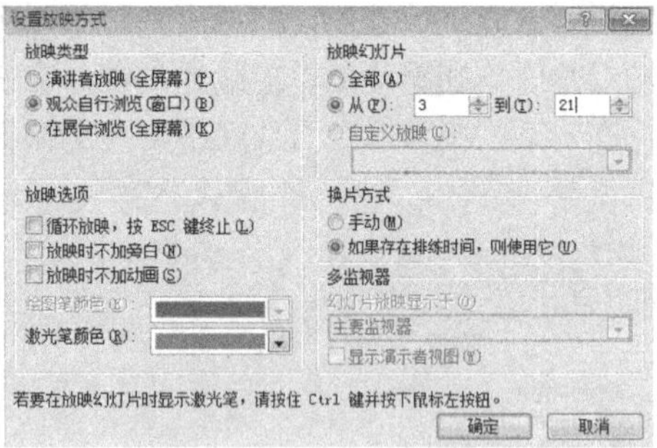

图 8-19 设置观众自行浏览放映方式

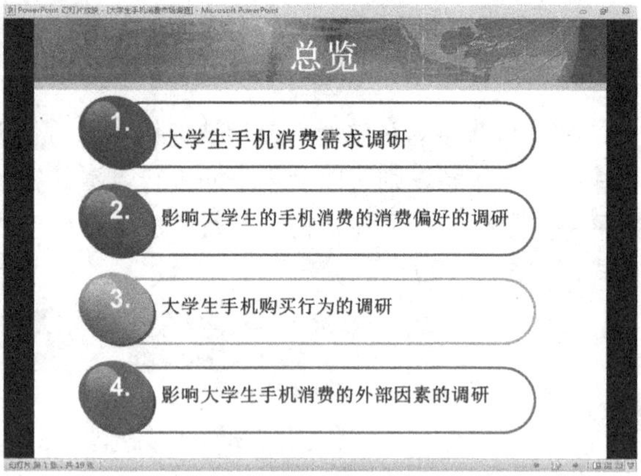

图 8-20 观众自行浏览放映的屏幕显示方式

提示

如果用户选中的幻灯片不是设置的播放幻灯片中的某一张幻灯片，则在选择从当前幻灯片开始选项时从设置播放的第 1 张幻灯片开始播放。

教你一招

在采用自行浏览放映幻灯片的方式时，如果幻灯片的动画启动方式是单击鼠标，用户还可以利用键盘上的方向键或者使用鼠标的滚动轮来启动下一动画或返回上一动画。

动手做 2 定位幻灯片

使用定位功能可以在放映时快速切换到想要显示的幻灯片上，在观众自行放映视图的状态栏上单击菜单按钮，打开如图 8-21 所示的菜单。在菜单中如果选择下一张或上一张按钮将会放映下一动画或上一动画。

在菜单上选择“定位至幻灯片”，出现一个子菜单，如图 8-21 所示。在子菜单中列出了该演示文稿中要播放的幻灯片，选择一个幻灯片系统将会播放此幻灯片，如果选择的是隐藏的幻灯片则也能被放映。

菜单按钮菜单中的其他命令功能如下：

- 打印预览和打印：实现演示文档的打印。
- 复制幻灯片：将当前幻灯片复制到剪切板上以供编辑使用。
- 编辑幻灯片：将结束放映，回到 PowerPoint 页面视图中。
- 全屏显示：将“观众自行浏览方式”变成“演讲者放映方式”。

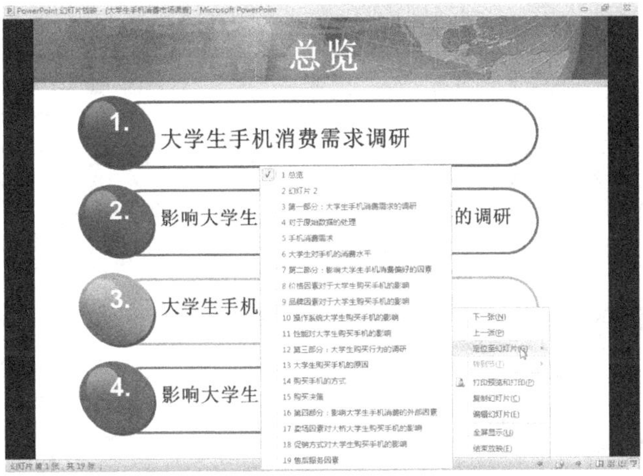

图 8-21　在观众自行浏览中定位幻灯片

- 结束放映：将结束放映，回到 PowerPoint 页面视图中。

项目任务 8-4　排练计时

如果用户对自行决定幻灯片放映时间没有把握，那么可以在排练幻灯片放映的过程中设置放映时间。利用排练计时功能，可以对演示文稿进行相应的演示操作，同时记录幻灯片之间切换的时间间隔。

从前面的放映中可以看到大学生手机消费调查演示文稿的动画启动方式是单击鼠标，这里可以利用排练计时功能设置幻灯片切换之间的时间间隔，具体操作步骤如下：

Step 01　在大学生手机消费调查演示文稿中切换到幻灯片放映选项卡，在设置组中单击排练计时按钮，系统以全屏幕方式播放，并出现录制工具栏，如图 8-22 所示。

Step 02　在录制工具栏中，前一个幻灯片放映时间文本框中显示当前幻灯片的放映时间，后一个总放映时间文本框显示当前整个演示文稿的放映时间。

Step 03　此时如果对当前幻灯片的播放时间不满意，可以单击重复按钮，重新计时。

Step 04　如果要播放下一张幻灯片，单击录制工具栏中的下一项按钮，这时可以播放下一个动画效果，如果进入到下一张幻灯片，则在幻灯片放映时间文本框中重新计时。

Step 05　如果要暂停计时，则单击预演工具栏中的暂停按钮。

Step 06　按照相同的方法，直到放映到最后一张幻灯片，系统会显示总共放映的时间，并询问是否要使用新定义的时间，如图 8-23 所示。

图 8-22　预演工具栏

图 8-23　是否使用新定义的时间对话框

Step 07　单击是按钮接受该项时间，单击否按钮则重试一次。单击是按钮接受该项时间后，在幻灯片浏览视图中每张幻灯片的下方将自动显示放映该幻灯片所需要的时间，如图 8-24 所示。

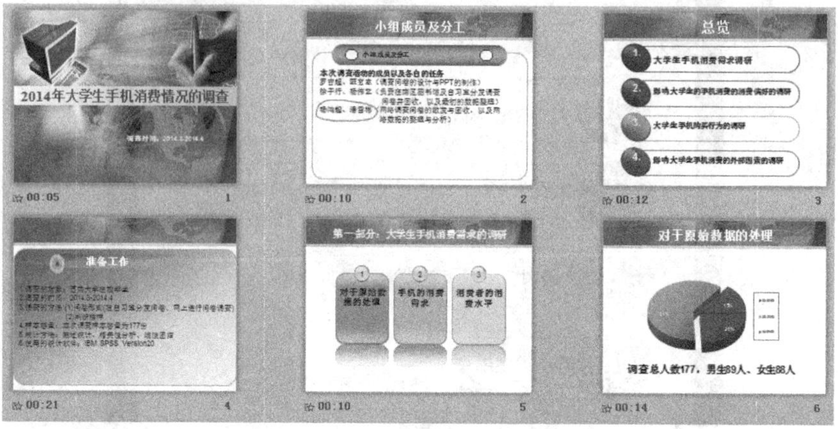

图 8-24 排练计时结果

项目任务 8-5 在幻灯片中使用旁白

用户可以在幻灯片中录制旁白，如果不想在整个演示文稿中使用旁白，则可以仅在选定的幻灯片上录制旁白，只在需要时才播放旁白。

向幻灯片添加旁白时，在幻灯片上会出现一个声音图标。与操作其他声音一样，可以单击此图标来播放声音，或者将声音设置为自动播放。

若要录制和收听旁白，计算机必须配备声卡、话筒和扬声器。

开始录制之前，PowerPoint 2010 将提示用户是仅录制幻灯片排练时间还是仅录制旁白，或者同时录制二者。如果希望演示文稿与旁白一起自动运行，幻灯片排练时间会特别有用。

动手做 1 录制旁白

例如，在大学生手机消费调查演示文稿的第 2 张幻灯片中录制旁白，具体操作步骤如下：

Step 01 录制幻灯片放映之前，请确保话筒已设置且工作正常。

Step 02 在大学生手机消费调查演示文稿中切换第 2 张幻灯片为当前幻灯片。

Step 03 切换到幻灯片放映选项卡，在设置组中单击录制幻灯片演示按钮，打开一个列表，如图 8-25 所示。

Step 04 在列表中选择从当前幻灯片开始录制选项，打开录制幻灯片演示对话框，如图 8-26 所示。

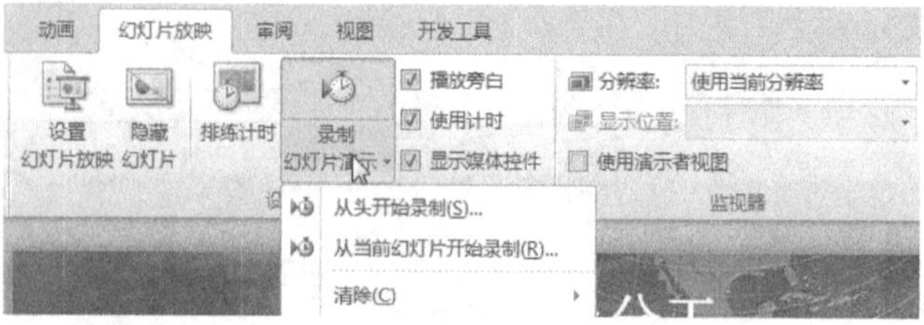

图 8-25 录制幻灯片演示列表

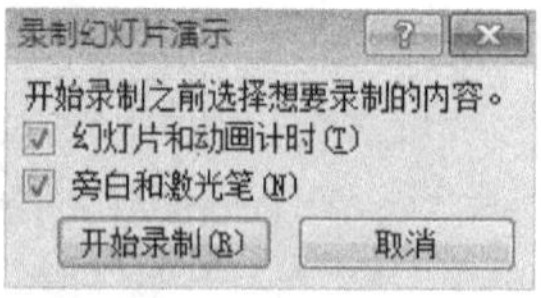

图 8-26 录制幻灯片演示对话框

Step 05 选中旁白和激光笔复选框，并根据需要选中或取消选中幻灯片和动画计时复选框，这里选中幻灯片和动画计时复选框。

Step 06 单击开始录制按钮，则以全屏幕方式播放，并出现录制工具栏。

Step07 在幻灯片播放时录制旁白，当幻灯片放映完毕、旁白录制完毕后在幻灯片上单击鼠标右键，然后在快捷菜单中选择结束放映命令。

Step08 进入幻灯片的页面视图，在第 2 张幻灯片中可以看到一个声音图标。

动手做 2 预览旁白

用户可以在页面视图中预览旁白，看自己录制的旁白是否符合要求。在页面视图中，单击幻灯片上的声音图标。在媒体播放控件上单击播放按钮，用户可以预览录制的旁白。如果录制的旁白不符合要求，则可以选中声音图标后按 Delete 键将其删除，然后重新录制。

提示

在录制幻灯片演示对话框中如果选中幻灯片和动画计时复选框，则原来的排练计时被新的计时取代，如果不选中幻灯片和动画计时复选框，则继续使用原来的排练计时。

动手做 3 关闭演示文稿中的旁白

用户还可以根据需要将演示文稿中的旁白关闭。关闭旁白的具体操作步骤如下：

Step01 在演示文稿中切换到幻灯片放映选项卡，在设置组中单击设置幻灯片放映方式按钮，打开设置放映方式对话框。

Step02 在放映选项区域选中放映时不加旁白单选按钮。

Step03 单击确定按钮。

项目任务 8-6 在展台浏览放映

在展台浏览放映的屏幕显示方式和演讲者放映的方式类似，不过在展台浏览放映不能使用鼠标进行控制。

动手做 1 启动展台浏览放映

在启动“展台浏览”的放映方式前用户首先应对放映方式进行设置。例如，这里展台浏览放映大学生手机消费调查演示文稿，具体操作步骤如下：

Step01 在大学生手机消费调查演示文稿中切换到幻灯片放映选项卡，在设置组中单击设置幻灯片放映方式按钮，打开设置放映方式对话框。

Step02 在放映类型区域选中在展台浏览单选按钮；在换片方式区域选择如果存在排练时间，则使用它单选按钮，如图 8-27 所示。

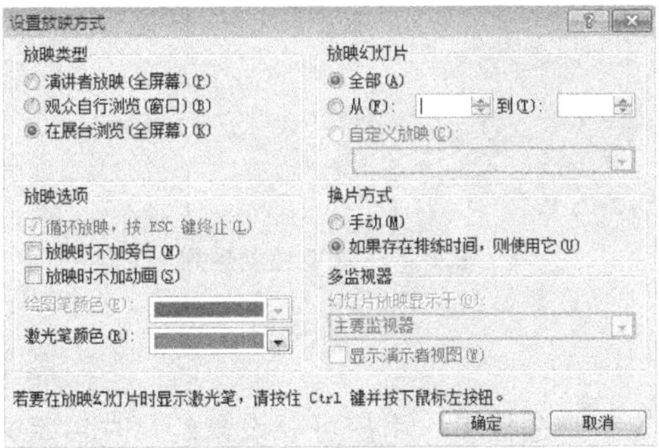

图 8-27 设置在展台浏览放映方式

Step 03 设置完毕，单击确定按钮。

Step 04 使用下面方法之一启动幻灯片的放映：

- 在幻灯片放映选项卡的开始放映幻灯片组中单击从头开始选项，幻灯片从头开始放映。
- 在幻灯片放映选项卡的开始放映幻灯片组中单击从当前幻灯片开始选项，幻灯片从当前幻灯片开始放映。
- 在状态栏上单击幻灯片放映按钮 ，幻灯片从当前幻灯片开始放映。
- 直接按 F5 键，可从头开始放映幻灯片。

Step 05 “展台浏览”放映方式的屏幕显示方式和演讲者放映的屏幕显示方式相同。如果幻灯片的动画启动方式是单击鼠标，则无法进行放映。如果幻灯片的动画启动方式是定时播放，则到相应的时间后，下一动画自动启动。“展台浏览”放映方式是循环放映，如果要退出放映则按 Esc 键。

动手做 2　展台浏览放映中的操作

如果用户在演示文稿中设置了触发动画效果、超链接或动作按钮，则在“展台浏览”放映方式中可以利用鼠标实现这些跳转。

在“展台浏览”放映方式中，将鼠标指向设置了触发动画效果、超链接或动作按钮的对象则鼠标变为小手状。单击鼠标，则设置了触发效果的对象将放映触发的动画，设置了超链接或动作按钮的对象将实现跳转。

项目拓展——制作职业生涯规划演示文稿

职业生涯规划是指通过对个人职业兴趣、职业价值观、个性、语言能力、动手能力、社交能力、组织管理能力等综合因素的详细了解后，以具体的文案对个人所适合的职业类别、工作环境和单位类别进行确定的一种职业指导方式。职业生涯规划能够更好地了解自身的优势及缺陷，使自己有针对性地学习、提高，是就业、再就业和许多成功企业和个人发展不可或缺的重要手段。如图 8-28 所示就是利用 PowerPoint 2010 制作的职业生涯规划演示文稿。

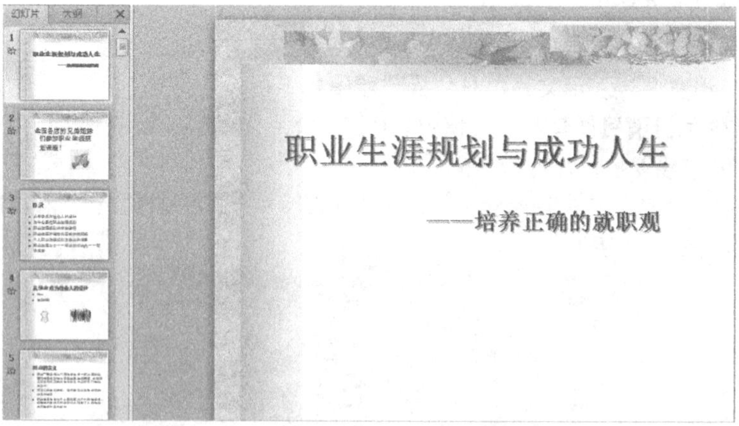

图 8-28　职业生涯规划

设计思路

在职业规划演示文稿的制作过程中，用户可以设置幻灯片自定义放映方案并同时设置幻灯片的放映时间。制作职业规划生涯演示文稿的基本步骤可分解为：

Step 01 设置人工放映时间。
Step 02 设置自定义放映。
Step 03 编辑自定义放映。
Step 04 放映自定义放映。

动手做 1　设置人工放映时间

在放映幻灯片时用户除了可以使用排练计时功能来设置幻灯片的放映时间间隔外，还可以人工设置幻灯片放映的时间间隔，从而达到幻灯片自动放映的效果。

例如，这里为职业规划演示文稿设置每张幻灯片的播放时间为 15 秒，具体操作步骤如下：

Step 01 切换到视图选项卡，在演示文稿视图组中单击幻灯片浏览按钮，切换到幻灯片浏览视图。

Step 02 切换到切换选项卡，在计时组中的换片方式下选中设置自动换片时间复选框，然后在后面选择或输入“00:15.00”；同时选中单击鼠标时复选框。

Step 03 在计时组中单击全部应用按钮，将设置应用到全部幻灯片上。

在设置了播放时间之后，在幻灯片浏览视图中相应的幻灯片下方将显示播放时间，如图 8-29 所示。

图 8-29　人工设置放映时间

动手做 2　设置自定义放映

在放映演示文稿时，用户可以根据自己的需要创建一个或多个自定义放映方案。可选择演示文稿中多个单独的幻灯片组成一个自定义放映方案，并可设定方案中各幻灯片的放映顺序。放映这个自定义方案时，PowerPoint 将会按事先设置好的幻灯片放映顺序放映自定义方案中的幻灯片。

例如，设置只放映“职业规划演示文稿”文件中的第 1、3、4、5、6、7、8 张幻灯片，具体操作步骤如下：

Step 01 切换到幻灯片放映选项卡，在开始放映幻灯片组中单击自定义幻灯片放映按钮，打开自定义幻灯片放映列表。

Step 02 在列表中单击自定义放映命令，打开自定义放映对话框，如图 8-30 所示。

Step 03 单击新建按钮，打开定义自定义放映对话框，如图 8-31 所示。在幻灯片放映名称文本框中输入自定义放映的名称“职业定义”。

Step 04 在在演示文稿中的幻灯片列表框中按住 Ctrl 键的同时单击第 1、3、4、5、6、7、8 张幻灯片，单击添加按钮将选定的幻灯片添加到右侧在自定义的幻灯片列表中，如图 8-31 所示。

图 8-30 自定义放映对话框

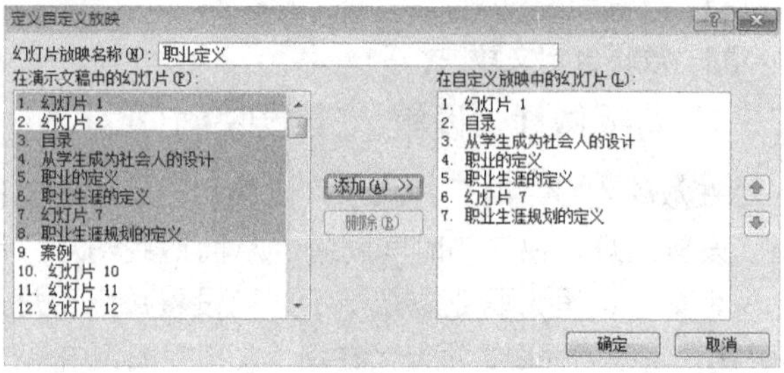

图 8-31 定义自定义放映对话框

Step 05 单击确定按钮，回到自定义放映对话框，在自定义放映列表中显示了刚才创建的自定义名称，如图 8-32 所示。

Step 06 单击关闭按钮，关闭自定义放映对话框。

动手做 3 编辑自定义放映

对于创建好的自定义放映，用户还可以对它们进行编辑，编辑自定义放映的具体操作步骤如下：

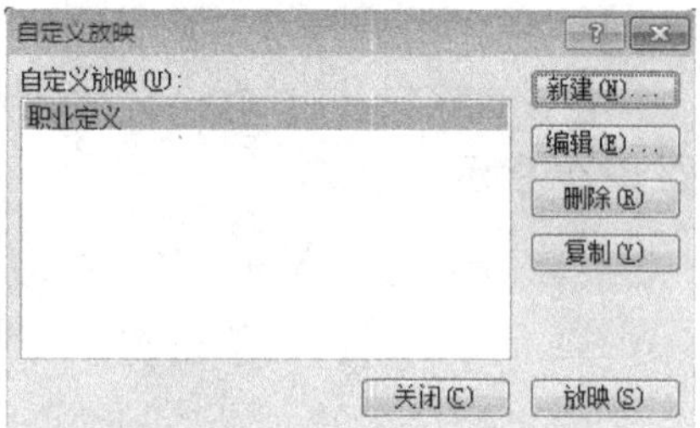

图 8-32 自定义放映完成

Step 01 切换到幻灯片放映选项卡，在开始放映幻灯片组中单击自定义幻灯片放映按钮，打开自定义幻灯片放映列表。

Step 02 在列表中单击自定义放映命令，打开自定义放映对话框，如图 8-30 所示。

Step 03 在自定义放映列表中选择自定义的名称，单击删除按钮，则自定义放映被删除。不过自定义放映中的幻灯片仍保留在演示文稿中。

Step 04 在自定义放映列表中选择自定义的名称，单击复制按钮，这时会复制一个相同的自定义放映，其名称前面出现“（复件）”字样，如图 8-33 所示。

Step 05 在自定义放映列表中选择自定义的名称，这里选择“（复件）职业定义”，单击编辑按钮，打开定义自定义放映对话框。

Step 06 在幻灯片放映名称文本框中输入新的名称“职业规划”。

Step 07 在在演示文稿中的幻灯片列表框中按住 Ctrl 键的同时单击第 9、17、26 张幻灯片，单击添加按钮将选定的幻灯片添加到在自定义放映中的幻灯片列表中。

Step 08 在在自定义放映中的幻灯片列表中选中“目录”幻灯片，单击删除按钮将其从在自定义放映中的幻灯片列表中删除。

Step 09 在在自定义放映中的幻灯片列表中选中“职业生涯规划的定义”幻灯片，单击上移按钮，使其移动到“职业的定义”幻灯片的前面，如图 8-34 所示。

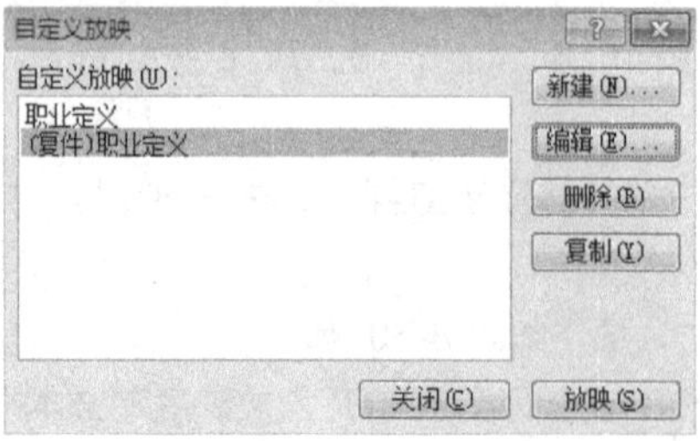

图 8-33 复制自定义放映

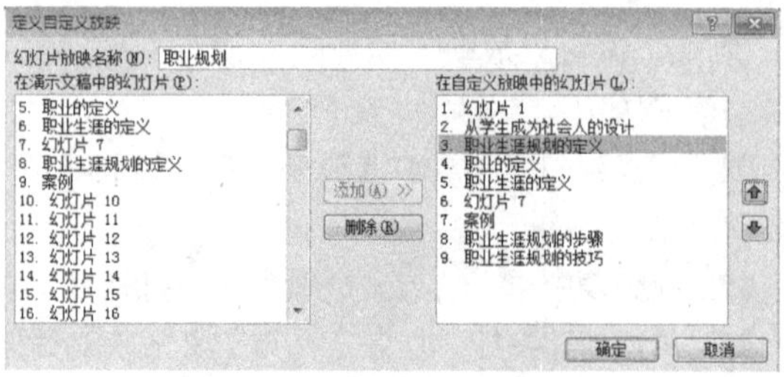

图 8-34 编辑自定义放映

Step10 单击确定按钮，回到自定义放映对话框，单击关闭按钮，关闭自定义放映对话框。

动手做 4 设置自定义放映

如果在一个演示文稿中设置了多个自定义放映，在放映时用户可以选择自定义放映的名称。例如，这里放映“职业定义”自定义幻灯片，具体操作步骤如下：

Step01 切换到幻灯片放映选项卡，在设置组中单击设置幻灯片放映方式按钮，打开设置放映方式对话框。

Step02 在放映类型区域选中演讲者放映单选按钮，在放映选项区域中选中放映时不加动画选项，在放映幻灯片区域选中自定义放映选项，然后在列表中选择“职业定义”，如图 8-35 所示。

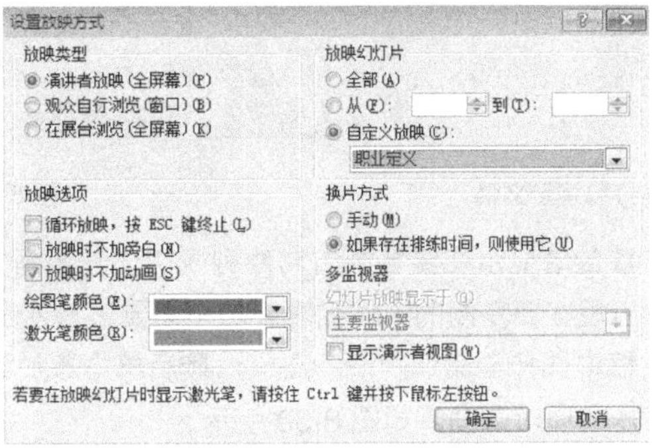

图 8-35 选择自定义放映

Step03 设置完毕，单击确定按钮。

Step04 在幻灯片放映选项卡的开始放映幻灯片组中单击从头开始选项，或直接按 F5 键开始放映。

在放映自定义幻灯片时，只播放自定义设置的幻灯片。由于在设置时设置了“放映时不加动画”，因此在播放幻灯片时幻灯片中原来设置的动画效果将不被播放。另外，由于人工设置了换片时间并且同时设置了换片方式为“单击鼠标时”，因此在播放幻灯片时，如果不单击鼠标，则幻灯片会在 15 秒后自动播放，如果单击鼠标，则即使不到 15 秒也会换片。

知识拓展

通过前面的任务主要学习了在幻灯片中使用声音和视频的基本方法，另外还有一些操作在前面的任务中没有运用到，下面就介绍一下。

动手做 1 打包演示文稿

如果要将演示文稿拿给客户，除了可以通过相应的移动存储设备复制给客户之外，Powerpoint 2010 还提供了 CD 的打包功能。

打包演示文稿的具体操作步骤如下：

Step01 打开要复制的演示文稿。如果用户正在处理尚未保存的新演示文稿，则应保存该演示文稿。如果要将演示文稿保存到 CD，而不是保存到网络或计算机上的本地磁盘驱动器，请在 CD 驱动器中插入 CD。

Step02 切换到文件选项卡，单击保存并发送选项，在列表中单击将演示文稿打包成 CD 选项，如图 8-36 所示。

Step03 在右边的窗格中单击打包成 CD 选项，打开打包成 CD 对话框，如图 8-37 所示。

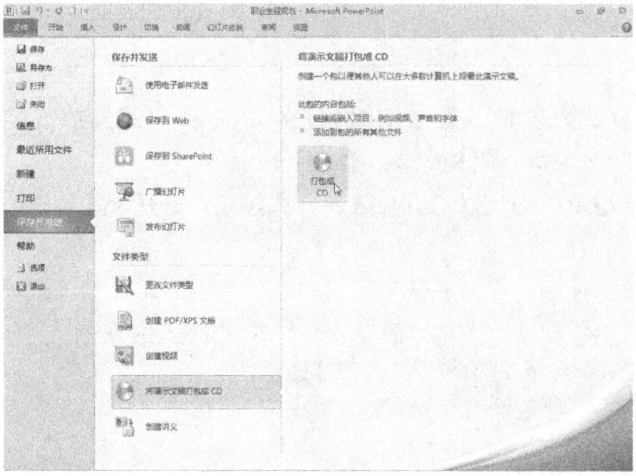

图 8-36　打包演示文稿

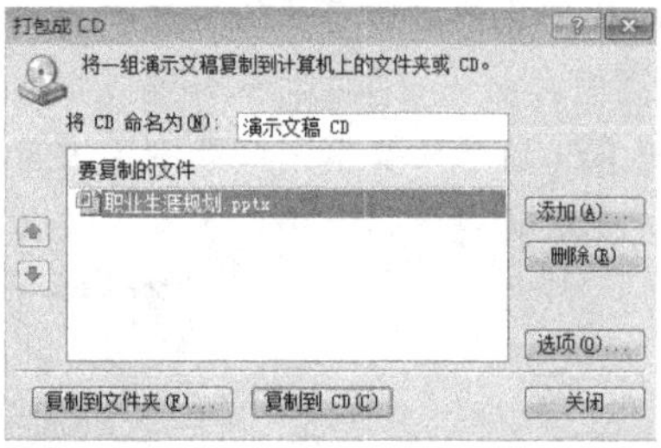

图 8-37　打包成 CD 对话框

Step04　当前打开的演示文稿自动显示在要复制的文件列表中。与该演示文稿相链接的文件虽然会被自动包括，但它们并不会出现在要复制的文件列表中。如果要添加演示文稿，可以单击添加按钮，然后在打开的添加文件对话框中选择要添加的演示文稿，最后单击添加按钮。

Step05　单击选项按钮，打开选项对话框，如图 8-38 所示。

Step06　为了确保包中包括与演示文稿相链接的文件，应选中链接的文件复选框。与演示文稿相链接的文件可以包括图表、声音文件、电影剪辑及其他内容的 Microsoft Office Excel 工作表；如果想要求其他用户在打开或编辑复制的任何演示文稿之前先提供密码，可以在增强安全性和隐私保护区域下输入要求用户在打开或编辑演示文稿时提供的密码；如果要检查演示文稿中是否存在隐藏数据和个人信息，应选中检查演示文稿中是否有不适宜信息或个人信息复选框；设置完毕，单击确定按钮。

Step07　如果用户要将演示文稿复制到 CD，则应单击复制到 CD 按钮；如果用户要将演示文稿复制到网络或计算机上的本地磁盘驱动器，则应单击复制到文件夹按钮，此时会打开复制到文件夹对话框，如图 8-39 所示。

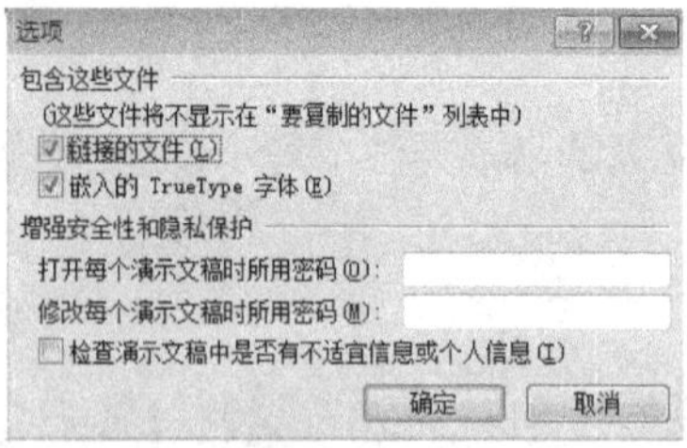

图 8-38　选项对话框

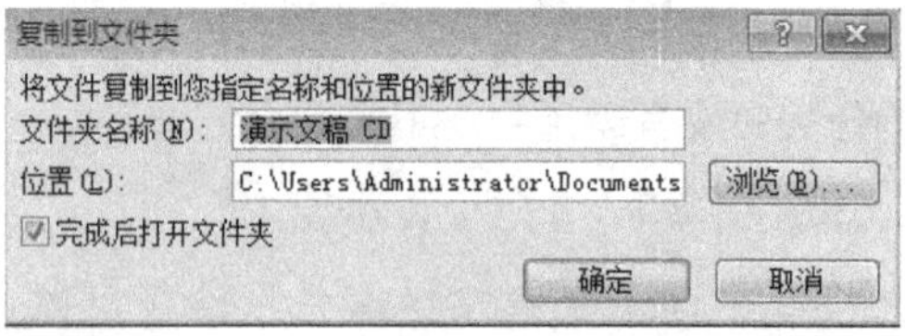

图 8-39　复制到文件夹对话框

Step08　在对话框中选择保存的位置以及文件夹的名称，单击确定按钮。复制完成之后，打开相应的文件夹，文件已经被打包，并包含一个 antorun 自动播放文件，可以完成相应的自动播放功能，如图 8-40 所示。

动手做 2　广播幻灯片

使用 PowerPoint 2010 中的“广播放映幻灯片”功能，演示者可以在任意位置通过 Web 与任何人共享幻灯片放映。用户要向访问群体发送链接（URL），之后，被邀请的每个人都可以在他们的浏览器中观看幻灯片放映的同步视图。

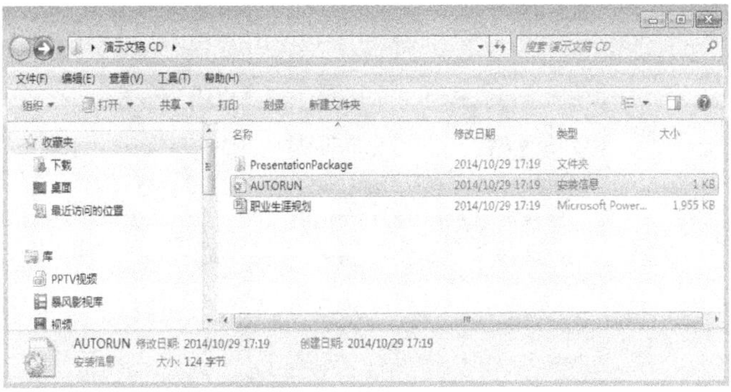

图 8-40 打包后的演示文稿

用户可以通过电子邮件将幻灯片放映的 URL 发送给访问群体。在广播期间，可以随时暂停幻灯片放映，向访问群体重新发送 URL 或者在不中断广播或不向访问群体显示桌面的情况下切换到另一应用程序。

“广播放映幻灯片”功能需要网络服务来承载幻灯片放映。用户可以从以下几个服务中选择：

- PowerPoint 广播服务。此服务适用于任何拥有 Windows Live ID 的人员，是用于向组织外访问群体演示内容的优良解决方案。Internet 上的任何人都可以访问此服务承载的幻灯片放映的 URL。
- 由组织提供位于装有 Microsoft Office Web Apps 的服务器上的广播服务。如果要使用此服务，必须由网站管理员设置广播网站，并且访问群体成员必须有权访问该网站。

在广播演示文稿之前需要考虑以下事项：

- 任何拥有指向幻灯片链接的人员都可以观看幻灯片。如果邀请的访问群体成员将链接转发给其他人，则该人也可以观看你的幻灯片放映，但前提是他们有权访问该服务。
- 用户需要连接到 Internet 或有权访问装有 Office Web Apps 的服务器上的广播网站，才可以使用此功能。
- 并不是所有浏览器都支持广播功能，在 Internet Explorer、Firefox 和 Safari for Mac 浏览器中可以查看“广播放映幻灯片”功能。
- 用户使用的服务可能会对广播放映的幻灯片的文件大小加以限制。

联机广播放映幻灯片时，一些 PowerPoint 功能会改变：

- 演示文稿中的所有切换都会在浏览器中显示为淡出切换。
- 屏幕保护程序和电子邮件弹出窗口会中断访问群体观看幻灯片放映。
- 音频（声音、旁白）不会通过浏览器传输给访问群体。
- 在演示期间，不能向幻灯片放映中添加墨迹注释或绘制标记。
- 如果用户通过演示文稿中的超链接转向某个网站，则访问群体只能看到用户在原演示文稿中显示的最后一张幻灯片。
- 如果用户播放演示文稿中的视频，则浏览器不会向访问群体显示它。

广播幻灯片的具体操作步骤如下：

Step 01 切换到幻灯片放映选项卡，在开始放映幻灯片组中单击广播放映幻灯片选项，打开广播幻灯片对话框，如图 8-41 所示。

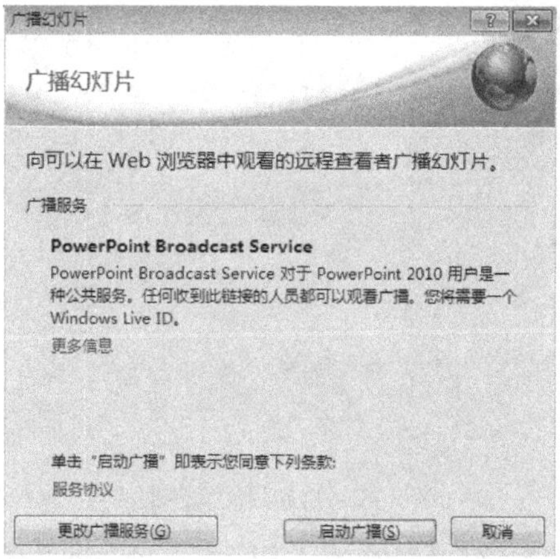

图 8-41　广播幻灯片对话框

Step02　单击启动广播按钮，进入正在链接到 PowerPoint Broadcast Service 界面，如图 8-42 所示。

Step03　准备工作完成后进入如图 8-43 所示的对话框。用户可以单击通过电子邮件发送或单击复制链接将演示文稿的 URL 发送给访问群体。

图 8-42　正在链接到 PowerPoint Broadcast Service 界面

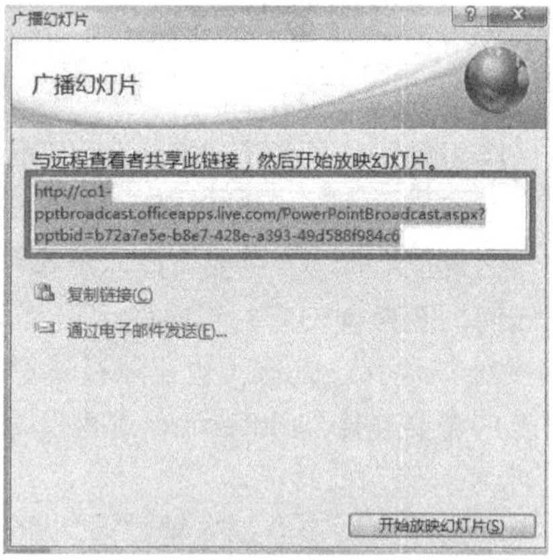

图 8-43　广播幻灯片

Step04　在访问群体收到幻灯片放映的 URL 后，单击开始放映幻灯片按钮开始广播。

Step05　演示完毕并准备结束广播时，按 Esc 键以退出幻灯片放映视图，然后在广播选项卡中单击结束广播选项。

课后练习与指导

一、选择题

1．关于放映方式下列说法正确的是（　　）。

A．演讲者放映是窗口放映

B．在展台浏览是全屏显示

C．无论哪种放映方式，用户都可以从当前幻灯片开始放映

D．演讲者放映是自动运行演示文稿

2．关于演讲者放映下列说法错误的是（　　）。

A．在演讲者放映中用户可以自由定位播放的幻灯片

B．按 F5 键，可从第 1 张开始放映幻灯片

C．在演讲者放映中用户可以使用画笔，并且绘制的墨迹可以保留

D．在演讲者放映中用户无法切换到其他程序

3．关于自定义放映下列说法错误的是（　　）。

A．在一个演示文稿中用户可以新建多个自定义放映

B．用户自定义放映后还可以对自定义放映进行编辑

C．用户可以删除演示文稿中的自定义放映

D．用户无法复制演示文稿中的自定义放映

4．下列说法错误的是（　　）。

A．在录制旁白时无法同时进行排练计时

B．在放映时用户可以不播放设置的动画

C．在展台浏览放映时无法使用鼠标

D．在放映时可以不播放录制的旁白

二、填空题

1．PowerPoint 2010 提供了 3 种放映幻灯片的方法：_______、_______、_______。

2．切换到_______选项卡，在_______组中单击_______按钮，打开“设置放映方式”对话框。

3．段落的缩进可分为_______、_______、_______和_______4 种方式。

4．在“幻灯片放映”选项卡的_______组中单击_______按钮，系统以全屏幕方式播放，并出现_______工具栏。

5．在“幻灯片放映”选项卡的_______组中单击_______按钮，在列表中选择“自定义放映”命令，打开_______对话框。

6．在“幻灯片放映”选项卡的_______组中单击_______选项，幻灯片从头开始放映。

三、简答题

1．三种放映幻灯片的方法主要有哪些区别？

2．开始放映幻灯片有哪些方法？

3．如何录制旁白？

4．如何编辑自定义放映？

5．在观众自行浏览放映中如何定位幻灯片？

6．在演讲者控制放映中如何定位幻灯片？

四、实践题

按下述要求完成全部操作，结果如图 8-44 所示。

1．设置自定义放映，自定义放映的幻灯片为第 1、2、3、6 张。

2．设置幻灯片的放映方式为演讲者放映。

3．在放映时使用绘图笔，然后将墨迹保留。

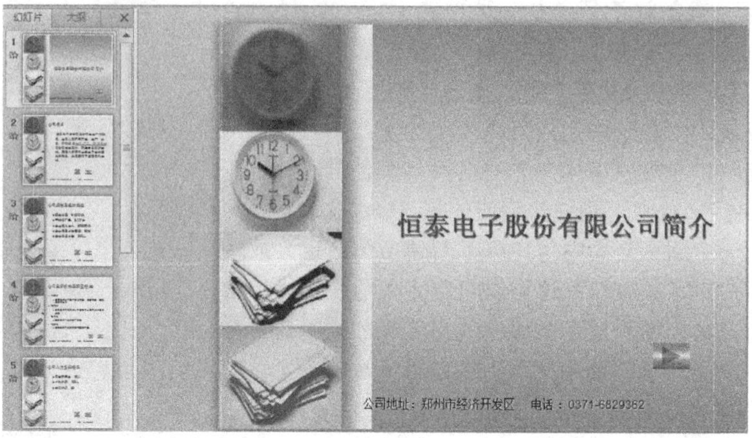

图 8-44　恒泰电子股份有限公司简介

素材位置：案例与素材\模块 08\素材\恒泰电子股份有限公司简介（初始）
效果图位置：案例与素材\模块 08\源文件\恒泰电子股份有限公司简介

模块

09

综合应用——制作电影效果幻灯片

你知道吗？

在 PowerPoint 2010 中用户可以利用自定义动画效果制作出一些具有特殊效果的幻灯片，如字幕式效果的幻灯片、具有电影结尾效果的幻灯片等。

应用场景

有些幻灯片在放映时带有电影的效果，如带有电影倒计时效果的幻灯片等，如图 9-1 所示，这些都可以利用 PowerPoint 2010 软件来制作。

图 9-1　倒计时效果幻灯片

随着时代的发展，科技的进步，市场的需求，许多用户都希望将自己的幻灯片设计得绚丽夺目，将幻灯片发挥到最佳效果。

如图 9-2 所示就是利用 PowerPoint 2010 制作的黄山风景演示文稿，其中的一些幻灯片具有某些电影效果。请读者根据本模块所介绍的知识和技能，完成这一工作任务。

图 9-2　黄山风景演示文稿

相关文件模板

利用 PowerPoint 2010 还可以完成带有电影倒计时效果的幻灯片、模仿电影开头的幻灯片、动感照片展示幻灯片等工作任务。为方便读者，本书在配套的资料包中提供了部分常用的文件模板，具体文件路径如图 9-3 所示。

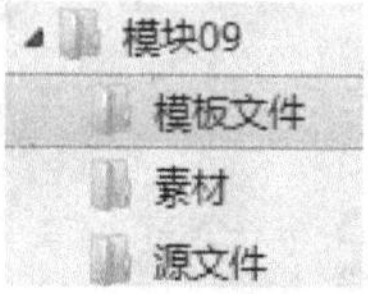

图 9-3　应用文件模板

背景知识

电影，是由活动照相术和幻灯放映术结合发展起来的一种现代艺术。电影是一门可以容纳文学戏剧、摄影、绘画、音乐、舞蹈、文字、雕塑、建筑等多种艺术的综合艺术，但它又具有独自的艺术特征。电影的制作和剪辑有专业的软件，我们使用 PowerPoint 仅仅能够模仿某些简单的电影效果。

设计思路

在制作黄山风景幻灯片的过程中，首先应对幻灯片的基本信息进行编辑，并设置幻灯片中对象的动画效果以及幻灯片的切换效果，然后为幻灯片录制旁白并添加背景音乐，最后再设置放映幻灯片。制作黄山风景幻灯片的基本步骤可分解为：

Step01　编辑幻灯片基本内容。

Step02　为幻灯片添加动画效果。

Step03　录制旁白。

Step04　为幻灯片添加背景音乐。

Step05　放映幻灯片。

项目任务 9-1　应用 PowerPoint 模板

在演示文稿中为幻灯片应用主题时，用户可以应用系统自带的幻灯片主题，也可以将自己制作的 PowerPoint 模板作为主题应用到幻灯片上。

动手做 1　在幻灯片上应用 PowerPoint 模板

如果用户自己制作了一个具有特色的幻灯片，则可以将此幻灯片作为模板应用到其他幻灯片中。

在幻灯片上应用 PowerPoint 模板的具体操作步骤如下：

Step01　创建一个空白的演示文稿。

Step02　在设计选项卡下主题组中单击主题列表右侧的下三角箭头，打开主题列表，如图 9-4 所示。

图 9-4　主题列表

Step03 在列表中单击浏览主题选项，打开选择主题或主题文档对话框，如图 9-5 所示。

Step04 选择用户自己制作的幻灯模板的保存位置，然后选中该幻灯片，单击应用按钮，则新建的幻灯片被应用了主题，如图 9-6 所示。

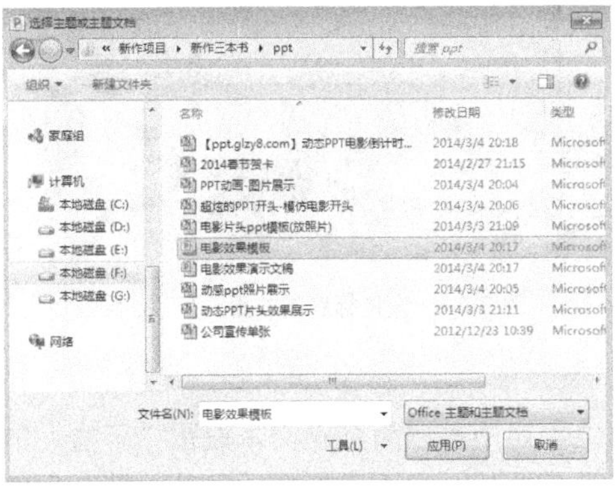

图 9-5 选择主题或主题文档对话框

图 9-6 应用主题后的效果

Step05 在标题占位符中输入演示文稿的标题“黄山风景”，如图 9-7 所示。

Step06 将鼠标移到副标题占位符上，当指针变成 ⁜ 状时单击鼠标选定副标题占位符，按下 Delete 键将其删除。

Step07 选中标题占位符，然后在标题占位符上按住鼠标左键拖动，将标题占位符移至幻灯片的中间位置，如图 9-8 所示。

图 9-7 输入幻灯片标题

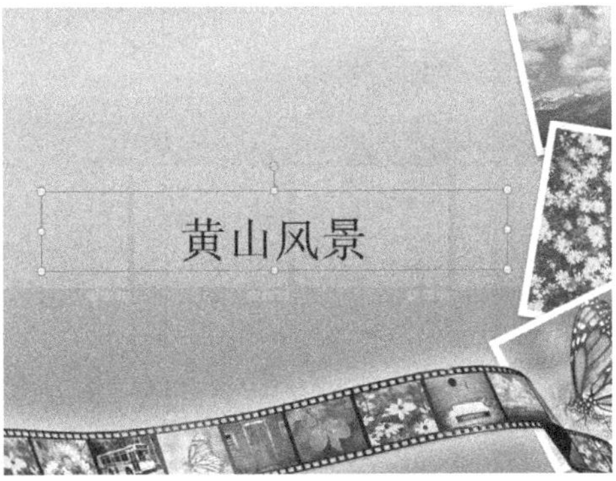

图 9-8 移动标题占位符的位置

Step08 选中标题占位符中的文本，单击开始选项卡下字体组右下角的对话框启动器按钮，打开字体对话框，如图 9-9 所示。

Step09 在中文字体列表中选择华文行楷，在大小列表中选择 60 字号，在字体样式列表中选择常规。

Step10 在字体对话框中单击字符间距选项卡，在间距列表中选择加宽，在度量值文本框中选择 60 磅，如图 9-10 所示。

Step11 单击确定按钮，则设置标题的效果如图 9-11 所示。

图 9-9 字体对话框

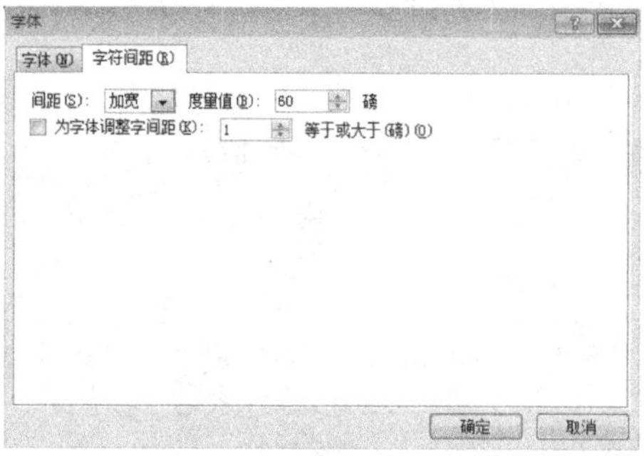

图 9-10　设置字符间距

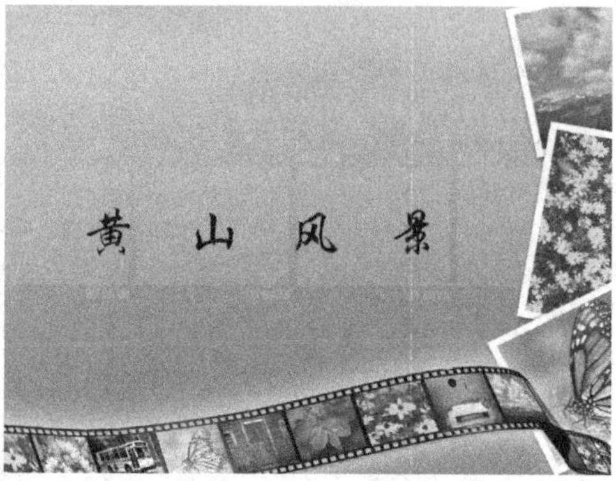

图 9-11　设置标题的效果

动手做 2　设置标题的动画效果

为了使演示文稿的标题幻灯片具有电影片头的效果，用户可以为标题文本设置“下拉”的动画效果。这种文本的动画效果在播放时字符一个接一个地从上方歪歪斜斜地下落，落下后每个字符还要上下反弹几次才能安静下来，用这种效果做标题非常适合。

设置标题具体操作方法如下：

Step 01　选中标题文本。

Step 02　选中动画选项卡，单击动画组中动画效果列表右侧的下三角箭头，打开动画效果列表，如图 9-12 所示。

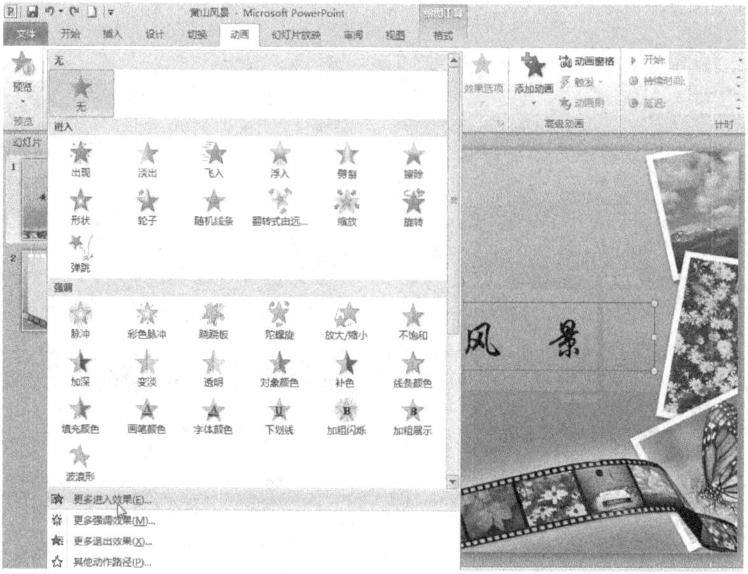

图 9-12　设置动画效果

Step 03　在列表中选择更多进入效果选项，打开更改进入效果对话框，如 9-13 所示。

Step 04　在华丽型区域选中下拉选项，单击确定按钮返回幻灯片。

Step 05　在计时组中的开始下拉列表中选择与上一动画同时选项，在持续时间文本框中选择或输入 03.00。

Step 06　在预览组中单击预览按钮，预览效果如图 9-14 所示。

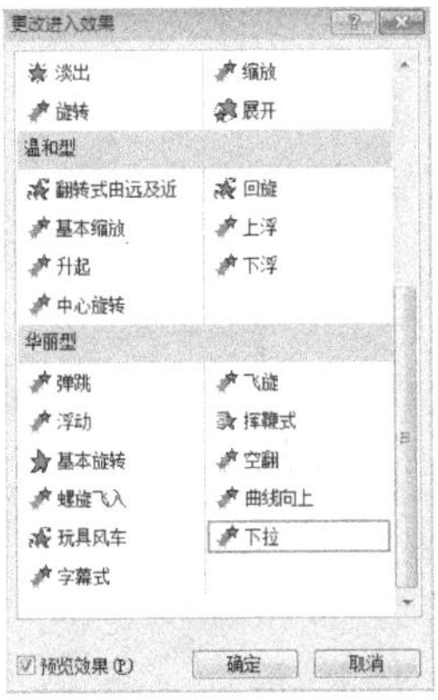

图 9-13　更改进入效果对话框

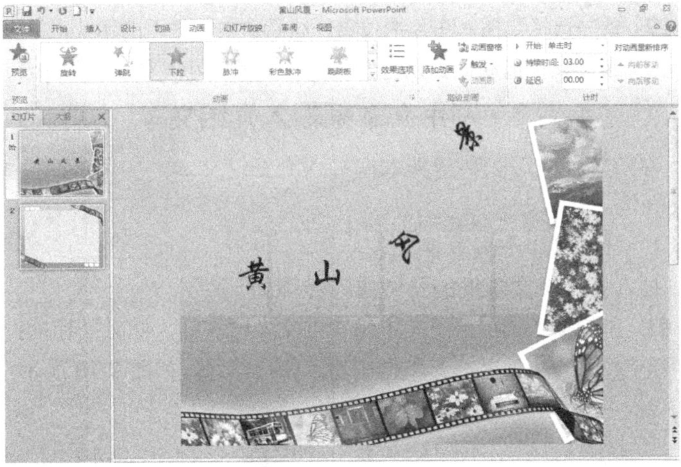

图 9-14　动画的预览效果

项目任务 9-2　设置主题幻灯片

在演示文稿的第 2 张幻灯片中可以对黄山风景区做一个简单的介绍，如果介绍的内容较多，在一个文本框中容纳不下，用户可以采用多个文本框来分开介绍，然后分别对不同的文本框设置动画效果让它们依次显示在屏幕上。

动手做 1　设置主题幻灯片标题

在介绍风景区概况时应首先输入一个概括性的标题，具体操作步骤如下：

Step01　在开始选项卡的幻灯片组中单击新建幻灯片按钮，创建一张新的幻灯片。

Step02　选中正文文本占位符，按键盘上的 Delete 键将其删除。

Step03　在标题占位符中输入标题“五岳归来不看山，黄山归来不看岳”。

Step04　选中标题文本，在开始选项卡下字体组中单击字体按钮，在下拉列表中选择楷体；单击字号按钮，在下拉列表中选择 32，设置文本属性后的效果如图 9-15 所示。

动手做 2　在幻灯片中插入图片

对黄山风景区进行介绍时，为了更加全面，用户可以在幻灯片中插入一幅风景区的概况图，具体操作步骤如下：

Step01　单击插入选项卡下图像组中的图片按钮，打开插入图片对话框，如图 9-16 所示。

图 9-15　设置文本属性后的效果

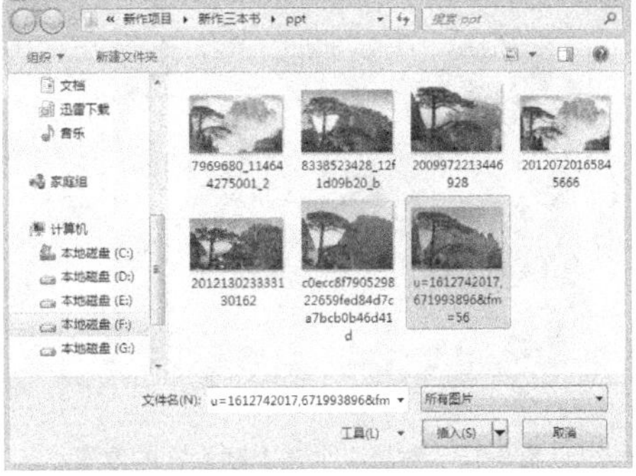

图 9-16　插入图片对话框

Step 02 首先选择要插入图片的位置，然后选中要插入的图片，单击插入按钮将图片插入到幻灯片中。

Step 03 通过鼠标拖动适当调整图片的位置和大小，效果如图 9-17 所示。

动手做 3 利用文本框输入介绍文本

在幻灯片中可以利用文本框输入介绍性文本，如果一个文本框容纳不下可以插入多个文本框来介绍。

1. 插入第 1 个文本框

插入第 1 个文本框的具体操作步骤如下：

Step 01 单击插入选项卡下文本组中的文本框按钮，此时鼠标指针变成 ↓ 形状，拖动鼠标在幻灯片中绘制出文本框，并在文本框中输入相应信息，如图 9-18 所示。

图 9-17 插入图片的效果

图 9-18 插入第一个文本框的效果

Step 02 选中文本框中的文本，在开始选项卡下字体组中单击字体按钮，在下拉列表中选择楷体；单击 字号按钮，在下拉列表中选择 20。

Step 03 将鼠标移到文本框上，单击选定文本框，并利用鼠标拖动文本框到合适的位置，效果如图 9-19 所示。

2. 插入矩形框

为了使幻灯片的版面显得整洁，用户可以在插入的文本框上绘制一个矩形框，目的是遮住文本框中的文字，方便下一个文本框中文本的输入。插入矩形框的具体操作步骤如下：

Step 01 单击插入选项卡下插图选项组中的形状按钮，打开一个下拉列表。

Step 02 在下拉菜单的矩形区域选择矩形，拖动鼠标，在幻灯片中拖动鼠标绘制一个与文本框同等大小的矩形框，如图 9-20 所示。

图 9-19 对第 1 个文本框设置的效果

图 9-20 插入矩形框后的效果

Step 03 选中绘制的图形，单击格式选项卡下形状样式右侧的对话框启动器按钮，打开设置形状格式对话框，在左侧的列表中单击填充，在右侧的填充区域选中幻灯片背景填充按钮，如图 9-21 所示。

Step 04 在左侧的列表中单击线条颜色，在右侧的线条颜色区域选中无线条选项，如图 9-22 所示。

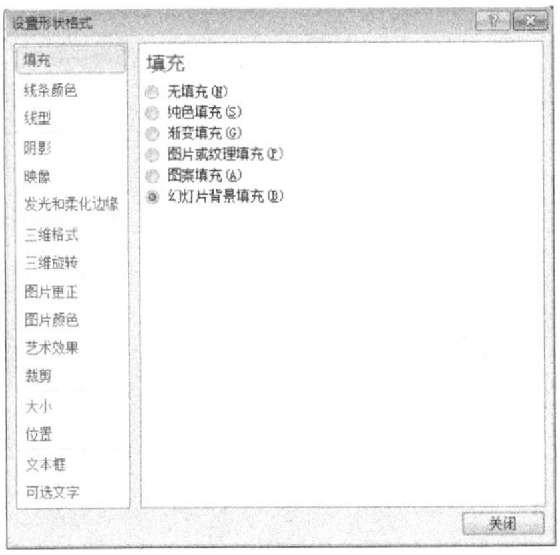

图 9-21 设置填充效果

图 9-22 设置线条颜色

Step 05 单击关闭按钮，关闭对话框，返回到幻灯片区。对矩形设置填充颜色后的效果如图 9-23 所示。

3．插入第 2 个文本框

插入第 2 个文本框的具体操作步骤如下：

Step 01 单击插入选项卡下文本组中的文本框按钮，此时鼠标指针变成 -|- 形状，拖动鼠标在幻灯片中绘制出文本框，并在文本框中输入相应信息。

Step 02 选中文本框中的文本，在开始选项卡下字体组中单击字体按钮，在下拉列表中选择楷体；单击 字号按钮，在下拉列表中选择 20。

Step 03 将鼠标移到文本框上，单击选定文本框，并利用鼠标拖动文本框到合适的位置，效果如图 9-24 所示。

图 9-23 矩形遮挡文本框的效果

图 9-24 插入第二个文本框的效果

动手做 4 设置主题幻灯片中各项目的动画效果

为了增强幻灯片的放映效果，用户可以为幻灯片中的各项目设置不同的动画效果。

1．设置标题动画效果

设置幻灯片中标题动画效果的具体操作步骤如下：

Step 01 选中标题占位符中的文本，单击动画选项卡下动画组中动画效果列表右侧的下三角箭头，打开动画效果列表，在列表中选择飞入选项，如图 9-25 所示。

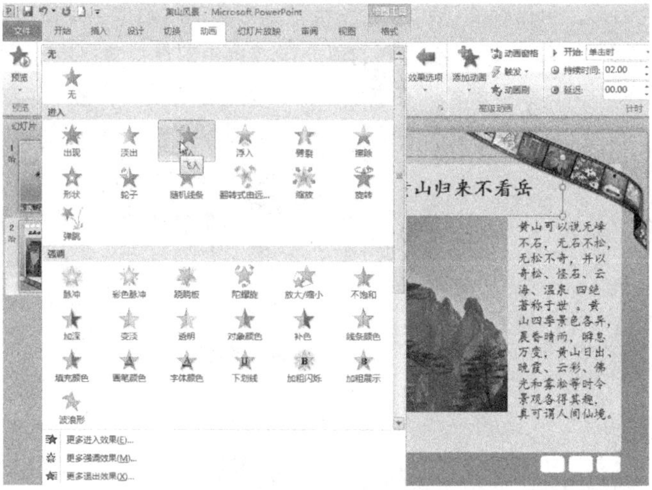

图 9-25　设置标题动画效果

Step02　在动画组中单击效果选项按钮，在列表中选择自右侧选项，如图 9-26 所示。

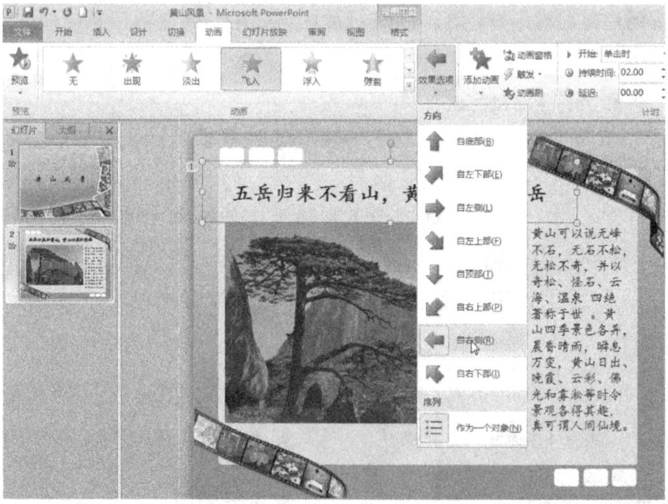

图 9-26　设置标题动画效果选项

Step03　在计时组中的开始下拉列表中选择上一动画之后选项，在持续时间文本框中选择或输入 02.00。

2. 设置图片动画效果

设置幻灯片中图片动画效果的具体操作步骤如下：

Step01　单击动画选项卡下动画组中的动画效果列表右侧的下三角箭头，打开动画效果列表，在列表中选择更多进入效果选项，打开更改进入效果对话框。

Step02　在华丽型区域选中螺旋飞入选项，单击确定按钮返回幻灯片。

Step03　在计时组中的开始下拉列表中选择上一动画之后选项。

3. 设置第 1 个文本框的动画效果

为第 1 个文本框设置动画效果的具体操作步骤如下：

Step01　选中第 1 个文本框，如果不易选中可以按 Tab 键来选中第一个文本框。

Step02 单击动画选项卡下动画组中的动画效果列表右侧的下三角箭头，打开动画效果列表，在列表中选择飞入选项。

Step03 单击高级动画组中的动画窗格选项，则打开动画窗格。

Step04 在动画效果列表中选中第三个动画效果，在该效果的右端将会出现一个下三角箭头，单击该箭头会出现一个下拉列表，如图 9-27 所示。

图 9-27 设置自定义动画的效果选项

Step05 在下拉列表中选择效果选项命令，打开飞入对话框，效果如图 9-28 所示。

Step06 在动画文本下拉列表中选择按字母。

Step07 单击确定按钮返回幻灯片。

在计时组中的开始下拉列表中选择上一动画之后选项。

4. 设置矩形的动画效果

为矩形设置动画效果的具体操作步骤如下：

Step01 选中矩形，如果不易选中可以按 Tab 键来选中矩形。

Step02 单击动画选项卡下动画组中的动画效果列表右侧的下三角箭头，打开动画效果列表，在列表中选择更多进入效果选项，打开更改进入效果对话框。

Step03 在基本型区域选中向内溶解选项，单击确定按钮返回幻灯片。

Step04 在计时组中的开始下拉列表中选择上一动画之后选项，在延迟文本框中选择或输入 05.00。

5. 动画效果展示

按照相同的方法为第 2 个文本框设置与第 1 个文本框相同的动画效果。

在预览组中单击预览按钮来预览动画效果。在预览动画效果时用户可以发现首先显示的动画效果是幻灯片标题从右侧进入的效果，如图 9-29 所示。

第 2 个动画效果是图片的螺旋飞入效果，第 3 个动画效果则是第 1 个文本框中的文本自右侧逐字飞入的效果，如图 9-30 所示。

第 3 个动画延迟 5 秒钟后开始第四个动画效果，即矩形框向内溶解的效果，该效果正好将第 1 个文本框中的文本溶解，如图 9-31 所示。

最后一个动画效果则是第 2 个文本框中的文本自底部逐字飞入的效果，飞入的文本覆盖了第 1 个文本框和矩形，如图 9-32 所示。

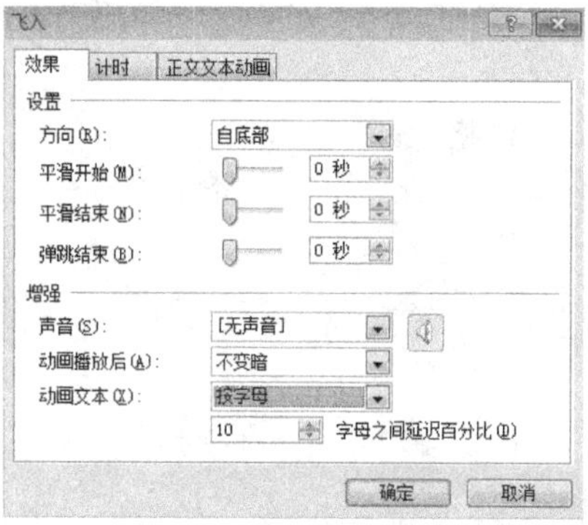

图 9-28　飞入对话框

图 9-29　标题从右侧进入的效果

图 9-30　第 1 个文本框文本飞入效果

图 9-31　矩形的溶解效果

图 9-32　第 2 个文本框文本飞入效果

项目任务 9-3　设置滚动图片效果幻灯片

用户在网上浏览图片时，会看到一些滚动图片的效果，在制作风景区介绍的幻灯片时用户也可以使用这样的效果。

动手做 1　输入幻灯片标题

设置第 3 张幻灯片标题的具体步骤如下：

Step 01　在开始选项卡的幻灯片组中单击新建幻灯片按钮，创建一张新的幻灯片。

Step 02 选中正文文本占位符，按键盘上的 Delete 键将其删除。

Step 03 在标题占位符中输入标题“黄山四绝”。

Step 04 选中标题文本，在开始选项卡下字体组中单击字体按钮，在下拉列表中选择楷体；单击字号按钮，在下拉列表中选择 44，设置文本属性后的效果如图 9-33 所示。

动手做 2 插入图片

在第 3 张幻灯片中插入图片并输入图片说明的具体操作步骤如下：

Step 01 单击插入选项卡下图像组中的图片按钮，打开插入图片对话框。

Step 02 首先选择要插入图片的位置，然后选中要插入的图片，单击插入按钮将图片插入到幻灯片中。

Step 03 通过鼠标拖动适当调整图片的位置和大小，效果如图 9-34 所示。

图 9-33 设置第 3 张幻灯片标题

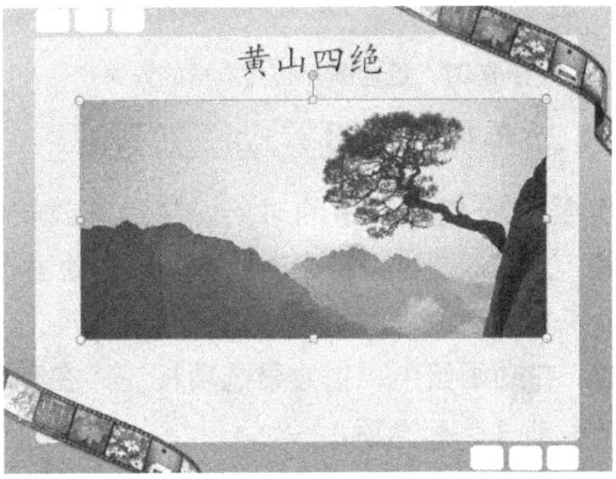

图 9-34 在第 3 张幻灯片中插入图片的效果

Step 04 单击插入选项卡下文本组中的文本框按钮，此时鼠标指针变成 ↓ 形状，拖动鼠标在幻灯片中绘制出文本框，并在文本框中输入相应信息，如图 9-35 所示。

Step 05 选中文本框中的文本，在开始选项卡下字体组中单击字体按钮，在下拉列表中选择楷体；单击字号按钮，在下拉列表中选择 20。

Step 06 将鼠标移到文本框上，单击选定文本框，并利用鼠标拖动文本框到合适的位置。

Step 07 首先选中插入的图片，然后按住 Ctrl 键的同时选中插入的文本框，此时将同时选中图片和文本框。

Step 08 在选中的图片和文本框上单击鼠标右键，在快捷菜单中单击组合子菜单中的组合命令，如图 9-36 所示。

图 9-35 在第 3 张幻灯片中插入文本框的效果

图 9-36 组合图片和文本框

组合图片和文本框后的效果如图 9-37 所示。

按照相同的方法，在第 3 张幻灯片中再插入 3 张图片并利用文本框输入图片说明文字，分别将图片和说明文字文本框组合在一起，效果如图 9-38 所示。

图 9-37　组合图片和文本框的效果

图 9-38　在第 3 张幻灯片中插入多张图片的效果

动手做 3　设置动画效果

为第 3 张幻灯片中的对象设置动画效果的具体操作步骤如下：

Step01 选中标题占位符中的文本，单击动画选项卡下动画组中的动画效果列表右侧的下三角箭头，打开动画效果列表，在列表中选择飞入选项。

Step02 在动画组中单击效果选项按钮，在列表中选择自顶部选项，在计时组中的开始下拉列表中选择上一动画之后选项。

Step03 选中第 1 张图片和文本框组合对象，如果不易选中可以按 Tab 键来选择。

Step04 单击动画选项卡下动画组中的动画效果列表右侧的下三角箭头，打开动画效果列表，在列表中选择飞入选项。

Step05 在动画组中单击效果选项按钮，在列表中选择自右侧选项，在计时组中的开始下拉列表中选择上一动画之后选项。

Step06 单击动画选项卡下高级动画组中的添加动画列表右侧的下三角箭头，打开添加动画效果列表，在列表中选择退出区域的飞出选项。

Step07 在动画组中单击效果选项按钮，在列表中选择自左侧选项，在计时组中的开始下拉列表中选择上一动画之后选项，在延迟文本框中选择或输入 05.00。

Step08 选中第 2 张图片和文本框组合对象，如果不易选中可以按 Tab 键来选择。

Step09 单击动画选项卡下动画组中的动画效果列表右侧的下三角箭头，打开动画效果列表，在列表中选择飞入选项。

Step10 在动画组中单击效果选项按钮，在列表中选择自右侧选项，在计时组中的开始下拉列表中选择上一动画同时选项，在延迟文本框中选择或输入 05.00。

Step11 单击动画选项卡下高级动画组中的添加动画列表右侧的下三角箭头，打开添加动画效果列表，在列表中选择退出区域的飞出选项。

Step12 在动画组中单击效果选项按钮，在列表中选择自左侧选项，在计时组中的开始下拉列表中选择上一动画之后选项，在延迟文本框中选择或输入 05.00。

Step13 选中第 3 张图片和文本框组合对象，如果不好易中可以按 Tab 键来选择。

Step14 单击动画选项卡下动画组中的动画效果列表右侧的下三角箭头，打开动画效果列表，在列表中选择飞入选项。

Step15 在动画组中单击效果选项按钮，在列表中选择自右侧选项，在计时组中的开始下拉列表中选择上一动画同时选项，在延迟文本框中选择或输入 05.00。

Step 16 单击动画选项卡下高级动画组中的添加动画列表右侧的下三角箭头，打开添加动画效果列表，在列表中选择退出区域的飞出选项。

Step 17 在动画组中单击效果选项按钮，在列表中选择自左侧选项，在计时组中的开始下拉列表中选择上一动画之后选项，在延迟文本框中选择或输入 05.00。

Step 18 选中第 4 张图片和文本框组合对象，如果不易选中可以按 Tab 键来选择。

Step 19 单击动画选项卡下动画组中的动画效果列表右侧的下三角箭头，打开动画效果列表，在列表中选择飞入选项。

Step 20 在动画组中单击效果选项按钮，在列表中选择自右侧选项，在计时组中的开始下拉列表中选择上一动画同时选项，在延迟文本框中选择或输入 05.00。

在预览组中单击预览按钮来预览动画效果。在预览动画效果时用户可以发现首先显示的动画效果是幻灯片标题从顶部进入的效果，如图 9-39 所示。

第 2 个动画效果是图片和文本框组合对象从右侧飞入的效果，如图 9-40 所示。

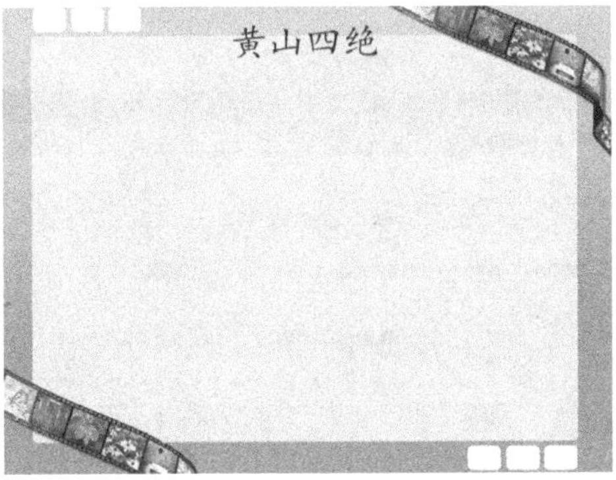

图 9-39 标题从顶部进入的效果

图 9-40 第一个组合对象从右侧飞入效果

第 2 个动画延迟 5 秒钟后开始第 3 个动画效果，即图片和文本框组合对象从左侧飞出的效果，同时开始第 4 个动画效果，即另外一个图片和文本框组合对象从右侧飞入的效果，如图 9-41 所示。

图 9-41 图片滚动的效果

项目任务 9-4 设置字幕效果幻灯片

通常在电影的开始或结尾都会显示出滚动的字幕，用来介绍参与制作人员的信息。在幻灯片中用户也可以制作出滚动字幕的效果。

动手做 1　插入文本框

要设置字幕幻灯片，首先应在幻灯片中插入文本框并在文本框中输入相应的信息，具体操作步骤如下：

Step 01 在开始选项卡的幻灯片组中单击新建幻灯片按钮，创建一张新的幻灯片。

Step 02 将新建幻灯片的标题占位符和正文占位符删除。

Step 03 单击插入选项卡下文本组中的文本框按钮，此时鼠标指针变成 ↓ 形状，拖动鼠标在幻灯片中绘制出文本框，并在文本框中输入相应信息，如图 9-42 所示。

Step 04 选中文本框中的文本，在开始选项卡下字体组中单击字体按钮，在下拉列表中选择楷体；单击字号按钮，在下拉列表中选择 28。

Step 05 单击开始选项卡下段落组右下角的对话框启动器按钮，打开段落对话框，如图 9-43 所示。

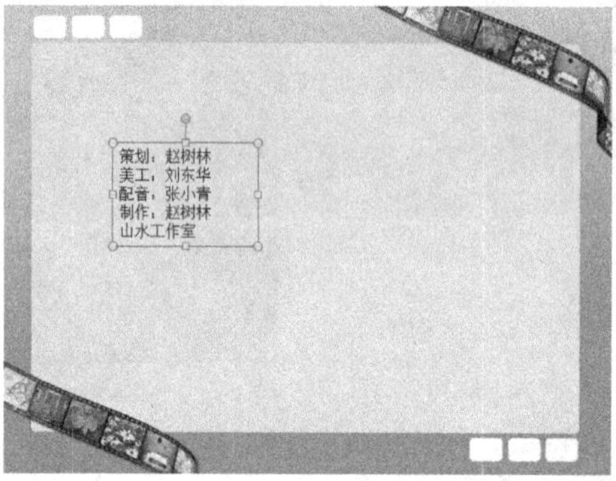

图 9-42　在幻灯片中插入文本

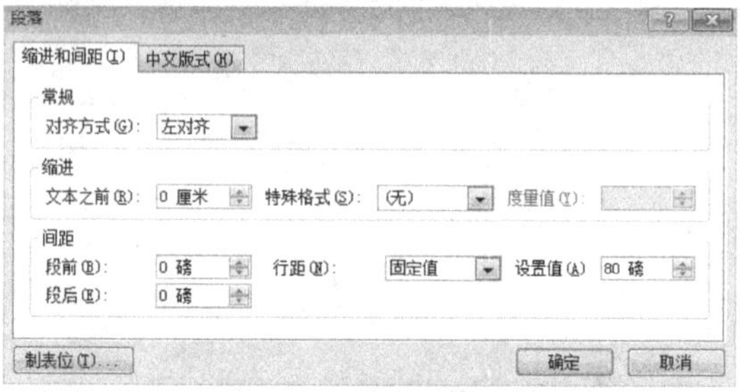

图 9-43　段落对话框

Step 06 在行距下拉列表中选择固定值，在设置值文本框中选择或输入 80 磅。

Step 07 单击确定按钮。

Step 08 将鼠标移到文本框上，单击选定文本框，并利用鼠标拖动文本框到合适的位置，效果如图 9-44 所示。

动手做 2　插入矩形框

为了增强字幕的出现和消失效果，可以绘制两个矩形块进行遮挡，具体操作步骤如下：

Step 01 单击插入选项卡下插图选项组中的形状按钮，打开一个下拉列表。

Step 02 在下拉菜单的矩形区域选择矩形，拖动鼠标，在幻灯片的合适位置绘制出一个长方形的自选图形，如图 9-45 所示。

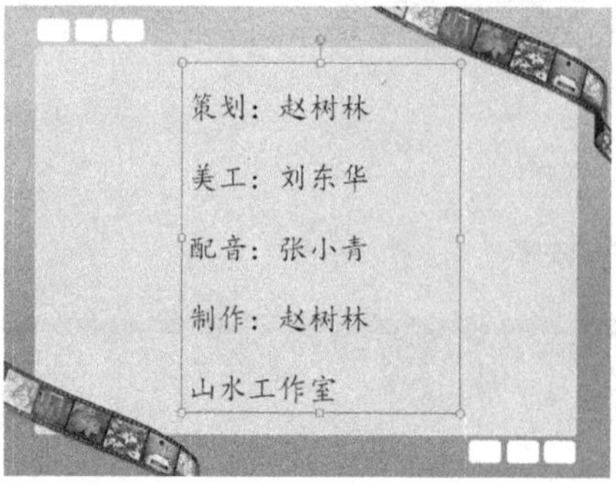

图 9-44　设置文本框后的效果

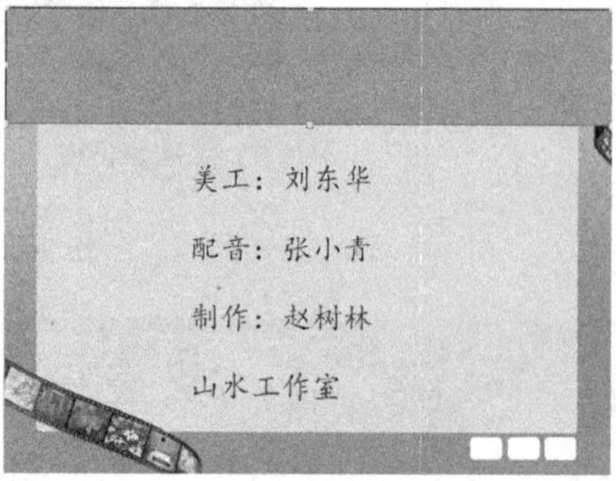

图 9-45　插入长方形后的效果

Step03 选中绘制的图形，单击格式选项卡下形状样式右侧的对话框启动器按钮，打开设置形状格式对话框，在左侧的列表中单击填充，在右侧的填充区域选中幻灯片背景填充按钮。

Step04 在左侧的列表中单击线条颜色，在右侧的线条颜色区域选中无线条选项。

Step05 单击关闭按钮，关闭对话框，返回到幻灯片区。矩形设置填充颜色后的效果如图 9-46 所示。

Step06 选中设置了效果的矩形，按 Ctrl+D 键复制一个相同的矩形，利用鼠标拖动复制的矩形到幻灯片的底部，如图 9-47 所示。

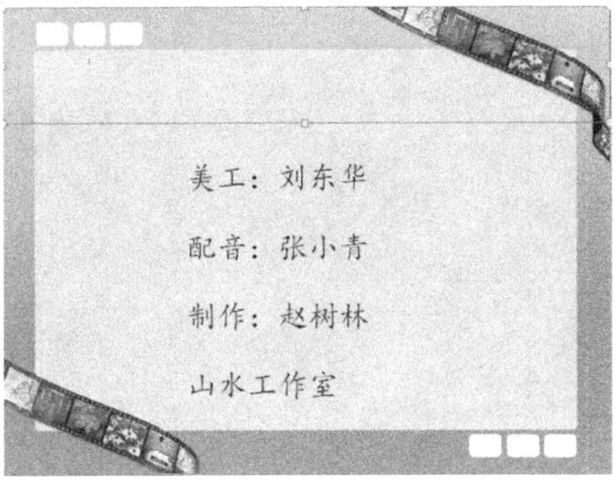

图 9-46　矩形设置背景填充的效果

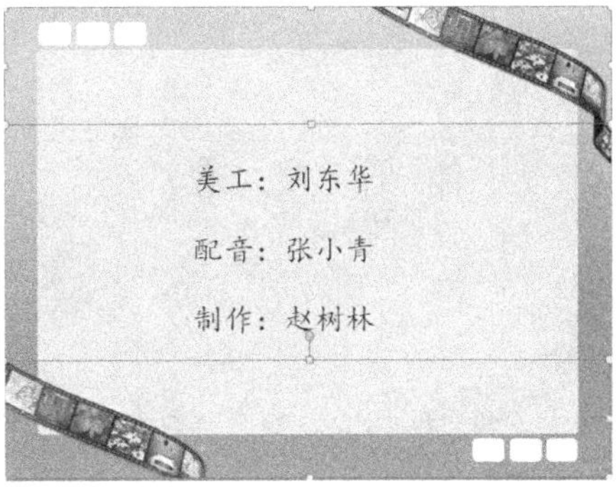

图 9-47　复制一个矩形

动手做 3　设置文本的字幕效果

设置文本字幕效果的具体操作步骤如下：

Step01 选中文本框中的文本，单击动画选项卡，单击动画组中动画效果列表右侧的下三角箭头，打开动画效果列表。

Step02 在列表中选择更多进入效果选项，打开更改进入效果对话框。

Step03 在华丽型区域选中字幕式选项，单击确定按钮返回幻灯片。

Step04 在计时组中的开始下拉列表中选择上一动画之后选项，在延迟文本框中选择或输入 08.00。

Step05 单击动画窗格中的播放按钮，预览到的效果如图 9-48 所示。

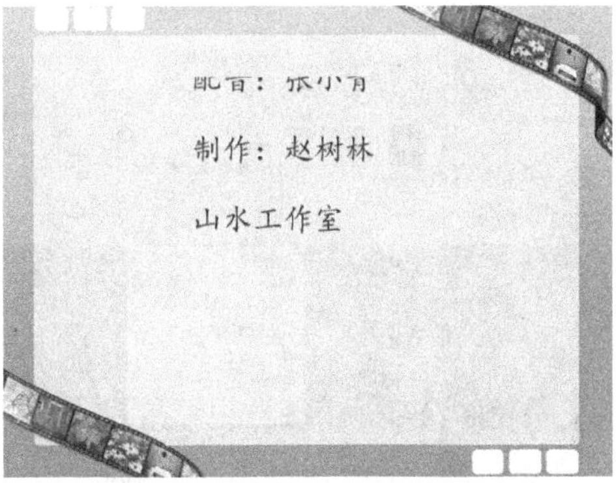

图 9-48　字幕的预览效果

项目任务 9-5　设置结尾效果幻灯片

介绍完风景后，用户可以设置一个类似电影结尾黑屏的幻灯片来作为幻灯片的结束。

动手做 1　制作结尾幻灯片

制作结尾幻灯片的具体操作步骤如下：

Step01 在开始选项卡的幻灯片组中单击新建幻灯片按钮，创建一张新的幻灯片。

Step02 选中文本占位符并按下 Delete 键将其删除。

Step03 在标题占位符中输入文本“谢谢观看”。

Step04 选中文本，在开始选项卡下字体组中单击字体按钮，在下拉列表中选择华文行楷；单击字号按钮，在下拉列表中选择 60。

Step 05 利用鼠标拖动标题占位符到合适位置，效果如图 9-49 所示。

Step 06 单击插入选项卡下插图选项组中的形状按钮，打开一个下拉列表。

Step 07 在下拉菜单的矩形区域选择矩形，拖动鼠标，在幻灯片中拖动鼠标绘制一个与幻灯片同等大小的矩形框，如图 9-50 所示。

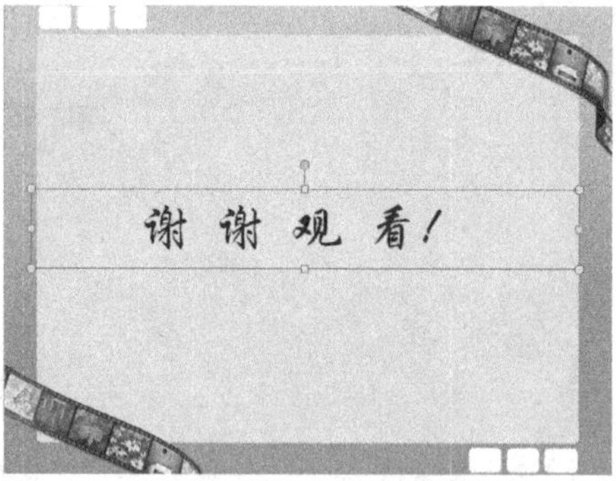

图 9-49 设置结尾幻灯片的文本

图 9-50 绘制与幻灯片一样大小的文本框

Step 08 选中绘制的图形，单击格式选项卡下形状样式组中的形状填充按钮，打开形状填充列表，如图 9-51 所示。在列表中选择黑色，则绘制的自选图形被黑色填充。

Step 09 单击格式选项卡下形状样式组中的形状轮廓按钮，打开形状轮廓列表，在列表中选择无轮廓，如图 9-52 所示。

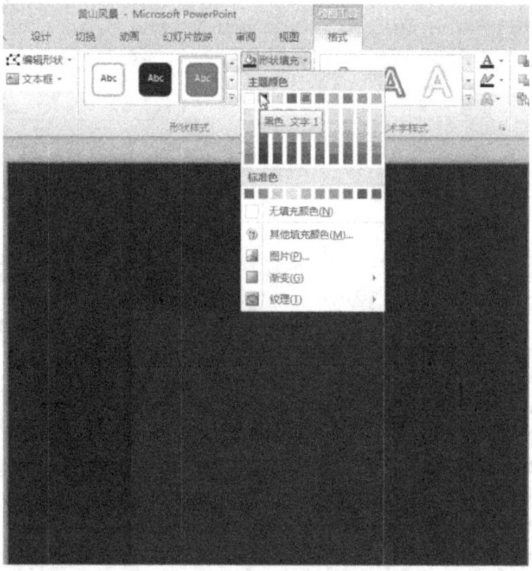

图 9-51 将矩形填充为黑色

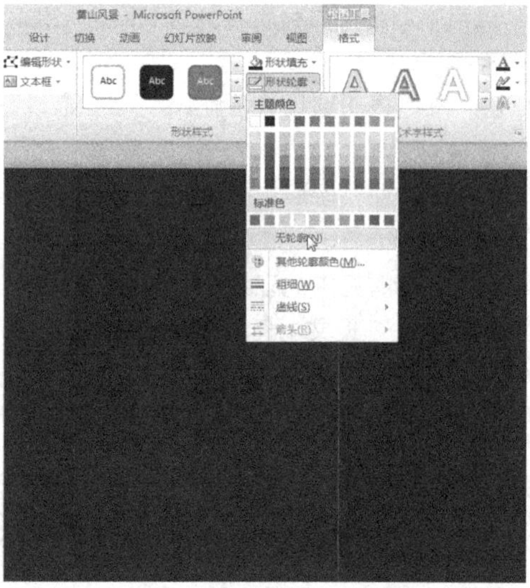

图 9-52 设置矩形的无轮廓

动手做 2 设置结尾幻灯片动画效果

为结尾幻灯片设置动画效果的具体操作步骤如下：

Step 01 选中标题占位符，如果不易选中可以按 Tab 键来选中标题占位符。

Step 02 单击动画选项卡，单击动画组中动画效果列表右侧的下三角箭头，打开动画效果列表。

Step 03 在列表中选择更多进入效果选项，打开更改进入效果对话框。

Step 04 在华丽型区域选中挥鞭式选项，单击确定按钮返回幻灯片。

Step05 在计时组中的开始下拉列表中选择上一动画之后选项。

Step06 选中黑色矩形框，如果不易选中可以按 Tab 键来选中。

Step07 单击动画选项卡，单击动画组中动画效果列表右侧的下三角箭头，打开动画效果列表。

Step08 在列表中选择更多进入效果选项，打开更改进入效果对话框。

Step09 在基本型区域选中锲入选项，单击确定按钮返回幻灯片。

Step10 在计时组中的开始下拉列表中选择上一动画之后选项。

设置完毕，单击动画窗格中的播放按钮，预览动画效果。首先在幻灯片中显示的是挥鞭式效果，如图 9-53 所示。

在幻灯片中显示的第 2 个动画效果是扇形展开的效果，该效果展开后将幻灯片遮挡为黑色，类似电影放映完毕后的黑屏效果，如图 9-54 所示。

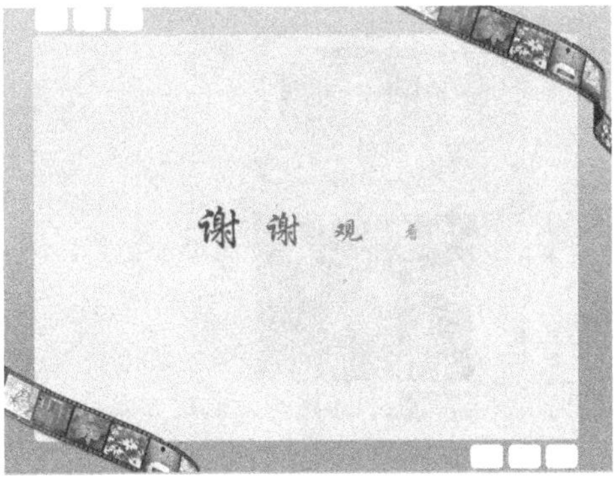

图 9-53 标题的挥鞭式效果

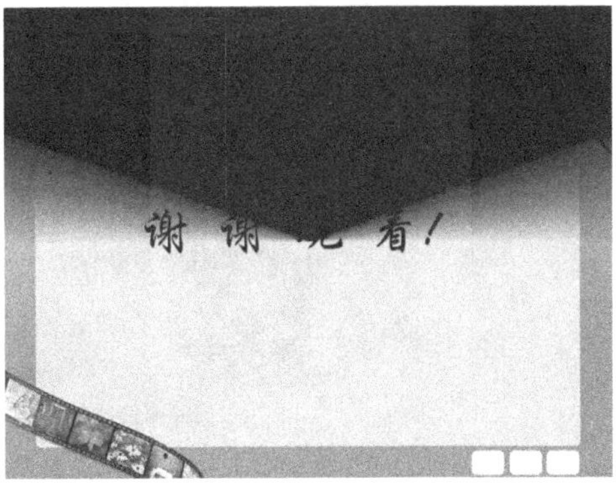

图 9-54 矩形的扇形展开效果

项目任务 9-6 设置幻灯片切换效果

为幻灯片设置切换效果的具体步骤如下：

Step01 单击视图选项卡下演示文稿视图组中的幻灯片浏览按钮，切换到幻灯片浏览视图中。

Step02 先按下 Ctrl 键，然后单击第 2～6 张幻灯片将它们全部选中。

Step03 在切换选项卡下切换到此幻灯片组中单击切换效果右侧的下三角箭头，打开切换效果列表，如图 9-55 所示。

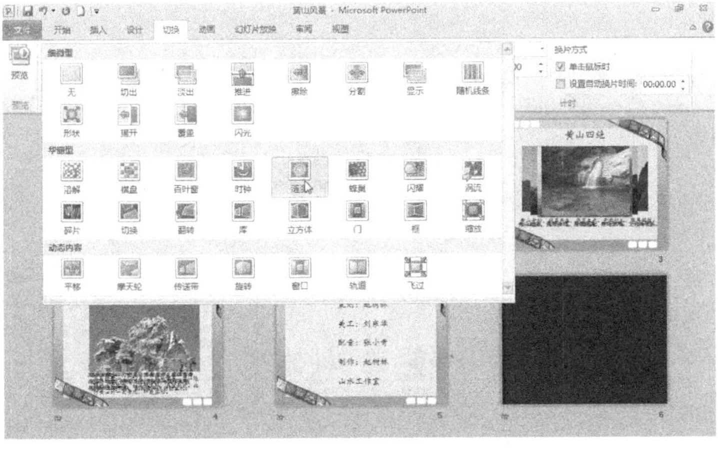

图 9-55 选择幻灯片切换效果

Step04 在列表中选择华丽型区域的涟漪。

Step05 选中第 1 张幻灯片，在计时组的换片方式区域选中设置自动换片时间复选框，然后在后面的文本框中选择或输入 00:05.00。

Step06 选中第 2 张幻灯片，在计时组的换片方式区域选中设置自动换片时间复选框，然后在后面的文本框中选择或输入 00:25.00。

Step07 按照相同的方式设置第 3、4 张幻灯片的换片时间为 00:25.00，设置第 5、6 张幻灯片的换片时间为 00:05.00，设置后的效果如图 9-56 所示。

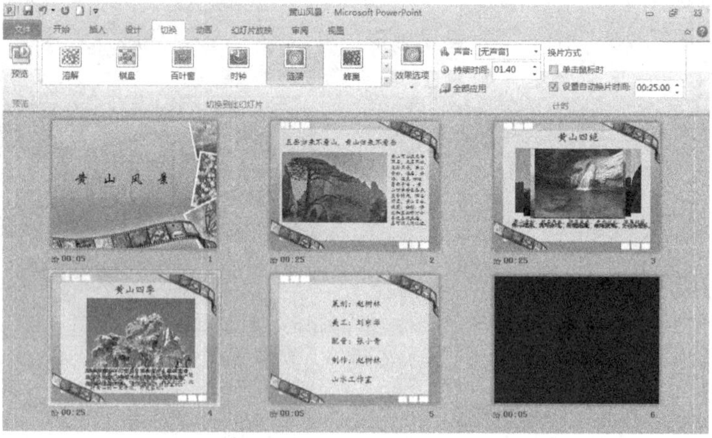

图 9-56 设置幻灯片切换效果

项目任务 9-7 录制旁白

用户可以为制作的幻灯片添加旁白。录制旁白时，可以排演整个演示文稿，并为每张幻灯片单独录制旁白。录制过程中可以随时暂停和继续。录制幻灯片放映之前，请确保话筒已设置且工作正常。

例如，在第 1 张幻灯片中录制并在放映时播放旁白，具体操作步骤如下：

Step01 切换第 1 张幻灯片为当前幻灯片。

Step02 单击幻灯片放映选项卡，在设置组中，单击录制幻灯片演示选项打开一个列表，如图 9-57 所示。

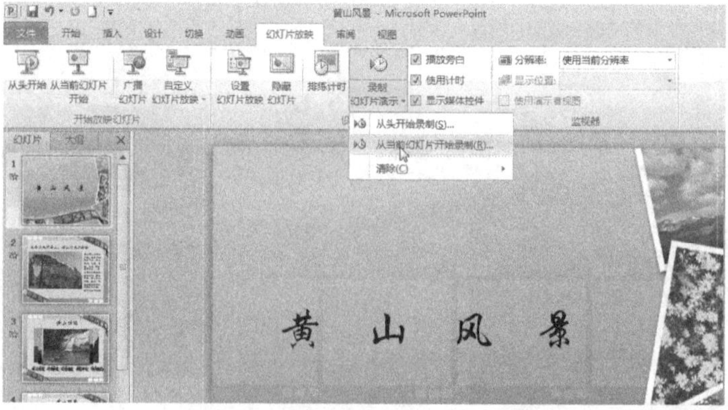

图 9-57 录制幻灯片演示选项列表

Step03 单击从当前幻灯片开始录制选项，打开录制幻灯片演示对话框，如图 9-58 所示。

Step04 取消幻灯片和动画计时复选框的选中状态，选中旁白和激光笔复选框，单击开始录制按钮，进入录制状态，如图 9-59 所示。

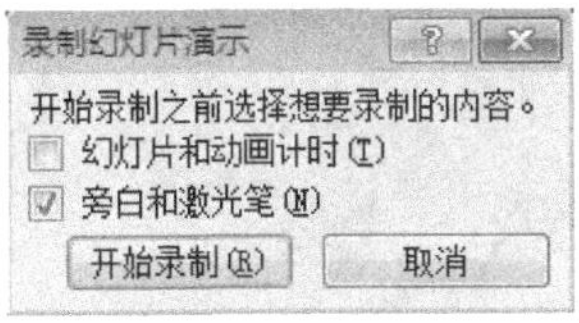

图 9-58 录制幻灯片演示对话框

图 9-59 录制旁白

Step05 旁白录制完毕，右键单击幻灯片，然后选择结束放映选项。

Step06 录制结束后，在幻灯片中将显示一个喇叭状的对象，用户可以拖动该对象到适当位置，如图 9-60 所示。选中喇叭，然后在出现的音频工具栏上单击播放按钮，用户可以试听录制旁白的效果。

图 9-60 录制旁白的效果

按照相同的方法可以为需要进行音频介绍的幻灯片录制旁白。

项目任务 9-8 设置幻灯片背景音乐

用户可以为幻灯片添加背景音乐，具体操作步骤如下：

Step01 在普通视图模式下切换第 1 张幻灯片为当前幻灯片。

Step02 单击插入选项卡，在媒体组中单击音频选项打开音频列表，如图 9-61 所示。

Step03 单击文件中的音频选项，打开插入音频对话框，如图 9-62 所示。

Step04 在文件列表中选中要插入的音频文件，单击插入按钮，则将音频插入到幻灯片中的效果如图 9-63 所示。

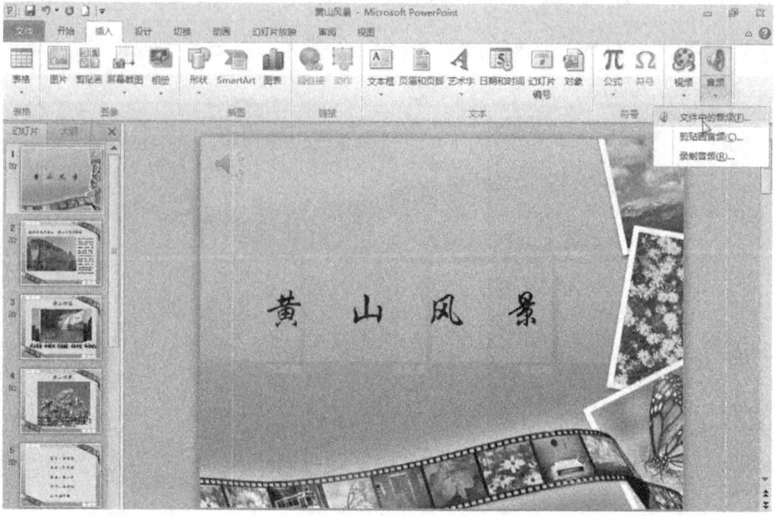

图 9-61　插入音频

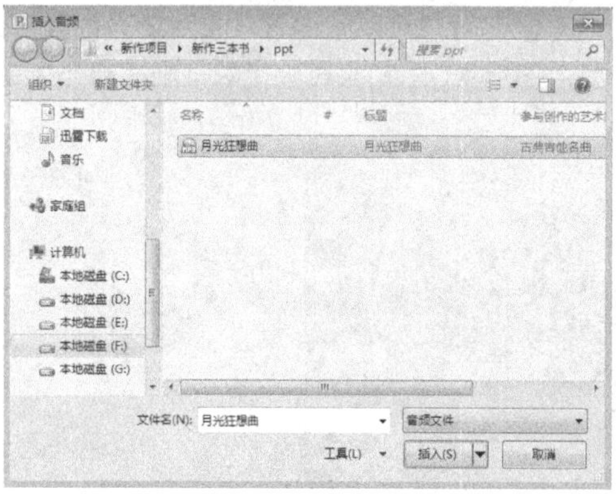

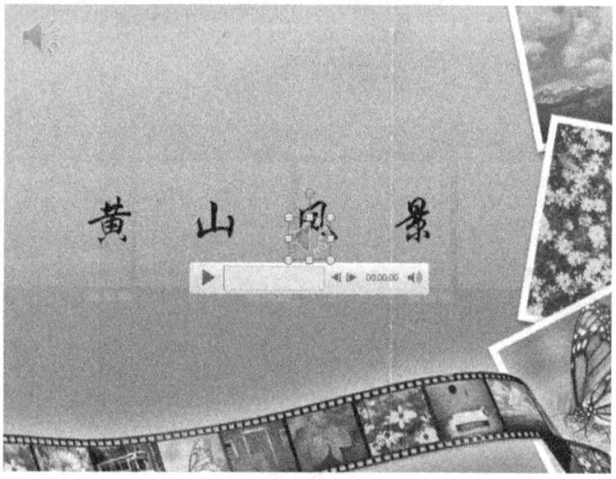

图 9-62　插入音频对话框　　　　图 9-63　插入音频的效果

Step 05　选中插入的音频图标，然后将其拖动到适当位置。单击播放选项卡，在音频选项组中单击开始右侧的下三角箭头，在列表中选择跨幻灯片播放，选中放映时隐藏复选框，选中循环播放直到停止复选框，如图 9-64 所示。

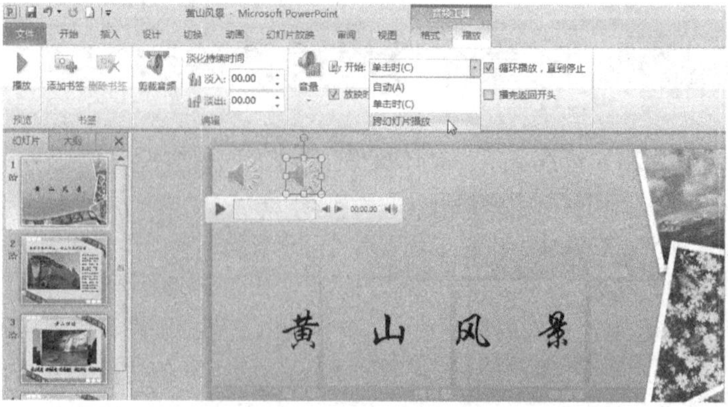

图 9-64　设置音频选项

Step06　单击动画选项卡，在高级动画组中单击动画窗格选项，打开动画窗格，在动画窗格中选中插入的音频动画，然后单击动画窗格底部的上移按钮，将其移动到最上方，如图 9-65 所示。

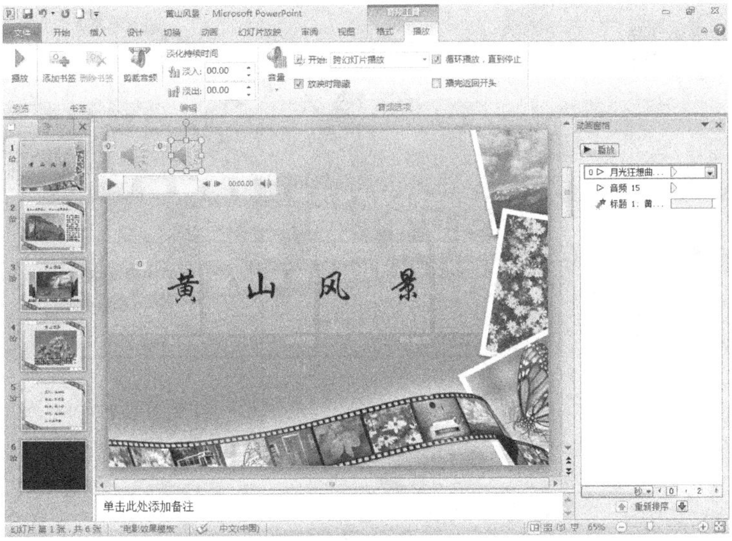

图 9-65　移动音频动画的顺序

经过上述设置后，用户在放映幻灯片时背景音乐将从一开始就开始播放，直至全部幻灯片放映结束。

项目任务 9-9　放映幻灯片

放映制作的黄山风景幻灯片的具体操作步骤如下：

Step01　在幻灯片放映选项卡的设置组中单击设置幻灯片放映按钮，打开设置放映方式对话框，如图 9-66 所示。

Step02　在放映类型区域选中在展台浏览选项，在换片方式区域选中如果存在排练时间，则使用它选项。

Step03　单击确定按钮。

Step04　单击从头开始按钮或按 F5 键，幻灯片将从第 1 张开始放映。

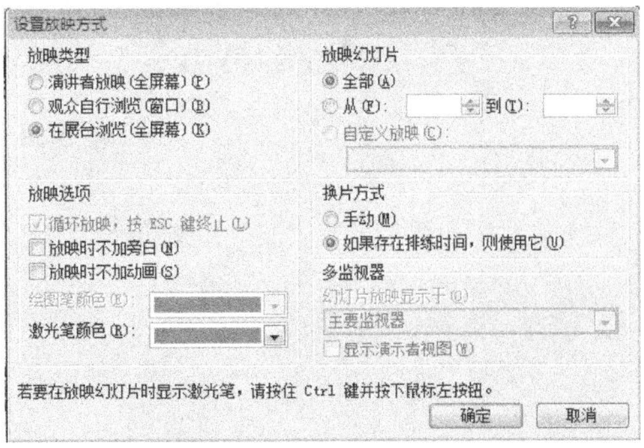

图 9-66　设置放映方式对话框

课后练习与指导

实践题

打开动感照片展示（初始）文件，如图 9-67 所示。为幻灯片中的圆环设置一个直线路径，同时设置脉冲和陀螺旋的动画效果；设置当圆环移动到电影胶片上的每张图片上方时展示当前图片，效果如图 9-68 所示。

素材位置：案例与素材\模块 09\素材\动感照片展示（初始）

效果位置：案例与素材\模块 09\源文件\动感照片展开

图 9-67　动感照片展示（初始）幻灯片

图 9-68　设置动画效果